互联网+创新创业实践系列教材

国家级社会实践一流本科课程——"互联网+创新创业方法"配套实践教材

Python 数据分析实战

朱文强　钟元生◎主编
高成珍　周璐喆　徐军◎副主编

清华大学出版社
北京

内 容 简 介

本书系统讲述了 Python 编程及其数据分析方法，包括 Python 语法基础、Python 程序结构、Python 常用数据结构、函数与异常处理、常见库操作、文件操作、面向对象编程、数据库操作、NumPy 库、pandas 库、数据可视化等内容。全书循序渐进，案例丰富，知识点与实践相结合，课程支撑资源全面。

本书面向有编程基础的软件开发、计算机科学等相关专业高年级本科生，以及编程基础一般但学习主动性强的经济管理类本科生及研究生，旨在帮助读者在短时间内快速入门 Python 并掌握其数据分析方法。

本书封面贴有清华大学出版社防伪标签，无标签者不得销售。
版权所有，侵权必究。举报：010-62782989，beiqinquan@tup.tsinghua.edu.cn。

图书在版编目(CIP)数据

Python 数据分析实战/朱文强等主编.—北京：清华大学出版社，2021.1(2024.6重印)
互联网＋创新创业实践系列教材
ISBN 978-7-302-57235-0

Ⅰ.①P… Ⅱ.①朱… Ⅲ.①软件工具-程序设计-教材 Ⅳ.①TP311.561

中国版本图书馆 CIP 数据核字(2020)第 260581 号

责任编辑：袁勤勇
封面设计：刘　键
责任校对：郝美丽
责任印制：刘海龙

出版发行：清华大学出版社
　　网　　址：https://www.tup.com.cn，https://www.wqxuetang.com
　　地　　址：北京清华大学学研大厦 A 座　　邮　编：100084
　　社 总 机：010-83470000　　　　　　　　邮　购：010-62786544
　　投稿与读者服务：010-62776969，c-service@tup.tsinghua.edu.cn
　　质量反馈：010-62772015，zhiliang@tup.tsinghua.edu.cn
　　课件下载：https://www.tup.com.cn，010-83470236
印 装 者：三河市铭诚印务有限公司
经　　销：全国新华书店
开　　本：185mm×260mm　　印　张：22　　字　数：506 千字
版　　次：2021 年 3 月第 1 版　　　　　印　次：2024 年 6 月第 6 次印刷
定　　价：59.00 元

产品编号：090396-02

前言

　　Python 是一种跨平台的计算机程序设计语言,很好地结合了解释性、编译性、互动性和面向对象等要求,深受编程初学者、数据分析师和机器学习研究者等人群的喜爱,已成为目前最受欢迎的程序设计语言之一,2019 年 6 月名列 TIOBE 全球流行编程语言排行榜第三名。

　　国外高校开设 Python 语言课程较早。例如斯坦福大学 2009 年就开设了 Python 课程,到 2015 年为止,一共开设了 22 门 Python 相关课程,并替换了部分专业的 Java 语言或 C 语言课程。

　　国内高校开设 Python 课程相对较晚,在 2015 年以前,开设 Python 课程的高校较少。自 2018 年起,越来越多的高校开始开设 Python 编程或 Python 数据分析相关课程。多数高校以高年级选修课的形式开设,受教材限制,很多课程都相当于把程序设计再学一遍,大量的时间花在语法细节和语言特征上。

　　2017 年开始,倚动实验室在 TensorFlow 机器学习和网络数据抓取等项目中接触到了 Python 编程,边学边教,通过多种形式多次开设了 Python 课程。为应对新冠疫情爆发的新形势,钟元生教授领衔,带领团队攻关,梳理、归纳和总结前期在 Python 线上教学、视频分享中取得的经验,编写了本教材,以帮助培养 Python 数据分析人才。

　　课程教学大纲由钟元生、朱文强、高成珍、周璐喆和徐军共同商定,并对教学内容、实践案例、教学方法进行了反复探讨。在此基础上,高成珍录制了"手把手学 Python"教学视频,钟元生开展了一轮线上教学实践,朱文强完成了统筹书稿和源代码的整理工作。同时,钟元生、朱文强、高成珍、徐军等人进一步完善了"Python 数据分析"的视频课程内容。

　　本书面向有编程基础的软件开发、计算机科学等相关专业高年级本科生,以及编程基础一般但学习主动性强的经济管理类本科生及研究生,旨在帮助读者在课时较少(约 32~64 学时)的情况下,快速入门 Python 并掌握其数据分析的方法。

　　教材对 Python 编程及其数据分析方法做了科学的组织,包括 Python 语法基础、Python 程序结构、Python 常用数据结构、函数与异常处理、常见库操作、文件操作、面向对象编程、数据库操作、NumPy 库、pandas 库、数据可视化等内容。作为一本 Python 数据分析的教材,本书有以下特点。

　　(1) 循序渐进。从 Python 的基本语法、基本知识和基本应用出发,逐步深入,零基础读者也可以快速上手。第 1~9 章为 Python 语言基础,第 10~14 章为 Python 数据分析。

　　(2) 案例丰富。在对每个知识点进行讲解时,都配以可运行的程序示例及其运行结果。读者可以通过阅读示例代码和运行结果深刻理解所学到的知识。

　　(3) 知识点与实践相结合。每章内容结束之后都提供了大量的课后练习供读者编程实践,以提高读者解决实际问题的能力。

（4）资源支持全面。除了教材之外，本书还提供了配套的示例代码、课后练习源代码、课件等诸多资源，读者可在清华大学出版社官网上下载。

对于部分知识点，本书还提供了进阶内容，以供感兴趣的读者作进一步的深入学习。另外，本书的示例都严格按照 Python 的 PEP8 编程规范进行编写，并融合了 Python 编程之禅的智慧。请读者认真理解该规范，深入领会 Python 编程之禅，并将其融入自己的编程习惯中。

本书由朱文强、钟元生联合主编，并负责组织设计、质量控制和统稿定稿。编写分工如下：高成珍、朱青负责第 1 章，钟元生、朱青负责第 2、3 章，钟元生、邓付聪负责第 4、5 章，高成珍、邓付聪负责第 6 章，徐军、田远负责第 7、8 章，朱文强负责第 9 章，朱文强、田远负责第 10 章，周璐喆、钟元生负责第 11 章，李志伟、高成珍、钟元生负责第 12、13 章，朱文强、何文彬负责第 14 章。全书源代码和程序运行结果由朱文强校对。

由于教材编写时间仓促，作者水平有限，不足之处在所难免，敬请读者和同行批评指正。

最后借用布鲁斯·埃克尔（ANSI/ISO C++ 标准委员会发起者之一）的话结尾，"人生苦短，请用 Python"。

编　者

2020 年 9 月

于江西财经大学麦庐校区

Python 数据处理
课程介绍

配套资源

基 础 篇

第1章　Python 简介与环境搭建　<<<1
- 1.1　Python 简介 ……………………………………………………………… 2
- 1.2　Python 开发环境搭建 …………………………………………………… 3
  - 1.2.1　Python 下载 …………………………………………………… 3
  - 1.2.2　Python 安装 …………………………………………………… 4
  - 1.2.3　命令行式运行 Python 代码 …………………………………… 6
- 1.3　第一个 Python 程序 ……………………………………………………… 7
- 1.4　集成开发工具 …………………………………………………………… 9
- 1.5　本章小结 ………………………………………………………………… 12
- 课后练习 ……………………………………………………………………… 12

第2章　语法基础　<<<13
- 2.1　输入输出函数 …………………………………………………………… 14
  - 2.1.1　input()函数 …………………………………………………… 14
  - 2.1.2　print()函数 …………………………………………………… 14
- 2.2　变量和注释 ……………………………………………………………… 15
  - 2.2.1　变量 …………………………………………………………… 15
  - 2.2.2　注释 …………………………………………………………… 18
- 2.3　数据类型 ………………………………………………………………… 19
  - 2.3.1　整型 …………………………………………………………… 19
  - 2.3.2　浮点型 ………………………………………………………… 21
  - 2.3.3　布尔型 ………………………………………………………… 22
  - 2.3.4　字符串类型 …………………………………………………… 23
- 2.4　运算符 …………………………………………………………………… 26
  - 2.4.1　算术运算符 …………………………………………………… 26
  - 2.4.2　关系运算符 …………………………………………………… 27
  - 2.4.3　逻辑运算符 …………………………………………………… 29
  - 2.4.4　位运算符(进阶) ……………………………………………… 31
  - 2.4.5　复合赋值运算符 ……………………………………………… 33
  - 2.4.6　成员运算符 …………………………………………………… 33

        2.4.7 身份运算符 ………………………………………………………… 34
        2.4.8 运算符优先级 ……………………………………………………… 35
    2.5 本章小结 ……………………………………………………………………… 36
    课后练习 …………………………………………………………………………… 36

第 3 章 流程控制   <<< 38
    3.1 条件结构 ……………………………………………………………………… 39
        3.1.1 单向 if 语句 ………………………………………………………… 39
        3.1.2 双向 if-else 语句 …………………………………………………… 40
        3.1.3 多分支 if-elif-else 语句 …………………………………………… 41
        3.1.4 简化版 if 语句 ……………………………………………………… 43
    3.2 循环结构 ……………………………………………………………………… 44
        3.2.1 while 循环 …………………………………………………………… 45
        3.2.2 for 循环 ……………………………………………………………… 45
        3.2.3 循环嵌套 ……………………………………………………………… 48
    3.3 循环控制语句 ………………………………………………………………… 49
        3.3.1 循环控制语句 ………………………………………………………… 50
        3.3.2 循环中的 else 语句 ………………………………………………… 50
    3.4 综合案例 ……………………………………………………………………… 52
    3.5 本章小结 ……………………………………………………………………… 53
    课后练习 …………………………………………………………………………… 54

第 4 章 常用数据结构   <<< 57
    4.1 列表 …………………………………………………………………………… 58
        4.1.1 列表的定义、创建和删除 …………………………………………… 58
        4.1.2 列表元素的访问 ……………………………………………………… 59
        4.1.3 列表的切片操作 ……………………………………………………… 60
        4.1.4 列表内容的修改操作 ………………………………………………… 61
        4.1.5 列表的常见方法 ……………………………………………………… 62
        4.1.6 列表的常见操作 ……………………………………………………… 67
        4.1.7 列表推导式 …………………………………………………………… 69
    4.2 元组 …………………………………………………………………………… 70
        4.2.1 元组的定义、创建和删除 …………………………………………… 70
        4.2.2 元组和列表的联系与区别 …………………………………………… 71
        4.2.3 生成器推导式(进阶) ……………………………………………… 72
    4.3 字符串 ………………………………………………………………………… 73
        4.3.1 字符串的定义和创建 ………………………………………………… 73
        4.3.2 字符串的常用方法 …………………………………………………… 74

   4.3.3 字符串应用举例 ··································· 76
   4.3.4 字符串的格式化输出 ····························· 78
 4.4 集合 ··· 79
   4.4.1 集合的定义、创建和删除 ························ 80
   4.4.2 集合的常见方法 ································· 80
   4.4.3 集合运算 ·· 83
   4.4.4 集合推导式 ······································ 86
 4.5 字典 ··· 87
   4.5.1 字典的定义和创建 ······························· 87
   4.5.2 字典元素的访问 ································· 87
   4.5.3 字典的常见方法 ································· 88
   4.5.4 字典推导式 ······································ 91
   4.5.5 字典排序 ·· 91
 4.6 本章小结 ··· 93
课后练习 ··· 93

第 5 章 函数 <<< 95

 5.1 函数的定义与调用 ································· 96
   5.1.1 函数的概念 ······································ 96
   5.1.2 定义函数 ·· 97
   5.1.3 调用函数 ·· 98
 5.2 参数类型与参数传递 ······························ 99
   5.2.1 形参和实参 ······································ 99
   5.2.2 位置参数 ······································· 100
   5.2.3 关键字参数 ···································· 100
   5.2.4 默认值参数 ···································· 101
   5.2.5 可变长度参数 ································· 101
   5.2.6 序列解包参数(进阶) ························· 102
   5.2.7 多种类型参数混用(进阶) ··················· 103
   5.2.8 函数参数传递 ································· 106
 5.3 变量作用域与递归 ······························· 108
   5.3.1 变量作用域 ···································· 108
   5.3.2 函数的递归调用 ······························· 110
 5.4 特殊函数 ·· 111
   5.4.1 匿名函数：lambda 表达式 ··················· 111
   5.4.2 map()函数 ···································· 113
   5.4.3 filter()函数(进阶) ···························· 114
 5.5 本章小结 ·· 115

课后练习 ··· 116

第6章　异常处理　　<<<< 118

6.1　错误和异常 ·· 119
　　6.1.1　错误 ·· 119
　　6.1.2　异常 ·· 119
6.2　异常处理机制 ·· 120
　　6.2.1　异常处理结构 ··· 121
　　6.2.2　抛出自定义异常 ··· 125
6.3　本章小结 ·· 127
　　课后练习 ··· 127

第7章　常见库的操作　　<<<< 129

7.1　模块 ·· 130
　　7.1.1　模块的导入 ··· 130
　　7.1.2　模块导入的常见问题 ··· 131
7.2　数学库 math ··· 133
7.3　随机数库 random ··· 136
7.4　时间库 time ·· 137
7.5　集合库 collections（进阶） ··· 140
7.6　本章小结 ·· 144
　　课后练习 ··· 144

第8章　文件操作　　<<<< 146

8.1　文本文件的读写 ·· 147
8.2　文件与文件夹的常见操作 ·· 154
8.3　Excel 文件的读写 ·· 157
　　8.3.1　Excel 文件读写模块的安装 ·· 157
　　8.3.2　Excel 文件读取操作 ··· 158
　　8.3.3　Excel 文件写入操作 ··· 160
8.4　本章小结 ·· 164
　　课后练习 ··· 164

进　阶　篇

第9章　面向对象编程　　<<<< 166

9.1　类和对象 ·· 167
　　9.1.1　类的定义 ··· 167
　　9.1.2　创建类对象 ··· 168

9.2 类的属性 169
9.2.1 实例属性 169
9.2.2 类属性 170
9.2.3 装饰器（进阶） 171
9.3 类的方法 172
9.3.1 实例方法 173
9.3.2 类方法 173
9.3.3 静态方法（进阶） 174
9.3.4 构造方法和初始化方法 175
9.4 类的继承 176
9.4.1 类的继承方式 176
9.4.2 object 类 176
9.4.3 类方法重写 177
9.4.4 多重继承时的调用顺序 178
9.4.5 对象的复制 180
9.5 本章小结 182
课后练习 182

第 10 章 数据库操作 <<< 186
10.1 数据库基础 187
10.1.1 数据库管理系统 187
10.1.2 数据库类型 187
10.1.3 关系型数据库 188
10.1.4 SQLite 数据库 188
10.2 结构化查询语言 SQL 189
10.2.1 数据库表的基本语句 189
10.2.2 数据库的进阶语句 192
10.3 操作数据库核心 API 196
10.3.1 Python DB-API 核心类和方法 196
10.3.2 Python 操作数据库 SQLite 197
10.4 数据库操作案例 198
10.4.1 案例一 198
10.4.2 案例二 201
10.5 本章小结 203
课后练习 203

第 11 章 NumPy 入门与实践 <<< 205
11.1 NumPy 简介 206

11.2	数组对象 ndarray	206
	11.2.1 ndarray 对象的创建方法	207
	11.2.2 ndarray 对象的属性	213
	11.2.3 ndarray 对象的形状与重构	214
11.3	索引和切片	220
	11.3.1 ndarray 对象的索引	220
	11.3.2 ndarray 对象的切片	221
	11.3.3 ndarray 对象的索引和切片的实例	225
	11.3.4 ndarray 对象的高级索引	227
11.4	NumPy 的通用函数	230
	11.4.1 NumPy 的数学函数	230
	11.4.2 NumPy 生成随机数	233
	11.4.3 NumPy 的统计方法	235
	11.4.4 NumPy 的其他常用方法	236
11.5	ndarray 的数组运算	239
	11.5.1 NumPy 的广播机制	239
	11.5.2 ndarray 数组的四则运算	240
	11.5.3 ndarray 数组的集合运算	242
	11.5.4 ndarray 数组的连接与分割	243
11.6	本章小结	247
课后练习		248

第 12 章 数据分析之 pandas 入门与实践 <<< 249

12.1	Series 和 Index 介绍	250
	12.1.1 Series 的定义和创建	250
	12.1.2 Index 对象	252
12.2	Series 的数据访问和常用方法	254
	12.2.1 Series 的数据访问	254
	12.2.2 Series 的常用方法	256
12.3	DataFrame 的创建与数据访问	259
	12.3.1 DataFrame 的创建	259
	12.3.2 DataFrame 的数据访问	260
12.4	DataFrame 中的属性和方法	263
	12.4.1 DataFrame 的常用属性	263
	12.4.2 DataFrame 的常见方法	264
12.5	DataFrame 的数据合并	267
12.6	pandas 加载数据和缺失值处理	269
	12.6.1 pandas 加载数据	269

        12.6.2　pandas 的缺失值处理 ……………………………………………………… 273
　12.7　pandas 的分组操作 ……………………………………………………………… 276
　12.8　pandas 的数据合并操作 ………………………………………………………… 278
        12.8.1　merge()方法 ……………………………………………………………… 279
        12.8.2　concat()方法 …………………………………………………………… 280
　12.9　pandas 综合案例 ………………………………………………………………… 282
　12.10　本章小结 ………………………………………………………………………… 286
　课后练习 ………………………………………………………………………………… 287

第 13 章　数据可视化之 matplotlib　　<<< 289

　13.1　pyplot 绘图基础 ………………………………………………………………… 290
　13.2　绘制线形图 ……………………………………………………………………… 294
        13.2.1　线形图示例 ……………………………………………………………… 297
        13.2.2　绘制正弦曲线、余弦曲线示例 ………………………………………… 298
　13.3　绘制直方图 ……………………………………………………………………… 299
　13.4　绘制条形图 ……………………………………………………………………… 301
　13.5　绘制饼图 ………………………………………………………………………… 303
　13.6　绘制散点图 ……………………………………………………………………… 305
　13.7　生成词云图 ……………………………………………………………………… 307
        13.7.1　wordcloud 库 …………………………………………………………… 307
        13.7.2　jieba 库 ………………………………………………………………… 309
　13.8　本章小结 ………………………………………………………………………… 311
　课后练习 ………………………………………………………………………………… 311

第 14 章　人工智能之 scikit-learn 入门与实践　　<<< 313

　14.1　机器学习基础 …………………………………………………………………… 314
        14.1.1　机器学习概述 …………………………………………………………… 314
        14.1.2　机器学习分类及其应用场景 …………………………………………… 315
        14.1.3　机器学习常见算法 ……………………………………………………… 316
        14.1.4　机器学习流程 …………………………………………………………… 316
        14.1.5　常见的机器学习库 ……………………………………………………… 316
　14.2　鸢尾花分类 ……………………………………………………………………… 318
        14.2.1　案例概述 ………………………………………………………………… 318
        14.2.2　数据提取与预处理 ……………………………………………………… 318
        14.2.3　简单数据可视化 ………………………………………………………… 320
        14.2.4　K 近邻算法 ……………………………………………………………… 322
　14.3　波士顿房价预测 ………………………………………………………………… 327
        14.3.1　案例概述 ………………………………………………………………… 327

        14.3.2 线性回归算法……………………………………………329
        14.3.3 数据分析………………………………………………330
　　14.4 手写数字识别……………………………………………………333
        14.4.1 案例概述………………………………………………333
        14.4.2 多层感知机算法…………………………………………334
        14.4.3 案例实现………………………………………………336
　　14.5 本章小结…………………………………………………………338
课后练习……………………………………………………………………338

基础篇

Python 简介与环境搭建

本章要点

- 初识 Python
- 搭建 Python 开发环境
- 开发第一个 Python 程序
- Python 集成开发工具

本章知识结构图

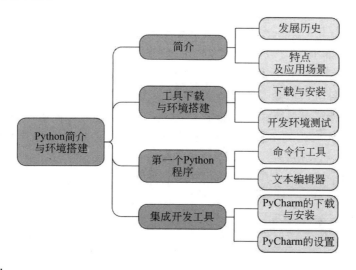

本章示例

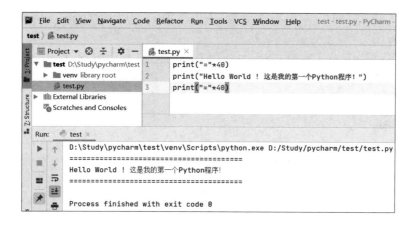

本章是 Python 程序开发的准备章节，主要介绍 Python 的相关概念、主要特点、应用场景以及搭建 Python 开发环境的方法，最后通过一个简单的程序，演示 Python 项目的创建、运行过程以及结果输出等。本章是学好 Python 的基础，是学习其他章节前必须掌握的内容。

1.1 Python 简介

在近年来的各种编程语言排行榜中，Python 无疑是排名上升最快的语言之一，在数据分析、人工智能、机器学习等场景中被广泛应用。Python 为什么能在众多编程语言中脱颖而出？它究竟有什么特点？下面从不同的角度来认识 Python。

1. Python 的发展历程

Python 单词意思为"蟒蛇"，由于 Python 之父，荷兰人吉多·范·罗苏姆（Guido van Rossum）是英国飞行马戏团（Monty Python's Flying Circus）的忠实粉丝，所以他为其创建的编程语言取了这个名字。自 20 世纪 90 年代初 Python 语言诞生至今，它已被广泛应用于数据分析、人工智能、游戏开发和 Web 编程等各个领域。

由于 Python 语言具有简洁性、易读性以及可扩展性等诸多优点，在国外用 Python 做科学计算的研究机构日益增多，一些知名大学都采用 Python 来讲授程序设计课程。部分知名院校如斯坦福大学甚至采用 Python 作为主要编程语言，替代了传统的 C、C++ 及 Java 语言。

许多热门软件都提供了 Python 的调用接口，为 Python 提供了最广泛的支持。因此，Python 语言及其众多的扩展库所构成的生态圈既有利于开发人员进行各个领域的开发工作，也有利于科研人员处理实验数据、制作图表，以及进行科学计算等研究工作。

荷兰数学家、计算机科学家 Guido van Rossum 于 1989 年圣诞节发明 Python，第一个 Python 编译器于 1991 年诞生。Python 语言既继承了传统语言的强大性和通用性，也具有脚本解释程序的易用性。2000 年 10 月，Python 2.0 版本发行，2008 年 12 月，Python 3.0 版本发行。但 Python 2.0 和 Python 3.0 差异较大，并且不兼容。截至成书之际，当前 Python 最新版本为 3.9。

2. Python 的主要特点

Python 的主要特点包括：简单易学、面向对象、解释性、动态类型、免费开源、可移植性、胶水语言、代码规范、提供丰富的库、支持函数式编程等。

3. Python 的主要应用场景

Python 可用于自动化运维、数据分析、人工智能、Web 应用开发、大数据开发、3D 游戏开发、爬虫开发、自动化测试等领域。

本书主要讲解 Python 编程基础，并在此基础上进一步讲解数据分析和机器学习等方面的内容。

思考与练习

1.1 简述 Python 语言的历史来源。

1.2 简述 Python 语言的主要特点。

1.3 简述 Python 语言的主要应用场景。

1.2 Python 开发环境搭建

在 1.1 节中主要讲解了 Python 的发展历史、主要特点和典型运用场景,本节将介绍 Python 开发的环境搭建。

1.2.1 Python 下载

进入 Python 官网下载界面(https：//www.Python.org/downloads/),单击 Downloads 选项,可以查看最新的 Python 版本(当前最新稳定版本为 3.8.5),通过下方的 View the full list of downloads 链接可以查看历史版本。也可根据自己的操作系统类型来选择对应的下载版本类型,如 Windows 系统,就单击 Windows。下载页面如图 1-1 所示。

图 1-1 Python 官网的下载页面

用户可根据计算机的操作系统以及机器 CPU 位数,选择相应的下载链接。这里以 Windows 系统,64 位 CPU 为例,选择 Windows x86-64-executable installer(可执行的安装程序),如图 1-2 所示。

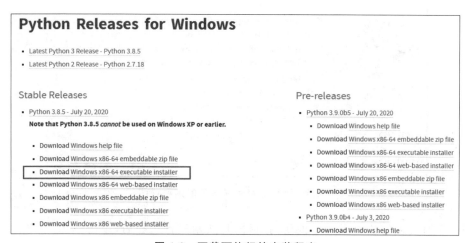

图 1-2 下载可执行的安装程序

注意：① 安装包根据计算机的操作系统以及机器 CPU 位数选择；
② Python 3.5 以后的版本不支持 Windows XP 以及之前的系统。

1.2.2　Python 安装

下载完成后，双击下载好的 .exe 文件，执行安装程序，这里以 32-bit 的版本为例（64-bit 的安装过程与 32-bit 的一致）。在安装程序的第一个界面上，勾选底部的 Add Python 3.8 to PATH 复选框（将 Python 添加到系统环境变量中，方便命令行中使用 Python 命令），然后选择 Customize installation（自定义安装），如图 1-3 所示。

图 1-3　Python 自定义安装界面

安装程序进入下一步，如图 1-4 所示。

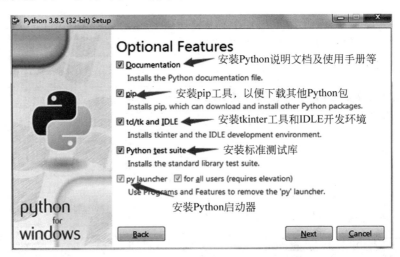

图 1-4　Python 自定义安装的选项说明

图 1-4 对安装的选项进行了说明，按照图片所示进行选择后，单击 Next 按钮，进入安

装程序的下一步。

这时可以根据需要修改程序默认的安装路径,此处将其放在 C：\Program Files (x86)\Python38-32 目录中(路径中最好不要有空格或中文字符)。按照图 1-5 所示进行选择后,单击 Install 按钮,进入正式的安装过程,如图 1-6 所示。

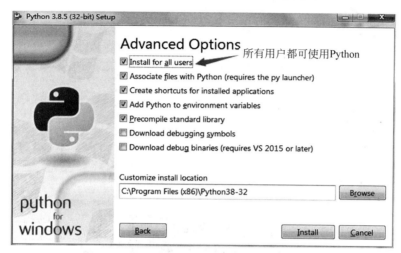

图 1-5　Python 自定义安装的高级选项

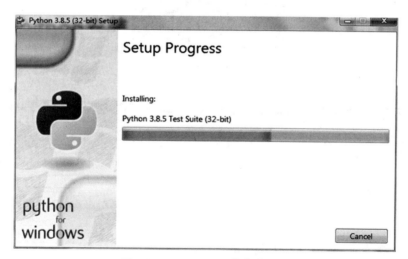

图 1-6　Python 3.8.5 的安装过程

安装完毕后,将出现图 1-7 所示的安装成功界面。

Python 3.8.5 安装成功后,单击系统的开始菜单,可以看到多了一个 Python 3.8 程序菜单。菜单中包含 4 个文件图标,如图 1-8 所示。其中,IDLE 是 Python 自带的文本编辑器,Python 3.8(64-bit)可直接进入 Python 的命令行交互式运行界面,Python 3.8 Manuals 是 Python 的使用说明手册,Python 3.8 Module Docs 是 Python 的模块说明文档。

单击 Python 3.8(64-bit)即可打开 Python 命令行交互界面,这里可以看到 Python 的版本号,此时可确定 Python 3.8.5 已经安装成功,如图 1-9 所示。

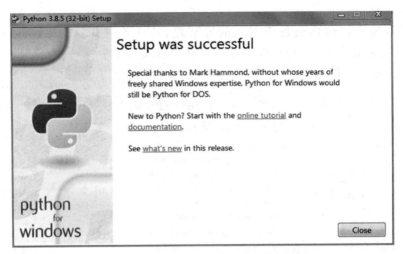

图 1-7　Python 3.8.5 的安装成功界面

图 1-8　Python 3.8 程序菜单

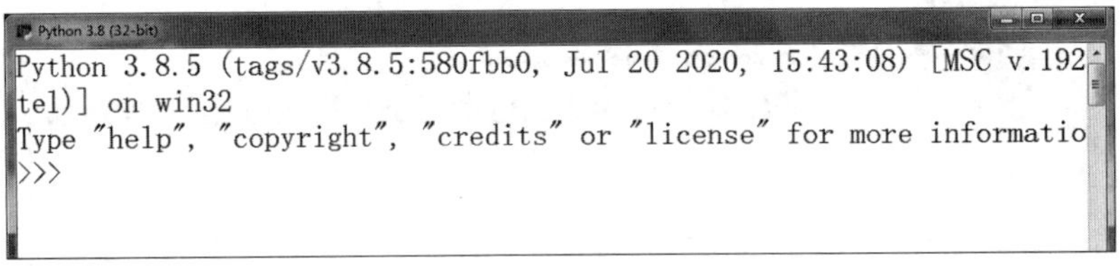

图 1-9　Python 3.8 的交互式运行界面

1.2.3　命令行式运行 Python 代码

Python 安装成功后，即可通过命令行交互界面启动 Python，执行 Python 命令，具体操作过程如下：

（1）通过开始菜单找到 Windows 系统，打开命令提示符，进入命令行窗口。也可输入快捷键 Win+R，打开运行窗口，输入 CMD，进入命令行窗口；

（2）在命令行中输入 Python，将会显示本机上 Python 的版本，并进入 Python 交互命令环境；

（3）在"＞＞＞"后输入 Python 的相关代码，将会执行代码并显示代码运行的结果。例如，输入 Python 语句 print("=" * 40)，将会打印出 40 个等号，效果如图 1-10 所示。

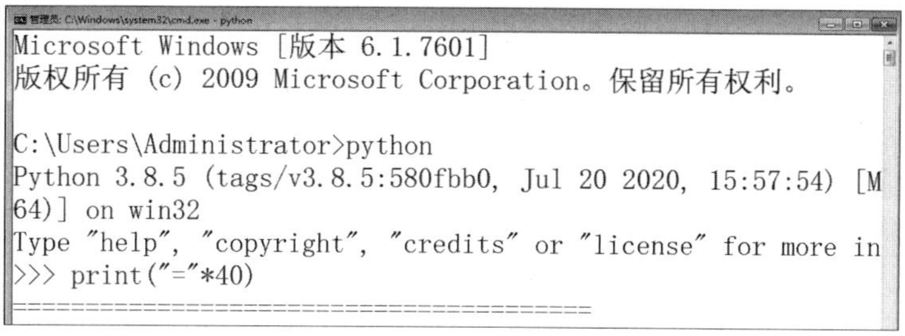

图 1-10　以命令行方式执行 Python 代码

思考与练习

1.4　说明下载 Python 安装包时的注意事项。
1.5　说明安装 Python 安装包时的注意事项。
1.6　简述通过命令行方式启动 Python 解释器,进入交互式界面的操作过程。

1.3　第一个 Python 程序

视频讲解

在 Python 安装工作结束后,可以通过一个简单的例子来演示开发 Python 应用程序的一般步骤。

【示例 1.1】　第一个 Python 程序。

```
1    print("=" * 15)              #打印 15 个"="
2    print("Hello, world! ")      #打印文本:"Hello,world！"
3    print("=" * 15)              #打印 15 个"="
```

程序预期执行结果:

```
===============
Hello, world!
===============
```

点击 Python 3.8(64-bit)直接进入 Python 的交互式界面,在英文输入状态下依次输入示例 1.1 的程序代码,并输出代码执行结果,如图 1-11 所示。

通过输出及运行结果可以看到,单纯使用 Python 命令行交互界面难以实现该程序的预期效果。因为用户输入一条命令后,Python 立即输出执行结果,不能连续运行三行代码。

Python 官方提供了一个交互式的编辑工具 IDLE,它是 Python 官方提供的集成式开发工具,既可以像 Python 命令行交互环境一样,输入一条语句后相应地执行一条语句;也可以创建脚本文件,在文件中编写多条代码,然后批量按顺序执行。

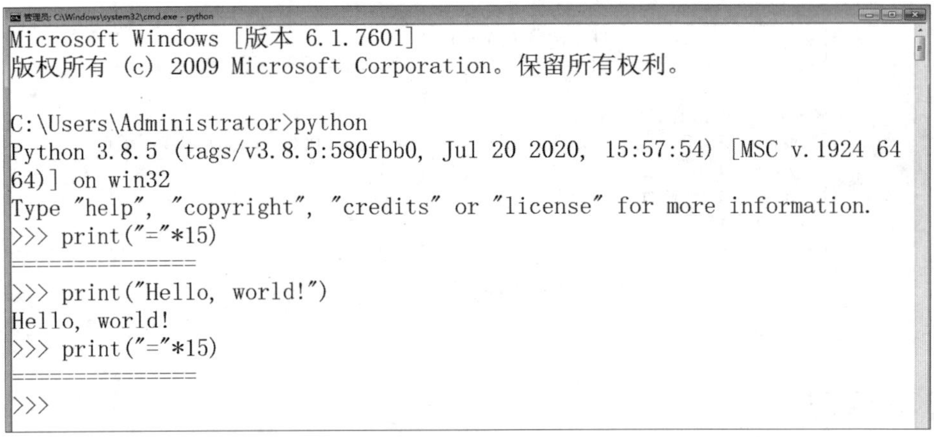

```
Microsoft Windows [版本 6.1.7601]
版权所有 (c) 2009 Microsoft Corporation。保留所有权利。

C:\Users\Administrator>python
Python 3.8.5 (tags/v3.8.5:580fbb0, Jul 20 2020, 15:57:54) [MSC v.1924 64
64)] on win32
Type "help", "copyright", "credits" or "license" for more information.
>>> print("="*15)
===============
>>> print("Hello, world!")
Hello, world!
>>> print("="*15)
===============
>>>
```

图 1-11 以命令行方式输出 Python 程序结果

下面按步骤来建立一个 Python 程序文件。

(1) 打开 IDLE,通过单击 File→New File 创建一个新的文本文件,在文件中输入图 1-12 所示代码,保存为 first.py;

(2) 通过单击 Run→Run Module 执行 first.py 文件,得到程序执行结果,如图 1-13 所示。

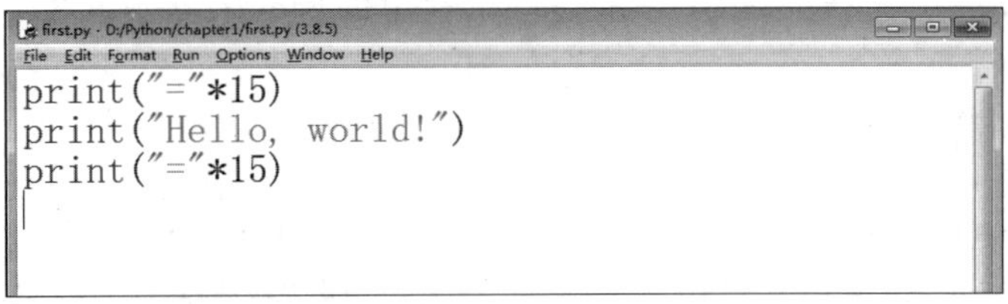

```
print("="*15)
print("Hello, world!")
print("="*15)
```

图 1-12 使用 IDLE 的文件式编辑界面输入代码

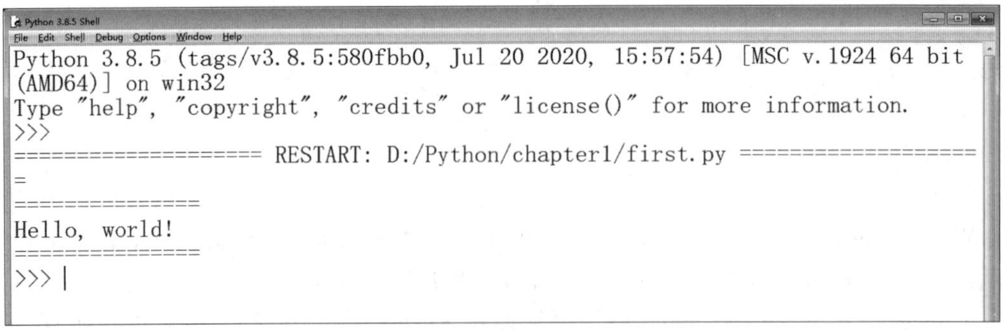

```
Python 3.8.5 (tags/v3.8.5:580fbb0, Jul 20 2020, 15:57:54) [MSC v.1924 64 bit
(AMD64)] on win32
Type "help", "copyright", "credits" or "license()" for more information.
>>>
==================== RESTART: D:/Python/chapter1/first.py ===================
=
===============
Hello, world!
===============
>>> |
```

图 1-13 文件式批量执行代码结果

注意: ① IDLE 提供了语法修饰功能,为 Python 关键字、变量、字符串等提供了不同的颜色显示,这样有助于编辑者及时发现拼写及语法错误;

② 通过 IDLE 文件式编辑环境,可以实现多行代码批量顺序执行。

1.4 集成开发工具

视频讲解

1.3 节中介绍了 Python 命令行工具及 Python 自带的 IDLE 文本编辑器的使用,以及它们的区别,本节将讲解 Python 集成开发工具。

集成开发工具(IDE,Integrated Development Environment)是指在一个开发平台中集成了开发所需用到的多种工具。集成开发工具的使用有助于提升开发效率。

本节主要介绍 Python 语言中流行的 PyCharm 集成开发工具。PyCharm 能够方便、快速地定位源代码,并方便查看相关类和方法的使用,为大型项目开发提供较好的代码编写帮助和支持。

PyCharm 可直接从官网(https://www.jetbrains.com/pycharm/)下载安装,关键步骤如下。

(1) 根据操作系统版本、机器 CPU 位数选择下载免费社区版本(Community 版)安装包,以 Windows 系统为例,其下载界面如图 1-14 和图 1-15 所示。

图 1-14 PyCharm 官网主界面

图 1-15 PyCharm 安装包的下载界面

另外，该网站还提供了 Professional 版本下载，可以免费试用一段时间，但后续开发需要注册和缴纳费用才能激活。社区版是免费试用的，提供了常用 Python 项目开发的绝大多数功能。

（2）下载完成后，双击 .exe 可执行文件进行安装。安装路径可按照图 1-16 所示，也可以自己选择。

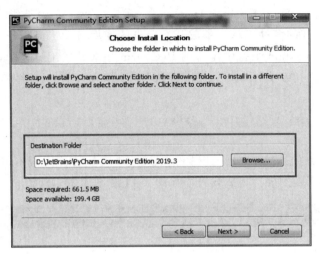

图 1-16　PyCharm 安装路径选择

（3）如果是 64 位计算机，则建议按图 1-17 所示，勾选 64-bit launcher 选项。Create Associations 选项是建立 PyCharm 的 .py 文件关联，勾选 Add launchers dir to the PATH 选项可将 PyCharm 程序目录添加到系统环境变量 PATH 中去。

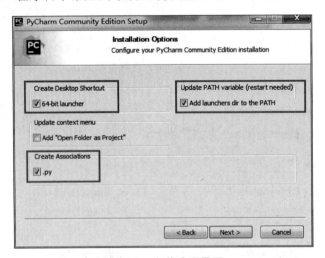

图 1-17　安装选项界面

（4）安装完成，打开 PyCharm 界面，如图 1-18 所示。

（5）当程序文件编写完成后，右击选择 Run 'test'，即可运行 Python 程序，如图 1-19 所示。

图 1-18 PyCharm 安装成功界面

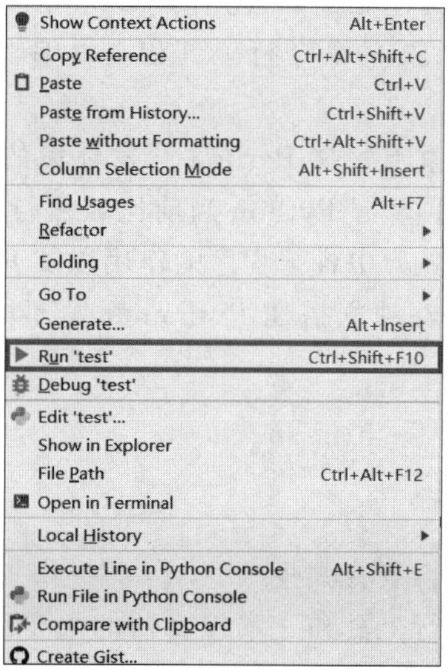

图 1-19 运行 PyCharm 界面

除了 PyCharm 集成开发工具外，还有一些其他的开发工具可以使用，如 Anaconda 的 Jupyter Notebook、Eclipse 的 PyDev、Vim、Sublime、Emacs 等，其中 Jupyter Notebook 和 PyDev 是较为流行的两个开发工具。

Anaconda 相当于一个 Python 的开发整合包，是一个开源的 Python 开发工具，包含各种常用的 Python 开发扩展库，使用起来非常方便，是目前进行数据分析领域的主流开发工具。其下载地址为：https://www.anaconda.com/，限于篇幅，这里不再对其下载安装过程进行深入介绍，但建议读者尝试使用。

Eclipse 是一个开放源代码的、基于 Java 的可扩展集成开发环境，拥有庞大的开发社区和可自由定制的可用插件程序。PyDev 是 Eclipse 中编译 Python 程序的插件，提供了 Python 开发语法错误提示、源代码编辑助手、运行和调试等功能，还能够利用 Eclipse 的很多优秀特性，为众多 Python 开发人员提供便利。

集成开发工具有很多优点，例如可以直接跳转查看内置函数的功能，可以在多个文件间快速跳转查阅，辅助代码输入等。

思考与练习

1.7 说明使用 Python 自带的 IDLE 工具和普通的文本编辑器开发 Python 程序的主要区别。

1.8 简述 PyCharm 集成开发工具的安装过程。

1.9 简述类似 PyCharm 集成开发工具的优点。

1.5 本章小结

本章介绍了 Python 语言的基础知识，包括 Python 的发展历史、Python 语言的特点、Python 开发环境的搭建、Python 的命令行工具和文本编辑器，以及 Python 集成开发工具的使用。

通过本章的学习，读者应重点掌握 Python 开发环境的搭建，熟悉 Python 自带的命令行工具和文本编辑器的使用，掌握 Python 当前比较流行的集成开发工具 PyCharm 的下载、安装及设置等，了解 Python 中各子程序的作用以及 Python 程序的运行过程。

学习完本章后，读者应能够独立搭建 Python 开发环境并描述 Python 程序的运行过程。

课后练习

1.1 Python 语言的主要特点有哪些？

1.2 Python 自带的命令行工具和文本编辑器的主要区别是什么？

1.3 编写程序，打印如图 1-20 所示菱形效果（第 1 行 3 个空格，1 个星号；第 2 行 2 个空格，3 个星号；第 3 行 1 个空格，5 个星号；第 4 行 2 个空格，3 个星号；第 5 行 3 个空格，1 个星号）。

1.4 查阅资料，了解并熟悉 Python 的 PEP8 编程规范，并将其融入到今后的 Python 编程习惯中。

```
   *
  ***
 *****
  ***
   *
```

图 1-20 练习 1.3 运行预期效果图

语 法 基 础

本章要点

- 输入输出函数
- 变量和注释
- 基本数据类型
- 常用的运算符

本章知识结构图

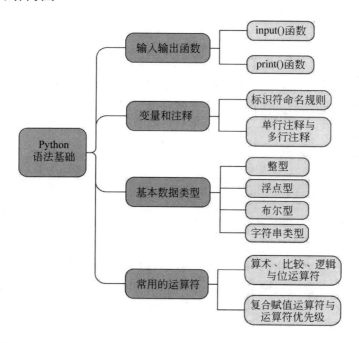

本章示例

```
==============================
|                            |
|      I love Python!        |
|                            |
==============================
```

第1章中通过一个简单的示例演示了Python应用程序的编写及运行过程。本章将详细讲解Python语言中一些最基本的语法规范。通过本章的学习，读者应掌握Python语言的输入输出函数，变量的定义、命名规范以及赋值操作，注释的使用，基本数据类型的特点和相互转换，常用的运算符及其优先级关系。

2.1 输入输出函数

视频讲解

任何程序语言都需通过输入输出功能与用户进行交互和沟通。所谓输入就是指通过程序捕获用户通过输入设备（如键盘、鼠标、扫描仪等）输入的信息或数据，而输出则是指程序通过输出设备（如显示器、打印机等）向用户显示的程序运行结果。

在Python语言中，可通过input()函数获取用户的键盘输入信息，使用print()函数打印输出结果。

2.1.1 input()函数

input()函数：无论用户输入的是数值还是字符串内容，该函数都会将该内容转换为对应的字符串类型并返回。其语法格式为：

```
x = input(prompt=None)
```

语法说明：prompt表示提示信息，默认为空，如果不为空，则显示提示信息。调用input()函数后，程序将暂停运行，等待用户输入。用户输入完毕后按回车键，input()函数将获取用户的输入内容，将其转换为对应的字符串返回，并自动忽略换行符。该函数可以作为独立的语句使用，也可以将其返回结果赋给变量。

2.1.2 print()函数

print()函数的格式为：

```
print(value, ... , sep=' ' , end='\n' , file=sys.stdout , flush=False )
```

其中各参数含义如下。

- value：表示需要输出的内容对象，一次可以输出一个或者多个对象（其中"..."表示任意多个对象），当输出多个对象时，对象之间要用逗号(,)分隔；
- sep：表示输出时对象之间的间隔符，默认是使用1个空格符进行对象之间的分隔；
- end：表示print()函数输出的结尾字符，默认值是换行符"\n"；
- file：表示输出位置，可将对象内容输出到文件。如果是file对象，就要有file对象的"写"调用方法。默认值是sys.stdout，即显示器屏幕（标准输出）；
- flush：是否将缓存里面的内容强制刷新输出，默认值是False。

这些参数中，sep和end两个参数使用较多，需要重点掌握。

【示例 2.1】 print()函数及其参数的使用。

```
1   print("Hello" , "world", "!" )              #打印字符串,使用","分隔对象,空格符
                                                 为默认分隔符
2   print("Hello" , "world", "!",sep=" * ")     #打印字符串,使用" * "作为分隔符
3   print("Hello" , "world", "!",sep=",")       #打印字符串,使用","作为分隔符
4   print("Hello" , "world", "!",sep="")        #打印字符串,不使用分隔符
5   print("Hello world !")
6   print("Hello world !" ,end="#")             #打印字符串,使用"#"结尾
7   print("Hello world !" ,end="\n")            #打印字符串,使用换行符"\n"结尾
8   print("Hello world !" ,end=" * ")           #打印字符串,使用" * "结尾
```

程序输出结果:

```
Hello world !
Hello * world * !
Hello,world,!
Helloworld!
Hello world!
Hello world!#Hello world!
Hello world! *
```

思考与练习

2.1 在 Python 中一般使用什么方法获取用户的输入?用户的输入内容如何保存?
2.2 编写一个回声程序,将用户输入的内容原样输出。
2.3 解释 print()函数中参数 sep 和 end 的含义。

2.2 变量和注释

在 2.1 节中主要讲解了输入输出函数的格式及其语法规则,并通过一个简单的示例演示了 print()函数中各参数的具体含义和基本用法。本节将介绍 Python 中变量的定义、使用规范以及注释的用法。

视频讲解

2.2.1 变量

Python 中变量的概念基本上和代数方程中变量的概念是一致的,只是在计算机语言中,变量不仅可以表示数字,还可以是任意数据类型。变量是计算机语言中用于存储计算结果或表示值的抽象概念。

1. 变量概述

变量的值通常是可以动态变化的,通过变量名可以访问相应的值。学习变量要重点

关注三部分信息：变量类型、变量名、变量值。

Python语言的变量不需要声明类型，但要求变量在使用前必须赋值。赋值的目的是将值与变量名称进行关联。变量赋值语句的格式为：

变量名 = 表达式

例如：

name = "张三"

在对变量进行赋值时，Python解释器首先对表达式进行求值，然后将结果存储到变量中。如果表达式无法求值，则赋值语句执行时会报错。

一个变量如果未赋值，则称该变量是未定义的。在程序中使用未定义的变量会导致程序错误。

Python中变量的数据类型是可以动态修改的，可通过type()函数查看变量数据类型。

【示例2.2】 变量的赋值及数据类型查看。

```
1   a = 20
2   print(type (a) )              #此时a为int类型
3   a = "张三"                     #重新赋值
4   print(type (a) )              #此时a为str类型
5   a = 75.2                      #重新赋值
6   print (type (a) )             #此时a为float类型
```

程序运行结果：

```
<class 'int'>
<class 'str'>
<class 'float'>
```

【示例2.3】 同时对多个变量赋值。

```
1   a = b = c = 1                 #同时对多个变量赋值
2   print(a, b, c)
3   a, b, c = 1, "张三", 's'        #同时对多个变量赋值
4   print (a , b, c)
```

程序运行结果：

```
1 1 1
1 张三 s
```

2. 标识符命名规则

在Python中，变量、函数、类名等的命名都需要遵守一定的命名规则，以方便代码的

阅读和交流,这些命名规则统称为标识符命名规则。

以下为 Python 语言标识符的基本命名规则:

(1) 标识符只能包含字母、数字和下画线,但不能以数字开头。例如,可将变量命名为 message_1,但不能将其命名为 1_message;

(2) 标识符不能包含空格,通常使用下画线来分隔其中的单词。例如,标识符 student_name 可行,但标识符 student name 会引发错误;

(3) 标识符严格区分大小写。例如,age 和 Age 表示不同的标识符;

(4) 不能使用 Python 关键字和函数名作为标识符;

(5) 标识符应该能够见名知意,且尽量简洁。例如,应使用 age 而不是 a,使用 student_name 而不是 s_n;

(6) 慎用小写字母 l 和大写字母 O,因为它们可能被错看成数字 1 和 0。

注意:标识符中包含的"字母"是指广义上的字母,不仅仅包含 26 个英文字母的大小写格式。中文字符也属于字母的一种,所以 Python 允许使用中文字符命名变量,但一般不建议这么做。

3. Python 常用关键字

Python 中的常用关键字如表 2-1 所示。

表 2-1　Python 常用关键字

and	as	assert	break	class	continue
def	del	elif	else	except	finally
for	from	False	global	if	import
in	is	lambda	nonlocal	not	None
or	pass	raise	return	try	True
while	with	yield			

提示:Python 关键字可通过 keyword 模块的 kwlist 属性查看。

【示例 2.4】 查看 Python 的关键字。

```
1    import keyword                          #导入关键字模块
2
3    print(keyword.kwlist)                   #输出所有关键字
4    print(len( keyword.kwlist))             #查询 Python 所有关键字的数量
```

程序运行结果:

```
['False', 'None', 'True', 'and', 'as', 'assert', 'async', 'await', 'break',
'class', 'continue', 'def', 'del', 'elif', 'else', 'except', 'finally',
'for', 'from', 'global', 'if', 'import', 'in', 'is', 'lambda', 'nonlocal',
'not', 'or', 'pass', 'raise', 'return', 'try', 'while', 'with', 'yield']
35
```

注意：虽然可将 Python 变量名设置为与 Python 内置函数或模块同名，但不建议这么做，因为这样很容易导致函数和模块加载错误。

2.2.2 注释

通常来讲，一个好的、可读性强的程序一般都会包含必要的代码注释。代码中的注释主要是写给程序员看的，不是为计算机写的。程序执行时，计算机会自动忽略注释部分。

适当添加注释不仅有利于他人读懂程序、了解程序的用途，同时也有助于本人整理思路、回忆程序。

Python 中的注释主要分为单行注释和多行注释两种。

1. 单行注释

单行注释以"♯"开头，表示本行"♯"号之后的内容为注释。

【示例 2.5】 计算矩形的面积。

```
1    width = 20
2    height = 50
3    area = width * height              #计算矩形的面积
4    print("面积为:", area)              #打印矩形面积
```

程序运行结果：

```
面积为：1000
```

说明：PyCharm 中，添加或解除单行注释的快捷键为 Ctrl＋/。不同开发工具的注释快捷键各有不同。

2. 多行注释

在 Python 中，3 个单引号(''')或者 3 个双引号(""")之间的内容将被解释器认为是多行注释。

【示例 2.6】 多行注释的使用。

```
1    """
2    作者:Python
3    时间:2020 年 09 月 10 日
4    """
5    print(" Hello, 这是我的第一个 Python 程序!")
```

程序运行结果：

```
Hello, 这是我的第一个 Python 程序!
```

在示例 2.6 中，也可以将 3 个双引号替换成 3 个单引号，注释功能不变。

在 IDLE 文本编辑状态下，可以通过以下操作快速注释或解除注释多行代码：单击

Format→选择 Comment Out Region/Uncomment Region 选项。

注意：注释所使用的引号为英文状态下的引号，即半角引号。

思考与练习

2.4 在学习和使用变量时，应该重点关注哪三部分内容？
2.5 简要阐述 Python 的标识符命名规则。
2.6 思考 Python 的命名规则中，为何标识符不能以数字为开头。
2.7 写出 Python 的 33 个关键字。
2.8 Python 常见的注释有哪两种？请分别说明它们的作用。

2.3 数据类型

视频讲解

Python 语言不需要事先指定变量的数据类型，程序会自动依据变量的值来确定变量的类型。但不同数据类型可以执行的操作是不同的，就像生活中对各种物品进行分类一样，不同类型的物品功能不一样，例如同样是容器，玻璃容器、塑料容器、陶瓷容器、纸质容器、金属容器各自的应用场景不同。本节将介绍 Python 语言中基本数据类型的定义和使用规则。

Python 语言中，每个对象都有一个数据类型。Python 数据类型定义为一个值的集合以及定义在这个值集上的一组运算操作。一个对象上可执行且只允许执行其对应数据类型上定义的操作。学习数据类型时，需要重点关注该数据类型的值、取值范围以及其可以进行的操作。例如，整数类型可以进行加、减、乘、除等操作，而字符串类型可以进行拼接、查找、替换等操作。

Python 语言中基本的数据类型主要有整型（int）、浮点型（float）、布尔型（bool）和字符串类型（str）。

2.3.1 整型

整型用 int 表示，通常用于表示整数，可以是正整数、零或者负整数，但不带小数点。整型可以用多种进制表示，但默认为十进制。

对于整数类型来说，Python 并没有限定整型数值的取值范围，所以几乎不用担心范围的溢出问题。但实际上由于机器内存是有限的，使用的整型数值也不可能无限大。

为了区分不同的进制表示，通常用不同的标记表示不同的进制。十进制为默认进制，不需要标记，0b 或 0B 开头表示二进制（数字 0，字母 b 或 B），0o 或 0O 开头表示八进制（数字 0，小写字母 o 或大写字母 O），0x 或 0X 开头表示十六进制（数字 0，小写字母 x 或大写字母 X）。如 1024（十进制），−100（十进制），0o11（八进制），0b11（二进制），0x11（十六进制）等。

【示例 2.7】 不同进制的使用。

```
1    a = 1024
2    b = -100
```

```
3   c = 0o11
4   d = 0b11
5   e = 0x11
6   print(a, b, c, d, e)
```

程序运行结果：

```
1024 -100 9 3 17
```

通过前面的学习，可知输入函数 input() 输入的值为字符串类型。如果用户输入的为整数字符串，则需要将整数字符串转化为整数，才可以实现相应的整数操作，转换可借助 int() 函数实现。

int() 函数的格式为：

int(x, base=y)

函数作用：将 y 进制的字符串 x 转换成十进制整数。

当 int() 函数的第 1 个参数为字符串时，可以指定第 2 个参数 base 来说明这个数字字符串是什么进制，注意 int() 函数不接受含有小数部分的数字字符串。

参数 base 的有效值范围为 0 和 2~36。base 默认为十进制数，即将十进制的字符串 x 转换成十进制整数。

【示例 2.8】 将不同进制的数值字符串转换成十进制整数。

```
1   a = int("1001")
2   b = int("1001", base=0)
3   c = int("1001", base=2)
4   d = int("1001", base=4)        #将四进制的1001转换为十进制整数
5   e = int("1001", base=8)
6   f = int("1001", base=16)
7   print(a, b, c, d, e, f)
```

程序运行结果：

```
1001 1001 9 65 513 4097
```

注意：参数 base 指定进制时，数字字符串中的每一位不能超过其表示范围。例如，二进制字符串只能包含 0 和 1。

【示例 2.9】 当 base 取 0 时，程序自动根据字符串表示的数字含义确定对应的进制。

```
1   a = int("11", base=0)
2   b = int("0b11", base=0)
3   c = int("0o11", base=0)        #将字符串"0o11"自动转换为对应的十进制整数
4   d = int("0x11", base=0)
5   print(a, b, c, d)
```

程序运行结果:

```
11 3 9 17
```

注意:当字符串表示的进制与对应的 base 取值不一致时,程序将会报错。

2.3.2 浮点型

Python 中的浮点型(float)有两种表示方式:小数形式和科学计数法。科学计数法中使用大写字母 E 或小写字母 e 表示 10 的指数,后面只能跟一个整数,不能是小数。例如:3.14、2.35E4、6.18E-2 等。

【示例 2.10】 使用科学计数法表示数值。

```
1    a = 3.14
2    b = 2.35E4
3    c = 6.18E-2
4    #d = 123.5E3.2                    #该行代码会报错
5    print(a, b, c)
```

程序运行结果:

```
3.14 23500.0 0.0618
```

注意:由于机器精度及程序设计机制问题,浮点数运算可能存在一定的误差,要尽可能地避免在浮点数之间进行相等性判断。例如,在 Python 中输入 0.4−0.1,结果可能不是 0.3,而是 0.30000000000000004,这是一个非常接近 0.3 的数。

【示例 2.11】 比较浮点数是否相等。

```
1    print(0.4 - 0.1 ==0.3)
2    print(0.4 - 0.2 ==0.2)
```

程序运行结果:

```
False
True
```

当确实需要判断两个浮点数是否相等时,可以对它们之间的差的绝对值进行判断,如果小于一个很小的数,即判断它们相等。例如 a−b<=0.0000001,如果结果为真,则判断 a 等于 b。

对应于整型的 int()函数,Python 也提供了 float(x)函数用于将一个数字或字符串转换成浮点数。

【示例 2.12】 运用 float( )函数将数字或字符串转换为浮点数。

```
1   print(float(5))
2   print(float("6.8"))
```

程序运行结果：

```
5.0
6.8
```

视频讲解

2.3.3 布尔型

布尔型(bool)是用来表示逻辑"是"或"非"的一种数据类型，是 int 类型的子类，它只有两个值，True 和 False，这里的 True 和 False 中的首字母均为大写。Python 语言是严格区分大小写的。

布尔数值可以隐式转换为整数类型使用，默认布尔值 True 等价于整数 1，布尔值 False 等价于整数 0。

【示例 2.13】 将布尔数值隐式转换为整数类型使用。

```
1   print(3 +True)
2   print(2 +False)
```

程序运行结果：

```
4
2
```

Python 中提供了 bool(x)函数，将 x 转换成布尔型。对于整型数据，0 等价于 False，其他数值都为 True。对于字符串，空字符串等价于 False，其他字符串都为 True。另外，None 类型也被看作 False。

【示例 2.14】 bool( )函数以及布尔型的使用。

```
1   a = True
2   b = False
3   print(int(a))
4   print(int(b))
5   print(float(a))
6   print(a +b)
7   print(bool(-1))
8   print(bool(1))
9   print(bool(0))
```

程序运行结果:

```
1
0
1.0
1
True
True
False
```

2.3.4 字符串类型

字符串类型是 Python 中最常用的数据类型,在实际开发中应用非常广泛,例如网络爬虫、数据分析、人工智能等领域都涉及大量的字符串操作。

Python 中的字符串属于不可变序列,是用单引号(')、双引号(")、三单引号(''')或三双引号(""")等界定符括起来的字符序列。为了简化对字符及字符串的操作,Python 不支持字符类型,没有字符的概念,单字符在 Python 中也是作为一个字符串存在。对于字符串内容中包含单引号或双引号等特殊情况,可以采用在单引号里面嵌套双引号,或双引号里面嵌套单引号的方式来实现。

1. 创建和访问字符串

Python 中字符串的表示方式有如下三种。

(1) 普通字符串(plain string):使用单引号(')或双引号(")包裹起来的字符串;

(2) 原始字符串(raw string):在普通字符串前加字符 r,字符串中的特殊字符不需要转义,按照字符串的本来面目呈现;

(3) 长字符串(long string):可包含换行符、缩进符等排版字符,使用三重单引号(''')或三重双引号(""")包裹起来,这就是长字符串。

【示例 2.15】 字符串的表示方式。

```
1   a = "abc\ndef"              #普通字符串
2   b = r"abc\ndef"             #原始字符串
3   c = """abc                  #长字符串
4   def
5   """
6   print(a)
7   print(b)
8   print(c)
```

程序运行结果:

```
abc
def
```

```
abc\ndef
abc
   def
```

2. 转义字符

对于一些特殊的、难以输入的字符,例如换行符、退格符等,可采用转义字符来实现。Python 用反斜杠(\)来表示转义字符。常见的转义字符如表 2-2 所示。

表 2-2 常见的转义字符

字 符 表 示	Unicode 编码	说　　明
\t	\u0009	水平制表符
\n	\u00a	换行
\r	\u00d	回车
\"	\u0022	双引号
\'	\u0027	单引号
\\	\u005c	反斜杠

3. 字符串运算符

Python 中常见的字符串运算符如表 2-3 所示。

表 2-3 常见的字符串运算符

操作符	描　　述
+	字符串拼接
*	重复输出字符串
[]	通过索引下标获取字符串中的字符,从左向右以 0 开始,从右向左以 -1 开始
[n1:n2]	截取字符串中的一部分,包含 n1 不包含 n2
in	成员运算符,如果字符串中包含给定的字符串,则返回 True
not in	成员运算符,如果字符串中不包含给定的字符串,则返回 True
r/R	原始字符串表示,在字符串的第一个引号前加上字母 r 或 R,字符串中的所有的字符直接按照原始的字面意思来使用,不再转义为特殊或不能打印的字符
%	格式化字符串

4. 字符串格式化输出

Python 支持格式化字符串的输出,其基本的用法是将一个值插入到有字符串格式符的模板中。

【示例 2.16】 字符串的格式化使用。

```
1  print("我的名字是%s,年龄是%d" %('ww', 21))    #%s 与'ww'对应,%d 与 21 对应
```

程序运行结果：

我的名字是 ww，年龄是 21

示例 2.16 的代码是将一个元组的多个值传递给模板，每个值对应一个字符串格式符。如将'ww'插入到%s 处，21 插入到%d 处。

常用的字符串格式化符如表 2-4 所示。

表 2-4　常用的 Python 字符串格式化符

符　　号	说　　明
%c	格式化字符及其 ASCII 码
%s	格式化字符串
%d	格式化整数
%o	格式化无符号八进制数
%x	格式化无符号十六进制数
%X	格式化无符号十六进制数（大写）
%f	格式化定点数，可指定小数点后的精度
%e	用科学计数法格式化定点数
%E	作用同%e，用科学计数法格式化定点数
%g	根据值的大小决定使用%f 或者%e
%G	作用同%g，根据值的大小决定使用%f 或者%E

【示例 2.17】　将字符串格式化。

```
1   print("我的名字是 %s " %"Python")
2   print("我的年龄为 %d " %20)
3   print("我的年龄为 %o " %20)           #将 20 转化为八进制的数字字符串，并替换%o
4   print("我的年龄为 %x " %20)
5   print("我的身高为 %f " %175.8)
6   print("我的身高为 %g " %175.8)
7   g = "我的身高为 %e " %175.8
8   print(g)
```

程序运行结果：

我的名字是 Python
我的年龄为 20
我的年龄为 24
我的年龄为 14

```
我的身高为 175.800000
我的身高为 175.8
我的身高为 1.758000e+02
```

另外,Python 还提供了 str(x)函数,用于将 x 转换成字符串类型。Python 中也可以通过 len(x)函数获取字符串 x 的长度信息。

思考与练习

2.9　既然浮点数可以表示所有的整数数值,Python 语言为何还要提供整数和浮点数两种数据类型?

2.10　写出整数 32 的二进制、八进制、十六进制表示形式。

2.11　写出科学计数法 5.2E2 的十进制表示形式。

视频讲解

2.4　运算符

不同的数据类型能执行的操作不同,Python 中提供了一些常见的运算符用于执行一些基本运算,例如算术运算符、关系运算符、逻辑运算符、位运算符、赋值运算符、成员运算符等。

2.4.1　算术运算符

算术运算符用于执行加、减、乘、除、取余等基本数学运算,Python 的算术运算符如表 2-5 所示。

表 2-5　Python 算术运算符

运算符	描述	示例	输出结果(a=10,b=20)
+	将两个对象相加	a + b	30
-	负号,或是一个数减去另一个数	a - b	-10
*	两个数相乘,或返回一个被重复若干次的字符串	a * b	200
/	除以	b / a	2.0
%	取模,返回两数相除的余数	b % a	0
**	返回 a 的 b 次幂	a**b	100000000000000000000
//	取整,返回商的整数部分(向下取整)	9//2 -9//2	4 -5

【示例 2.18】　Python 算术运算符的使用。

```
1    a = 13
2    b = 5
```

```
3   print(a / b)
4   print(a % b)                              #取模运算
5   print(a // b)                             #取整运算
6   print(2**3)                               #求幂运算
7   print(3**2)
```

程序运行结果：

```
2.6
3
2
8
9
```

注意：①为了方便输入，Python 用斜杠（/）表示除号。与其他编程语言中两个整数相除结果为整数不同，Python 中两个整数相除结果为浮点数，如果需要获取整除结果则需要使用两个斜杠（//）；②Python 中用两个 * 号表示求幂运算，例如 2**3＝8，3**2＝9。

2.4.2　关系运算符

关系运算符用于比较两个对象之间的大小，运算结果为 True（真）或 False（假）。Python 中的关系运算符如表 2-6 所示。

表 2-6　Python 关系运算符

运算符	描述	示例	返回结果（a＝10，b＝20）
＝＝	判断两个对象是否相等	a ＝＝ b	False
！＝	判断两个对象是否不相等	a ！＝ b	True
<>	比较两个对象是否不相等（Python 3.0 已废弃）	a <> b，该运算符等价于！＝	True
>	大于	a > b	False
<	小于	a < b	True
>＝	大于等于	a >＝ b	False
<＝	小于等于	a <＝ b	True

【**示例 2.19**】　Python 关系运算符的使用。

```
1   print(12 >= 8)
2   print(12 <= 8)
3   print(10 <= 12 <= 15)                     #多个不等式的并行比较，同时满足才返回 True
4   print(12 >= 10 <= 15)                     #多个不等式的并行比较，同时满足才返回 True
5   print(6 < 10 > 8)                         #多个不等式的并行比较，同时满足才返回 True
```

```
6    print("abc"=="abc")
7    print("abc"!="abc")
8    print("abc">"abc")
9    print("abc">="abc")
10   print("abc"<"abc")
11   print("abc"<="abc")
12   print("abc"<="abd")
```

程序运行结果：

```
True
False
True
True
True
True
False
False
True
False
True
True
```

注意：①一个等号(=)表示赋值，两个等号(==)用于判断两个对象是否相等；②利用关系运算符比较大小，首先要保证操作对象之间是可比较大小的；③字符串比较大小时，是通过从左到右依次比较每个字符的编码大小来得到大小关系的；④Python中支持关系运算的连写，例如5<a<10表示a在(5,10)中。

在Python中，所有的字符串都是Unicode字符串。对于单个字符的编码，可以通过ord()函数获取该字符的Unicode码，通过chr()函数把编码转换为对应的字符。

【**示例2.20**】 ord()函数和chr()函数的使用。

```
1    print(ord("a"))              #获得字符 a 的 Unicode 编码
2    print(ord('A'))              #获得字符 A 的 Unicode 编码
3    print(chr(100))              #将 100 转换为对应的字符
4    print(chr(70))
```

程序运行结果：

```
97
65
d
F
```

注意：数字字符的 Unicode 编码 < 大写英文字符的 Unicode 编码 < 小写英文字符的 Unicode 编码。

【示例 2.21】 比较字符串的大小。

```
1  print("abc" > "123")
2  print("abc" > "ABC")
3  print("ABC" > "ABD")         #从字符串的第 1 个字母开始,依次比较大小
```

程序运行结果：

```
True
True
False
```

2.4.3 逻辑运算符

逻辑运算符用于判断多个条件是否满足某一要求。Python 中提供了三种逻辑运算符：①and(逻辑与),二元运算符；②or(逻辑或),二元运算符；③not(逻辑非),一元运算符。

视频讲解

逻辑非的结果一定为 True 或 False,而逻辑与和逻辑或的结果则与具体表达式结果相关。Python 逻辑运算符如表 2-7 所示。

表 2-7　Python 逻辑运算符

运算符	逻辑表达式	描述	返回结果(x=10,y=20)
and	x and y	逻辑与,如果 x 为 False,x and y 返回 False,否则返回 y 的计算值	20
or	x or y	逻辑或,如果 x 是非 0,返回 x 的值,否则返回 y 的计算值	10
not	not x	逻辑非,如果 x 为 True,返回 False。如果 x 为 False,返回 True	False

【示例 2.22】 not(逻辑非)运算符的使用。

```
1  print(not 5)
2  print(not 0)                 #输出非 0 的结果
3  print(not "a")
4  print(not "")                #输出非''的结果
5  print(not None)              #输出非 None 的结果
```

程序运行结果：

```
False
True
```

```
False
True
True
```

当 not 后跟 False、0、""和 None 时，返回值是 True。即 not False 的返回结果为 True。

逻辑运算符 and 和 or 也称为短路操作符，具有惰性求值的特点。表达式从左向右解析，一旦结果可以确定就停止运算。

当计算表达式 exp1 and exp2 时，先计算 exp1 的值，当 exp1 的值为 True 或非空值时，才计算并输出 exp2 的值；当 exp1 的值为 False 或空值时，直接输出 exp1 的值，不再计算 exp2。

【示例 2.23】 and(逻辑与)运算符的使用。

```
1   print(4 >3 and 8 <9)
2   print(5 >4 and 8)
3   print(4 <3 and 8)
4   print(2 and 5)                  #输出 2 与 5 的结果
5   print(5 and 2)                  #输出 5 与 2 的结果
6   print(0 and 5)                  #输出 0 与 5 的结果
7   print(5 and 0)
```

程序运行结果：

```
True
8
False
5
2
0
0
```

当计算表达式 exp1 or exp2 时，先计算 exp1 的值，当 exp1 的值为 True 或非空值时，直接输出 exp1 的值，不再计算 exp2；当 exp1 的值为 False 或空值时，才计算并输出 exp2 的值。

【示例 2.24】 or(逻辑或)运算符的使用。

```
1   print(4 >3 or 8 <9)
2   print(5 >4 or 8)
3   print(4 <3 or 8)
4   print(2 or 5)                   #输出 2 或 5 的结果
5   print(5 or 2)                   #输出 5 或 2 的结果
6   print(0 or 5)                   #输出 0 或 5 的结果
7   print(5 or 0)
```

程序运行结果:

```
True
True
8
2
5
5
5
```

2.4.4 位运算符(进阶)

位(bit)是计算机中表示信息的最小单位,位运算符对数据的位进行操作。

Python 中的位运算符有:按位与(&)、按位或(|)、按位异或(^)、按位取反(~)、左移(<<)、右移(>>),如表 2-8 所示。

表 2-8 Python 位运算符

运算符	描 述	示例	输出结果 (a=60,b=13)	二进制解释
&	位与运算符,如果两个参与运算的值的相应位都为 1,则该位的结果为 1,否则为 0	a & b	12	0000 1100
|	位或运算符,只要对应的两个二进位有一个为 1 时,结果位就为 1	a | b	61	0011 1101
^	按位异或运算符,当两个对应的二进位相异时,结果为 1	a ^ b	49	0011 0001
~	按位取反运算符,对数值的每个二进制位取反,即把 1 变为 0,把 0 变为 1。~x 类似于 -x-1	~a	-61	1100 0011
<<	左移动运算符,将<<左边的运算数的各二进位全部左移若干位,<<右边的数字指定了移动的位数,高位丢弃,低位补 0	a << 2	240	1111 0000
>>	右移动运算符,将>>左边的运算数的各二进位全部右移若干位,>> 右边的数字指定了移动的位数	a >> 2	15	0000 1111

【示例 2.25】 位运算符的使用。

```
1  print(~5)                    #按位取反
2  print(11 & 13)                #位与
3  print(11 | 13)                #位或
4  print(11 ^ 13)                #按位异或
5  print(11 <<2)                 #左移 2 位
6  print(11 >>2)                 #右移 2 位
```

程序运行结果：

```
-6
9
15
6
44
2
```

位运算符是对操作数据按其二进制形式逐位进行运算,参加位运算的操作数必须为整数。

例如：a = 11,左移两位,结果为 44(图 2-1)。

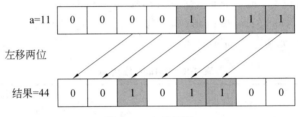

图 2-1　左移两位

例如：a = 11,右移两位,结果为 2(图 2-2)。

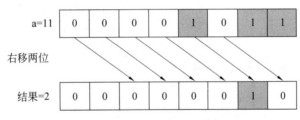

图 2-2　右移两位

例如：a=11,b=13,二者相位与,结果为 9(图 2-3)。

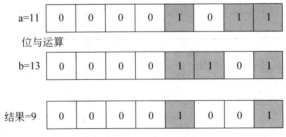

图 2-3　位与运算

例如：a=11,b=13,二者相位或,结果为 15(图 2-4)。
例如：a=11,按位异或 b=13,结果为 6(图 2-5)。

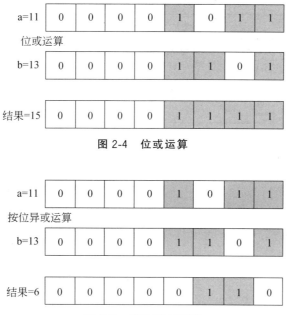

图 2-4 位或运算

图 2-5 按位异或运算

2.4.5 复合赋值运算符

Python 支持算术运算符、位运算符和赋值运算符联合使用,形成复合赋值运算符,等价于先执行算术运算或位运算,然后对结果重新赋值。Python 的复合赋值运算符如表 2-9 所示。

表 2-9 Python 复合赋值运算符

运算符	名称	例子	等价于
+=	加法赋值运算符	c += a	c = c + a
-=	减法赋值运算符	c -= a	c = c - a
*=	乘法赋值运算符	c *= a	c = c * a
/=	除法赋值运算符	c /= a	c = c / a
%=	取模赋值运算符	c %= a	c = c % a
**=	幂赋值运算符	c **= a	c = c ** a
//=	取整除赋值运算符	c //= a	c = c // a

2.4.6 成员运算符

成员运算符用于判断对象是否在指定的序列或集合中。Python 的成员运算符如表 2-10 所示。

表 2-10　Python 成员运算符

运算符	描述	说明
in	如果在指定的序列中找到相应对象,返回 True,否则返回 False	x in y,如果 x 在 y 序列中返回 True,否则返回 False
not in	如果在指定的序列中没有找到相关对象,返回 True,否则返回 False	x not in y,如果 x 不在 y 序列中返回 True,否则返回 False

成员运算符测试指定对象是否为序列中的成员,例如判断一个字符是否在字符串中。

【示例 2.26】　成员运算符的使用。

```
1  print("a" in "abcd")
2  print("a" not in "abcd")
3  print("ac" in "abcd")            #判断字符串"ac"是否为"abcd"的子串
4  print("ac" not in "abcd")
```

程序运行结果:

```
True
False
False
True
```

2.4.7　身份运算符

身份运算符用于判断两个对象是否为同一个对象,比较两个对象的内存位置是否一致。Python 的身份运算符如表 2-11 所示。

表 2-11　Python 身份运算符

运算符	描述	说明
is	判断两个对象是否为同一个对象	x is y,如果是同一个对象,则返回 True,否则返回 False
is not	判断两个对象是否不为同一个对象	x is not y,如果不是同一个对象,则返回 True,否则返回 False

【示例 2.27】　身份运算符的应用。

```
1  a = 5;b = a;c = 6;a = c
2  print(a is c)                    #判断 a 与 c 是否为同一对象
3  print(b is c)
4  print(a is b)
```

程序运行结果:

```
True
False
False
```

2.4.8 运算符优先级

不同的运算符拥有不同的优先级,这和数学四则运算中先做乘除后做加减类似。当表达式中包含多种运算符时,结果并不都是按照从左到右的顺序执行,而是根据运算符的优先级依次执行。遇到同优先级的运算符时,则从左到右顺序执行。

优先级越高的运算执行越早,在实际应用中,如果不清楚执行顺序,可通过加括号的方式来改变运算符的执行顺序。Python 运算符优先级如表 2-12 所示(优先级从上到下依次递减)。

表 2-12 Python 运算符优先级

运 算 符	描 述
()	小括号(最高优先级)
**	幂运算
~,+,-	按位翻转,正号,负号
*,/,%,//	乘,除,取模和取整除
+,-	加,减
>>,<<	右移,左移运算符
&	位与运算符
^,|	按位异或,按位或运算符
<=,<,>,>=	比较运算符
<>,==,!=	等于运算符
is,is not	身份运算符
in,not in	成员运算符
not,and,or	逻辑运算符
=,%=,/=,//=,-=,+=,*=,**=	赋值运算符

【示例 2.28】 运算符优先级。

```
1    a = 20;b = 10;c = 15;d = 5
2    print("(a +b) * c / d 运算结果为:", (a +b) * c / d)
3    print("((a +b) * c) / d 运算结果为:", ((a +b) * c) / d)
4    print("(a +b) * (c / d) 运算结果为:", (a +b) * (c / d))
5    print ("a +(b * c) / d 运算结果为:", a +(b * c) / d)
```

程序运行结果：

```
(a +b) * c / d 运算结果为：90.0
((a +b) * c) / d 运算结果为：90.0
(a +b) * (c / d) 运算结果为：90.0
a +(b * c) / d 运算结果为：50.0
```

思考与练习

2.12 根据运算符的优先级顺序计算下列表达式的值。
(1) 30 - 3 ** 2
(2) 2 ** 2 ** 3
(3) 8 // 2 / 8
2.13 编写代码,计算表达式 x = (2^4 + 7 - 2 * 4) / 3 的结果。
2.14 假设 x=2,编写代码计算表达式 x * = 3 + 5 ** 2 的值,并思考得出该结果的原因。

视频讲解

2.5 本章小结

本章讲解了 Python 的输入输出函数,使用 input()函数获得的所有输入都会被当成字符串处理;输出函数 print()中 sep 和 end 参数的作用需要重点掌握。在使用变量时,需要注意变量的命名规则,区分大小写,慎用关键词和函数名,尽量做到见名知意;注释分为单行注释和多行注释,需要明白其使用方法。为了更好地使用函数,读者需要学习数据类型和运算符。基本数据类型有整型、浮点型、布尔型和字符串类型;常用运算符有算术运算符、比较运算符、逻辑运算符、位运算符和复合赋值运算符。同时,读者还需要清楚不同运算符的优先级别,当不确定执行顺序时,可通过加括号的方式来改变运算符的执行顺序。

课后练习

2.1 以下哪些标识符的命名符合 Python 标识符命名规范?(   )
A. @abc
B. a_b_c
C. 姓名
D. student age
E. a# b
F. a_1
G. 1_a
H. for

2.2 阅读以下程序代码,写出程序执行结果。
(1) a = 5 > 4 and 2
    print(a)
(2) b = 6 < 5 or 3
    print(b)
(3) c = 0x11
    print("%o" % c)
(4) a = 3 and 4
    b = a ** 2
    print(b)
(5) a = 13
    b = a/5 + a//5 + a % 5
    print(b)

2.3 编写程序,实现图2-6所示效果(说明:打印内容位于正中间,整体宽度为30个字符,高度为5行)。

```
==============================
|                            |
|        I love Python!      |
|                            |
==============================
```

图2-6 练习2.3程序运行效果图

第3章 流程控制

本章要点

- 条件结构
- 循环结构
- 循环控制语句
- 综合案例

本章知识结构图

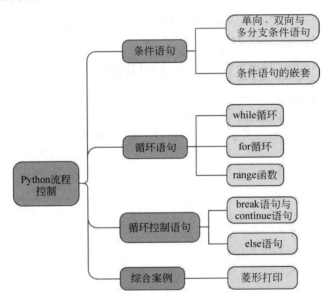

本章示例

```
请输入菱形的行数10
         *
        * * *
       * * * * *
      * * * * * * *
     * * * * * * * * *
      * * * * * * *
       * * * * *
        * * *
         *
```

第 2 章主要介绍了 Python 的基本语法规范,包括 Python 的基本数据类型和常用运算符等,并且通过程序演示了它们的用法,使用的演示程序都是从上往下顺序执行,其执行结果也是确定的。而现实生活中往往充满了复杂性和不确定性,例如 QQ 登录,如果用户身份验证通过,则可以进入主界面查看相关信息;如果验证不通过,则会执行其他的操作程序。也就是说,程序的执行结果是不确定的,程序会根据用户的输入情况,选择性地执行相应的程序。要想解决这类问题,读者需要学习流程控制模块。

任何一门编程语言编写的程序都是由顺序结构、条件结构和循环结构这三种基本流程控制结构组成的,本章将集中进行讲解。Python 语言的语句默认是按照书写顺序依次执行的,这样的语句结构称为顺序结构。在顺序结构中,各语句按自上而下的顺序执行,语句执行间不作任何判断。有时则需要根据特定的情况,有选择地执行某些语句,这时就需要使用条件结构。还有一种情况,可以在给定条件下重复执行某些语句直到条件满足或者不满足,这些语句称为循环语句。

有了顺序、条件和循环这三种基本的结构,就可以在此基础上构建复杂的程序了。本章主要介绍 Python 语言的条件结构、循环结构和循环控制语句,以及其综合运用案例。

3.1 条件结构

视频讲解

在 Python 语言中主要有三类条件结构:单向 if 语句、双向 if-else 语句、多分支 if-elif-else 语句。

3.1.1 单向 if 语句

单向 if 语句只有 if 没有 else 子句,只针对满足条件的情况做一些额外操作,如果不满足条件则什么都不做。单向 if 语句的执行流程如图 3-1 所示。

单向 if 语句的语法形式如下。

```
if  布尔表达式:
    语句块
```

当执行到 if 语句时,判断布尔表达式是否满足,若满足则执行语句块。

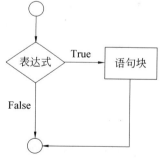

图 3-1 单向 if 语句执行流程图

【示例 3.1】 使用单向 if 语句进行用户年龄判断。
代码如下:

```
1    age = int( input ("请输入你的年龄: ")) #获取用户输入的数字字符串,并转换为整数
2    if   age <0 or age >150:
3        print("输入不合法,采用默认值!")
4        age = 20
5    print(age)
```

程序运行结果:

```
请输入你的年龄:-5
输入不合法,采用默认值!
20
```

程序执行示例3.1的代码时,语句块只有当表达式的值为True时才会执行,否则,程序就会直接跳过这个语句块,执行紧跟在这个语句块之后的语句。

另外,在编写if语句块时,要严格执行缩进规则。这里的语句块可以包含多条语句,也可以只有一条语句。当语句块由多条语句组成时,要有统一的缩进形式,否则往往会出现逻辑错误,即语法检查没有错误,结果却非预期。

建议读者尝试调整缩进及改变print(age)语句的位置,加深对程序的理解。

3.1.2 双向if-else语句

if-else语句是一种双向结构,是对单向if语句的扩展,如果表达式结果为True,则执行语句块1,否则执行语句块2。if-else语句的执行流程如图3-2所示。

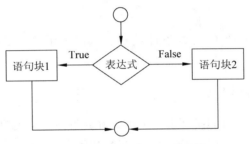

图3-2 if-else语句执行流程图

if-else语句的语法形式如下。

```
if 布尔表达式:
    语句块 1
else:
    语句块 2
```

语法说明:当程序执行到if语句时,会判断布尔表达式是否为真,若为真,则执行语句块1,否则执行语句块2。

【示例3.2】 使用双向if-else语句判断奇偶数。

代码如下:

```
1   num = int(input("请输入一个整数:"))
2   if num%2==0:                              #对num做模2运算
3       print("这是一个偶数!")
4   else:
5       print("这是一个奇数!")
```

程序运行结果：

```
请输入一个整数:23
这是一个奇数!
```

注意：①else 语句块不能独立存在,需要和 if 语句块配合使用；②else 语句块的缩进与它所对应的 if 语句块缩进相同。

3.1.3 多分支 if-elif-else 语句

如果需要在多组操作中选择一组执行,就会用到多分支结构,即 if-elif-else 语句。该语句利用一系列布尔表达式进行检查,并在某个表达式为真的情况下执行相应的代码。if-elif-else 语句的备选操作较多,但是有且只有一组操作被执行。程序执行流程如图 3-3 所示。

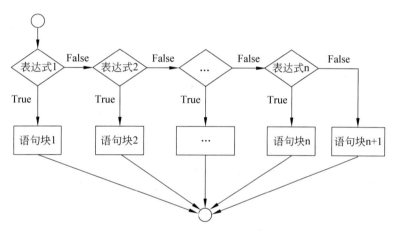

图 3-3　if-elif-else 语句执行流程图

多分支 if-elif-else 语句语法形式如下。

```
if 布尔表达式 1:
    语句块 1
elif 布尔表达式 2:
    语句块 2
⋮
elif 布尔表达式 n:
    语句块 n
else:
    语句块 n+1
```

语法说明：当执行到 if 语句时,从表达式 1 开始,依次判断表达式 1～n 是否为真,若为真,则执行表达式下的语句块,均不满足时则执行语句块 n+1。

【示例 3.3】　使用多分支 if-elif-else 语句判断学生成绩等级。

代码如下：

```
1   score = float(input("请输入你的分数："))
2   if score >= 90:
3       grade = "优秀"
4   elif score >= 80:
5       grade = "良好"
6   elif score >= 70:
7       grade = "中等"
8   elif score >= 60:
9       grade = "及格"
10  else:
11      grade = "不及格"
12  print(score, "对应的等级为：", grade)
```

程序运行结果：

```
请输入你的分数：65
65.0 对应的等级为： 及格
```

也可以用多层次 if else 实现上述功能，但代码更烦琐。代码如下：

```
1   score = float(input("请输入你的分数："))
2   if score >= 70:
3       if score >= 80:
4           if score >= 90:
5               grade = "优秀"
6           else:
7               grade = "良好"
8       else:
9           grade = "中等"
10  else:
11      if score >= 60:
12          grade = "及格"
13      else:
14          grade = "不及格"
15  print(score, "对应的等级为：", grade)
```

程序运行结果：

```
请输入你的分数：55
55.0 对应的等级为： 不及格
```

以上两个程序虽然都可以判断0~100之间的分数对应等级,但对于负数和超过100的不合法输入却缺乏判断。因此可以将程序优化为条件语句嵌套。

代码如下:

```
1    score = float(input("请输入你的分数: "))
2    if score <0 or score >100:
3        print("输入不合法,请重新输入!")
4    else:
5        if score >=90:
6            grade = "优秀"
7        elif score >=80:
8            grade = "良好"
9        elif score >=70:
10           grade = "中等"
11       elif score >=60:
12           grade = "及格"
13       else:
14           grade = "不及格"
15   print(score, "对应的等级为:", grade)
```

程序运行结果:

```
请输入你的分数:70
70.0 对应的等级为:中等
```

条件语句嵌套,即在条件语句的if或else语句块中还存在if判断,经过优化后程序将更加健壮。使用条件语句嵌套可以便于程序做进一步的判断。条件语句嵌套时,可以通过缩进查看条件语句的层次关系。理论上,嵌套的层次没有限制,但实际编程中,应尽可能避免三层以上的嵌套。

3.1.4 简化版 if 语句

条件判断的使用频率很高,为了简化条件判断语句的书写,Python中提供了简化版的if语句,语法结构如下。

表达式1 if 布尔表达式 else 表达式2

语法说明:如果布尔表达式结果为True,那么整个表达式的结果就是表达式1的计算结果;否则,表达式的结果就是表达式2的计算结果。例如,想将变量number1和number2中较大的值赋给max,可以使用下面的条件表达式简洁地完成。

max = number1 if number1 >number2 else number2

【示例3.4】 编写程序,提示用户输入两个数,打印出它们中较小的数。

代码如下：

```
1   num_1 = eval(input("请输入第一个数："))
2   num_2 = eval(input("请输入第二个数："))
3   min = num_1 if num_1 < num_2 else num_2    #返回 num_1,num_2 中的较小数
4
5   print("两个数中较小的为:", min)
```

程序运行结果：

```
请输入第一个数:12
请输入第二个数:24
两个数中较小的为: 12
```

思考与练习

3.1 判断题：在Python中，表达式 x ＞ y ＞= z 是合法的。

3.2 判断题：Python通过缩进来判断语句块是否处于分支结构中。

3.3 分析下面的程序。如果输入的 score 为 90，输出 grade 是什么？程序是否符合逻辑，为什么？

```
1   if score >=60:
2       grade = "及格"
3   elif score >=70:
4       grade = "中等"
5   elif score >=80:
6       grade = "良好"
7   elif score >=90:
8       grade = "优秀"
```

视频讲解

3.2 循环结构

3.1节中介绍了Python的条件结构，主要包括单向的 if 语句、双向的 if-else 语句、多分支 if-elif-else 语句以及条件结构的嵌套。条件语句嵌套，即在条件语句 if 或 else 中还可以包含 if 语句，需要注意区分多分支 if-elif-else 语句和条件语句嵌套，多分支 if-elif-else 语句是一种并列关系。

循环结构就是在一定条件下重复执行某些操作。Python 提供了两种类型的循环语句：while 条件式循环语句和 for 遍历式循环语句。

学习循环语句需要重点关注循环的开始和结束条件，尽量避免执行死循环。

3.2.1 while 循环

while 循环是在条件满足的情况下循环执行某段程序,重复处理某一任务。基本语法格式如下。

while 循环继续条件:
    循环体

在 while 循环中,程序先判断循环继续条件,条件满足则执行循环体,执行完循环体后,再继续判断循环继续条件,若满足条件则再执行循环体,依次往复,直到循环继续条件不满足,才跳出循环。通常来讲,需要在循环体中对循环继续条件进行修改,以避免程序进入死循环。

【示例 3.5】 求 1~100 之间所有整数之和。
代码如下:

```
1   index = 1                    # 当前开始的数
2   sum = 0                      # 初始 sum 的值为 0
3   while index <=100:           # 循环条件
4       sum = sum + index        # sum 累加
5       index = index +1         # 改变循环条件的值
6   print(sum)
```

程序运行结果:

```
5050
```

在编写 while 循环语句时,要注意以下几点。
(1) 循环体可以是一个单一的语句或一组具有统一缩进的语句。
(2) 每个 while 循环都包含一个循环继续条件,即控制循环执行的布尔表达式。每次循环都要计算该布尔表达式的值,如果它的计算结果为真,则执行循环体;否则,终止整个循环并将程序控制权转移到 while 循环后的语句。
(3) while 循环是一种条件控制循环,它是根据一个条件的真假来控制程序执行的。

3.2.2 for 循环

for 循环是一种遍历型的循环,它会依次对某个序列中的全体元素进行遍历,遍历完所有元素之后便终止循环。for 循环常用于循环次数确定的场景。
for 循环的一般格式如下。

for 控制变量 in 可遍历序列:
    循环体

在 for 循环语句中,控制变量是一个临时变量,可遍历序列一般是一个列表或元组,保存了多个元素。将序列中每个元素依次赋值给控制变量后,程序执行循环体,循环体中一般会对控制变量进行操作。但不建议在 for 循环中对序列进行修改,以免导致程序结果难以预测。

【示例 3.6】 求 1~100 之间所有整数之和。

代码如下:

```
1   sum = 0                          #初始 sum 的值为 0
2   for index in range(1, 101):      #变量从 1 到 100 依次循环
3       sum = sum + index            #循环累加 sum 的值
4   print(sum)
```

程序运行结果:

```
5050
```

注意:①可遍历序列中保存了多个元素,如列表、元组、字符串等。②可遍历序列被遍历处理,每次循环时,都会将控制变量设置为可遍历序列的当前元素,然后执行循环体。当可遍历序列中的元素被遍历一次后,即没有元素可供遍历时,退出循环。

在 Python 中,for 循环语句经常结合 range()函数一起使用,range()函数用于生成整数数字序列。

以下是 range()函数的函数说明。

range(start, stop[, step])

函数说明:

(1) start:计数从 start 开始,默认为 0;

(2) stop:计数到 stop 结束,但不包括 stop,该参数必填。如 range(a,b)函数返回连续整数 a,a+1,…,b−2,b−1 的序列;

(3) step:步长,表示每次变化的数,默认为 1,正数表示递增,负数表示递减;

(4) start、stop、step 只能为整数,不能为浮点数;

(5) 返回值为 range 类型,需通过循环遍历其元素或通过下标访问其元素。

【示例 3.7】 range()函数的运用。

```
1   a = range(1,100)
2   print(a)
```

程序运行结果:

```
range(1, 100)
```

当需要获取上述示例中 a 包含的值时,需使用列表转换函数 list()。

【示例 3.8】 使用 list()函数求 a 的值。

```
1    a = range(1,100)
2    print(list (a))
```

程序运行结果：

```
[1, 2, 3, 4, 5, 6, 7, 8, 9, 10, 11, 12, 13, 14, 15, 16, 17, 18, 19, 20, 21, 22, 23,
24, 25, 26, 27, 28, 29, 30, 31, 32, 33, 34, 35, 36, 37, 38, 39, 40, 41, 42, 43, 44,
45, 46, 47, 48, 49, 50, 51, 52, 53, 54, 55, 56, 57, 58, 59, 60, 61, 62, 63, 64, 65,
66, 67, 68, 69, 70, 71, 72, 73, 74, 75, 76, 77, 78, 79, 80, 81, 82, 83,84, 85, 86,
87, 88, 89, 90, 91, 92, 93, 94, 95, 96, 97, 98, 99]
```

当 step 设置为负数时，start 设置的值要大于 stop。

【示例 3.9】 range()函数中 step 为负数的情况。

```
1    a =range(20, 1, -1)
2    print(list (a))
```

程序运行结果：

```
[20, 19, 18, 17, 16, 15, 14, 13, 12, 11, 10, 9, 8, 7, 6, 5, 4, 3, 2]
```

说明：

(1) range(a)等价于 range(0, a, 1)，即从 0 开始不包含 a，步长为 1。

(2) range(a, b)等价于 range(a, b, 1)，即从 a 开始不包含 b，步长为 1。

【示例 3.10】 求 1～100 之间所有偶数之和。

代码如下：

```
1    sum = 0
2    for i in range(0, 101, 2):        #从 0 开始 100 为止，步长为 2。
3        sum = sum +i
4    print(sum)
```

程序运行结果：

```
2550
```

在学习 while 语句和 for 语句后，不仅需要掌握它们的语法和使用规则，还要清楚它们的区别。

【示例 3.11】 使用 for 循环和 while 循环求和，了解它们之间的区别。

for 循环：

```
1    index = 1
2    sum = 0
3    while index <=100:
4        sum = sum + index
5        index = index + 1
6    print(index)
7    print(sum)
```

程序运行结果：

```
101
5050
```

while 循环：

```
1    sum = 0
2    for index in range(1, 101):
3        sum = sum + index
4    print(index)
5    print(sum)
```

程序运行结果：

```
100
5050
```

通过上述示例可以发现，while 循环执行时，要等控制变量的值变化以后再判断，不满足条件才退出循环。而 for 循环则是确定好了 range()函数变量的取值范围，均取完后再跳出循环。因此，while 循环次数的结果是打印 101，而 for 循环打印的是 100。

3.2.3 循环嵌套

Python 语言允许在一个循环体中嵌入另一个循环。如在 while 循环中可以再嵌入 while 循环或 for 循环；在 for 循环中也可以再嵌入 for 循环或 while 循环。一般建议循环嵌套不要超过三层，以保证程序的可读性。

【示例 3.12】 编写程序实现九九乘法表，效果如图 3-4 所示。

分析：九九乘法表是一行行打印，一共有 9 行，第 n 行有 n 个式子，每一行中式子的第二个操作数相同，第一个操作数从 1 开始不断递增，直到 n 为止。

代码如下：

```
1    for i in range(1, 10):              #行数 i 为 1 到 9
2        for j in range(1, i+1):         #对每行来说，列数 j 的最大值为行数 i
```

```
3        print(str(j)+"*"+str(i)+"="+str(i*j), end="  ")
                    #将乘法运算式打印并通过结束符对齐,在每行结束时换行
4        print("")
```

```
1*1=1
1*2=2    2*2=4
1*3=3    2*3=6    3*3=9
1*4=4    2*4=8    3*4=12   4*4=16
1*5=5    2*5=10   3*5=15   4*5=20   5*5=25
1*6=6    2*6=12   3*6=18   4*6=24   5*6=30   6*6=36
1*7=7    2*7=14   3*7=21   4*7=28   5*7=35   6*7=42   7*7=49
1*8=8    2*8=16   3*8=24   4*8=32   5*8=40   6*8=48   7*8=56   8*8=64
1*9=9    2*9=18   3*9=27   4*9=36   5*9=45   6*9=54   7*9=63   8*9=72   9*9=81
```

图 3-4 九九乘法表

程序运行结果:

```
1 * 1=1
1 * 2=2 2 * 2=4
1 * 3=3 2 * 3=6 3 * 3=9
1 * 4=4 2 * 4=8 3 * 4=12 4 * 4=16
1 * 5=5 2 * 5=10 3 * 5=15 4 * 5=20 5 * 5=25
1 * 6=6 2 * 6=12 3 * 6=18 4 * 6=24 5 * 6=30 6 * 6=36
1 * 7=7 2 * 7=14 3 * 7=21 4 * 7=28 5 * 7=35 6 * 7=42 7 * 7=49
1 * 8=8 2 * 8=16 3 * 8=24 4 * 8=32 5 * 8=40 6 * 8=48 7 * 8=56 8 * 8=64
1 * 9=9 2 * 9=18 3 * 9=27 4 * 9=36 5 * 9=45 6 * 9=54 7 * 9=63 8 * 9=72 9 * 9=81
```

示例中运用了双重循环。因为每行中有多列,并存在多行。第一个循环是行的循环,第二个循环是列的循环。

思考与练习

3.4 判断题:在 Python 中,表达式 28>25>=2 是合法的,且结果为 True。

3.5 编写程序求 1~100 范围内的所有奇数之和。

3.6 编写程序打印数字金字塔。打印的行数由用户通过键盘输入,运行效果如图 3-5 所示。

```
请输入行数8
       1
      121
     12321
    1234321
   123454321
  12345654321
 1234567654321
123456787654321
```

图 3-5 数字金字塔效果

3.3 循环控制语句

3.2 节中介绍了 Python 语言的循环结构,主要包括 while 循环和 for 循环,以及循环嵌套,并通过九九乘法表示例演示了循环结构的嵌套使用。

视频讲解

本节中将继续介绍在循环结构中会经常使用到的循环控制语句。

3.3.1 循环控制语句

循环控制语句主要包括 break 语句和 continue 语句。

break 语句用于终止或中断当前循环层语句,即使循环条件没有判断为 False 或者序列还没被完全遍历完,也会停止执行循环语句。如果使用嵌套循环,break 语句将跳出当前层的循环,并开始执行当前层循环语句的下一行代码。

continue 语句则是终止当次循环,忽略 continue 之后的语句,提前进入下一次循环。

【示例 3.13】 对比 break 语句和 continue 语句执行的不同结果。

break 语句代码如下:

```
1    sum = 0                    #初始 sum 值为 0
2    for i in range(1, 10):     #将 1 到 9 依次取出,赋值给临时变量 i
3        if i %3 ==0:           #依次判断 i 是否能够整除 3
4            break              #中断,退出 for 循环
5        sum = sum + i          #求和
6    print(sum)
```

程序运行结果:

```
3
```

continue 语句代码如下:

```
1    sum = 0                    #初始 sum 值为 0
2    for i in range(1, 10):     #将 1 到 9 依次取出,赋值给临时变量 i
3        if i %3 ==0:           #依次判断 i 是否能够整除 3
4            continue           #满足条件则跳出当次循环
5        sum = sum + i          #求和
6    print(sum)
```

程序运行结果:

```
27
```

注意:break 语句和 continue 语句均不能单独存在,需要配合循环语句使用。

3.3.2 循环中的 else 语句

和其他语言不同,Python 中的循环语句还可以带有 else 子句,else 子句在序列遍历结束(for 语句)或循环条件为假(while 语句)时执行,但循环被 break 终止时不执行。如图 3-6 所示。

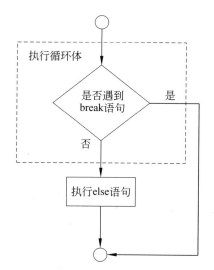

图 3-6　循环中的 else 语句执行流程图

带有 else 子句的 while 循环语句完整形式如下：

```
while 循环继续条件：
    循环体
else:
    语句块
```

带有 else 子句的 for 语句完整形式如下：

```
for 控制变量 in 可遍历序列：
    循环体
else:
    语句块
```

【示例 3.14】　在示例 3.13 中的两个示例中加上 else 语句。
break 语句代码如下：

```
1   sum = 0
2   for i in range(1, 10):
3       if i % 3 == 0:
4           break
5       sum = sum + i
6   else:                           #else 语句
7       print("i=", i)              #如果执行 else 语句,就输出 i 的值
8   print(sum)
```

程序运行结果：

```
3
```

在 break 语句中,执行 break 语句后直接就跳出了循环,不再执行 else 语句,执行结果依然只打印 3。

continue 语句代码如下:

```
1   sum = 0                    #初始和为 0
2   for i in range(1, 10):     #将 1 到 9 依次取出
3       if i % 3 == 0:         #依次判断是否能够整除 3
4           continue           #满足条件则跳过当次循环
5       sum = sum + i          #满足条件的值求和
6   else:                      #else 语句
7       print("i =", i)        #如果执行 else 语句,就输出 i 的值
8   print(sum)
```

程序运行结果:

```
i = 9
27
```

执行 continue 语句时,只会跳过当次循环,会继续遍历其他元素,直至全部遍历结束,因此会执行 else 语句。所以 continue 语句会输出两行结果,分别为 i=9 和 27。

注意:else 语句在正常执行循环体结束后才会执行,遇到 break 语句时,会直接跳出循环,不再执行 else 语句。

思考与练习

3.7 判断题:所有的 for 循环语句都可以用 while 循环语句实现,所有的 while 循环语句也都可以用 for 循环语句实现。

3.8 判断题:for 循环能用来实现无限循环的编程。

3.9 判断题:死循环对于编程没有任何好处。

3.10 判断题:break 是用来跳出当前循环层的关键字。

视频讲解

3.4 综合案例

3.3 节介绍了 Python 中条件结构和循环结构的实现方式,并介绍了循环结构的控制语句。接下来通过一个综合案例演示多种结构同时使用的情况。

【示例 3.15】 编写程序实现图 3-7 和图 3-8 所示效果。程序首先提示用户输入菱形的行数,然后打印出上下对称的菱形形状。

提示:奇数行、偶数行效果会有不同,每个星号之间有一个空格。建议上下分开打印。

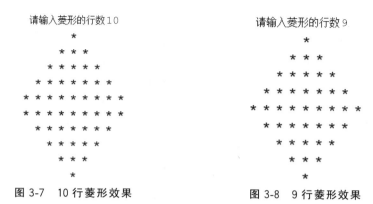

图 3-7　10 行菱形效果　　　　　　图 3-8　9 行菱形效果

参考代码如下：

```
1    rows = int ( input('请输入菱形的行数'))    #将用户输入的数字字符串转换成整数
2    half = rows // 2                         #整除,分为上下两部分
3    if   rows %2 ==0:                        #进行奇偶判断
4        up = half                            #当为偶数时,最大行数就为输入整数的一半
5    else:
6        up = half +1                         #为奇数时,上部分显示的结果比下部分多一行
7
8    for i in range(1,up+1):                  #从第一行到最大行数依次遍历
9        print(' ' * (up - i), "* " * (2 * i -1))
10
11   for i in range(half, 0, -1):             #反向遍历
12       print(' ' * (up - i), "* " * (2 * i -1))   #打印下半部分的结果
```

程序运行结果：

```
请输入菱形的行数 7
       *
      * * *
     * * * * *
    * * * * * * *
     * * * * *
      * * *
       *
```

3.5　本章小结

本章主要讲解了 Python 程序的流程控制,从程序的三种基本结构入手,即顺序结构、条件结构和循环结构。顺序结构最为简单,应用也最为广泛,指程序的执行是按照语句书写的顺序依次执行,程序结果往往也是确定的。

条件结构也称分支结构或选择结构,是指程序执行到某个阶段时,程序会根据实际情况选择性地执行某些语句,有些语句是不执行的。条件语句部分主要介绍了:单向 if 语句,该语句先要判断是否符合某条件,符合则执行操作,不符合则什么都不执行;双向 if-else 语句,该语句执行时,先对布尔表达式进行判断,当符合条件时做什么,不符合时做什么,往往只适合于非此即彼的情况;多分支 if-elif-else 语句主要用于有多个选择时,但也只执行互斥条件中的某一个。条件语句可以嵌套,即在 if、else 语句中再嵌入 if、else 语句,当满足条件时进一步判断是否满足其他条件,需要注意其和多分支条件语句的区别。最后还简单地介绍了简化版的 if 语句,它是双分支语句的简化。

在循环结构部分,讲解了条件式的 while 循环和遍历式的 for 循环。while 循环是一直判断是否满足条件,满足则执行循环体,不满足则跳出循环。而 for 循环是一种遍历式的循环,是将元组或列表中的元素依次取出,然后执行循环体,所有元素均取完后则结束循环。通常使用 for 循环时,会配合 range() 函数使用。range() 函数主要用于生成整数序列,其中包含三个参数:从哪开始,到哪结束,步长为多少。range() 函数默认从 0 开始,不包含最后一个数,默认步长为 1。

循环控制语句主要包括 break 语句和 continue 语句。遇到 break 语句不管是否满足循环条件,都会直接退出。continue 语句表示继续,跳过当次循环,继续下次循环,循环并没有结束,只是跳到下一个循环。和其他语言不同的是,Python 在循环语句中还可以加入 else 语句。else 语句是循环正常结束后执行的语句,而 break 语句是让循环非正常结束。

最后通过综合案例——菱形打印,学习了综合使用条件语句和循环语句。菱形打印的关键点在于打印的行数由用户输入,奇偶行数打印的形状有偏差,从而需要先进行奇偶判断,而且在打印时,不能单独每行打印,需要发现规律进而书写循环语句。

课后练习

3.1 阅读下列程序代码片段,写出代码片段的执行结果。

代码片段①

```
1  sum = 0
2  for i in range(10):
3      if i % 4 == 0:
4          break
5      sum += i
6
7  print(sum)
```

代码片段②

```
1  sum = 0
2  for i in range(10):
```

```
3      if i // 4 == 2:
4          continue
5      sum += i
6
7  print(sum)
```

代码片段③

```
1  sum = 0
2  i = 0
3  while i < 10:
4      if i % 4 == 0:
5          continue
6      sum += i
7      i += 1
8
9  print(sum)
```

代码片段④

```
1  i = 1
2  while i < 5:
3      i += 1
4  else:
5      i *= 2
6
7  print(i)
```

3.2 编写程序,判断某一年份是闰年还是平年。年份由用户通过键盘输入,运行效果如图 3-9 所示(闰年的标准:能被 4 整除,但是不能被 100 整除;或者能被 400 整除。其他都为平年)。

请输入年份:2019　　请输入年份:2020　　请输入年份:2100
2019 是平年!　　　2020 是闰年!　　　2100 是平年!

图 3-9　练习 3.2 的程序执行结果

3.3 编写程序,求一个自然数除了自身以外的最大约数。自然数由用户通过键盘输入,运行效果如图 3-10 所示。

请输入自然数 49
49 最大的约数为:7

图 3-10　练习 3.3 的程序执行结果

3.4 编写程序对整数进行质因数分解，并输出结果。整数由用户通过键盘输入，运行效果如图 3-11 所示。

请输入一个整数：90　　　　请输入一个整数：120
90 = 2 * 3 * 3 * 5　　　　120 = 2 * 2 * 2 * 3 * 5

图 3-11　练习 3.4 的程序执行结果

3.5 查阅资料，理解并熟悉 Python 编程之禅，并将其运用在后面的课程学习中。

课后习题
讲解（一）

课后习题
讲解（二）

常用数据结构

本章要点

- 列表
- 元组
- 字符串
- 集合
- 字典

本章知识结构图

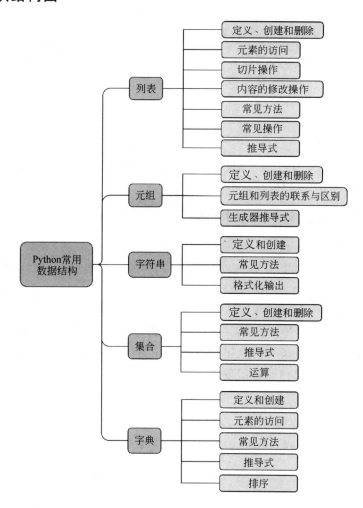

本章示例

统计列表[4,6,8,6,4,2,6,6,5,7,4,2,1,7,6,7,4]中各元素出现的次数。

```
元素 4 在列表中出现 4
元素 6 在列表中出现 5
元素 8 在列表中出现 1
元素 2 在列表中出现 2
元素 5 在列表中出现 1
元素 7 在列表中出现 3
元素 1 在列表中出现 1
```

第3章中介绍了一种循环,称为"遍历式循环",将序列的元素依次取出,然后执行某一操作。这里涉及多个数据如何进行存取的问题。如3.2节中介绍,range()函数的作用为生成一个可迭代的对象,然后通过循环获取可迭代对象中的每个元素。本章将详细介绍如何使用序列存取多个数据。

Python中提供了多种方式进行多个数据的存取,这些方式主要是根据数据序列的特点进行划分的,例如:数据是否重复,数据是否可以修改,数据是否存在一定的顺序,数据是单个存在还是以键值对的形式存在等。Python根据这些特点划分了不同的数据结构,本章的主要内容就是介绍这些常用数据结构的特点、方法以及应用。

视频讲解

4.1 列表

列表是在Python程序开发中运用最广泛的一种基本数据结构。本节将详细介绍列表的特点、常见操作方法以及列表推导式等。

4.1.1 列表的定义、创建和删除

1. 列表的定义

列表是Python内置的有序可变序列。列表的所有元素放在一对中括号"[]"中,并使用逗号隔开,元素的数据类型可以不同。

2. 列表的创建

列表的创建主要有两种方式,第一种是直接通过一对中括号创建列表对象,第二种是使用list()函数将元组、range对象、字符串或其他类型的可迭代对象转换为列表。

【示例4.1】 使用[]及list()函数创建列表。

```
1    a_list = []                    #创建空列表
2    b_list = [20, "张三", 177.6]
3    c_list = list(range(10))
4    print(a_list)
```

```
5    print(b_list)
6    print(c_list)
```

程序运行结果:

```
[]
[20, '张三', 177.6]
[0, 1, 2, 3, 4, 5, 6, 7, 8, 9]
```

3. 列表的删除

当列表不再使用时,可通过 del 命令删除列表,删除后的列表不可再调用,如果调用将会报错并提示列表没有被定义。

【示例 4.2】 删除列表,并观察代码前后打印结果的区别。

```
1    a_list = [1, 2, 3]
2    print(a_list)
3    del a_list
4    print(a_list)                          #报错,NameError
```

程序运行结果:

```
[1, 2, 3]
Traceback (most recent call last):
  File "ch04_2_list_del.py", line 4, in <module>
    print(a_list)                           #报错,NameError
NameError: name 'a_list' is not defined
```

4.1.2 列表元素的访问

如果列表中有多个元素,应当如何对这些元素进行访问? 在 Python 中创建列表时,将会开辟一块连续的空间,用于存放列表元素的引用,每个元素被分配一个序号,即元素的位置(也称为索引)。

索引有两种形式,正向索引和反向索引。正向索引是索引值从 0 开始,从左到右不断递增,如表 4-1 所示。反向索引是从最后一个元素开始计数,此时,索引值从 -1 开始,从右到左不断递减,如表 4-2 所示。

表 4-1 列表的正向索引

元素	元素 1	元素 2	元素 3	…	元素 n-1	元素 n
索引	0	1	2	…	n-2	n-1

———————————→ 正向索引,从左到右不断增大

表 4-2　列表的反向索引

元素	元素 1	元素 2	元素 3	…	元素 n−1	元素 n
索引	−n	−n+1	−n+2	…	−2	−1

反向索引，从右到左不断减小 ←──────────

【示例 4.3】 创建列表，并使用正向索引和反向索引来访问列表元素。

```
1   a_list = list(range(2, 10))
2   print(a_list)
3   print(a_list[6])
4   print(a_list[-2])
```

程序运行结果：

```
[2, 3, 4, 5, 6, 7, 8, 9]
8
8
```

4.1.3　列表的切片操作

列表的索引访问可以获取列表中的某一个元素，而列表的切片操作可以同时获取列表中的多个元素。列表的切片操作指从一个列表中，根据位置特点获取部分元素，然后将这些元素组合成一个子列表进行返回。语法形式如下：

列表对象[start : end : step]

其中，start 表示起始位置索引，省略时表示包含 end 前的所有元素；end 表示结束位置索引，但结果中不包含结束位置对应的元素，省略时表示包含 start 后的所有元素；step 表示步长，默认为 1，步长可以是正数也可以是负数，正数表示索引从左到右，负数表示索引从右到左。

【示例 4.4】 对列表进行多种类型的切片操作。

```
1   a_list = list(range(1, 10))
2   print(a_list[2:6])          #步长为1,从索引2的元素正向切片到索引6的元素
3   print(a_list[2:6:2])        #步长为2,从索引2的元素正向切片到索引6的元素
4   print(a_list[6:2:-2])       #步长为-2,从索引6的元素反向切片到索引2的元素
5   print(a_list[5:])           #从左到右,包含索引5右边的所有元素
6   print(a_list[5::-1])        #从右到左,包含索引5左边的所有元素
7   print(a_list[:5])           #从索引0的元素正向切片到索引5的元素
8   print(a_list[:5:-1])        #从索引8的元素反向切片到索引5的元素
9   print(a_list[-8:6:2])       #步长为2,从索引-8的元素正向切片到索引6的元素
```

```
10   print(a_list[:])              #表示从左到右的所有元素
11   print(a_list[::-1])            #表示从右到左的所有元素
```

程序运行结果：

```
[3, 4, 5, 6]
[3, 5]
[7, 5]
[6, 7, 8, 9]
[6, 5, 4, 3, 2, 1]
[1, 2, 3, 4, 5]
[9, 8, 7]
[2, 4, 6]
[1, 2, 3, 4, 5, 6, 7, 8, 9]
[9, 8, 7, 6, 5, 4, 3, 2, 1]
```

在进行列表的切片操作时，要注意元素的索引有两种方式，正向索引和反向索引。

示例 4.4 中列表元素的索引如表 4-3 所示。当起始位置索引和结束位置索引有正有负时，应先找到对应索引位置的元素，再进行正向或者反向的切片操作。如果起始位置的元素无法切片到结束位置的元素，则返回值为空。当省略起始位置索引、结束位置索引和步长时，至少要有一个冒号"："，例如上述第 10 行代码。

表 4-3 列表的切片操作举例

元素值	1	2	3	4	5	6	7	8	9
正向索引	0	1	2	3	4	5	6	7	8
反向索引	−9	−8	−7	−6	−5	−4	−3	−2	−1

4.1.4 列表内容的修改操作

列表是一个有序的可变序列，对列表内容的修改可分为对单个元素进行修改、对某个连续区域进行修改、对某个非连续区域进行修改。

【示例 4.5】 对列表的单个元素进行修改。

视频讲解

```
1   a_list = list(range(1, 10))
2   a_list[2] = "ABC"              #数据类型不限
3   print(a_list)
4   a_list[4] = [11, 12, 13, 14]   #数据类型不限
```

```
5    print(a_list)
```

程序运行结果：

```
[1, 2, 'ABC', 4, 5, 6, 7, 8, 9]
[1, 2, 'ABC', 4, [11, 12, 13, 14], 6, 7, 8, 9]
```

【示例 4.6】 对列表的某个连续区域进行修改。

通过切片指定连续区域，然后设置新的内容。

```
1    a_list = list(range(1, 10))
2    a_list[1:4] = [15, 20, 25, 45, 80]
3    print(a_list)
```

程序运行结果：

```
[1, 15, 20, 25, 45, 80, 5, 6, 7, 8, 9]
```

需要注意的是，赋给列表切片的必须是一组元素才有意义。如果将一个值赋给列表切片，程序将会报错。如输入代码 a_list[1:4]=5 会导致程序给出 TypeError 信息。

【示例 4.7】 对列表的某个非连续区域进行修改。

通过切片指定非连续区域，然后设置新的内容。新内容必须是可迭代对象，并且可迭代对象中元素个数与非连续区域元素个数相同。

```
1    a_list = list(range(1, 10))
2    a_list[1:6:2] = [15, 20, 25]
3    print(a_list)
```

程序运行结果：

```
[1, 15, 3, 20, 5, 25, 7, 8, 9]
```

需要注意的是，列表切片和赋值列表的长度必须相等，否则程序将会报错。如输入代码：a_list[1:6:2]=[15,20,25,45,80]，程序将给出 ValueError 信息。

4.1.5 列表的常见方法

表 4-4 列出了列表的一些常见操作方法及作用说明，如获取元素位置，统计元素个数，添加、插入、删除列表元素，对列表进行排序和反转，清空、复制列表等。

表 4-4 列表的常见方法及作用

方法	作用
index(object)	获取列表中某个元素第一次出现的位置,不存在时报错:ValueError
count(object)	统计列表中某个元素出现的次数,不存在时返回 0
append(object)	在列表的末尾添加一个元素
extend(iterable)	将一个可迭代元素合并到列表中,注意和 append()方法的区别
insert(index, object)	在列表的指定位置插入一个元素,该位置及后面的元素依次往后移动
sort(key, reverse)	对列表中的元素进行排序,默认为升序,前提是元素之间可比较,否则会报错
pop(index)	删除列表中指定位置的元素,并返回删除的元素,默认删除最后一个元素
remove(object)	删除列表中第一次出现的指定元素
reverse()	将列表进行反转
clear()	清空列表内容
copy()	将列表内容复制一份,是一种浅复制

其中,index()方法用于获取列表中某个元素第一次出现的位置,当元素不存在时会抛出错误。

【示例 4.8】 使用 index()方法获取元素在列表区域中第一次出现的位置。

```
1   a_list = [3, 5, 7, 3, 6, 2, 9, 6, 8, 4, 3]
2   print(a_list.index(6))          #获取元素 6 在 a_list 列表中第一次出现的位置
3   print(a_list.index(6, 5, -1))   #获取元素 6 在 a_list 列表的[5, -1]区间第一次
                                      出现的位置
```

程序运行结果:

```
4
7
```

count()方法用于统计列表中某个元素出现的次数。

【示例 4.9】 使用 count()方法统计列表中元素出现的次数。

```
1   a_list = [3, 5, 7, 3, 6, 2, 9, 6, 8, 4, 3]
2   print(a_list.count(6))              #统计列表中元素 6 出现的次数
```

程序运行结果:

```
2
```

append()方法用于在列表的末尾添加一个元素。

【示例 4.10】 使用 append()方法在列表末尾添加元素。

```
1    a_list = [3, 5, 7, 3, 6, 2, 9, 6, 8, 4, 3]
2    a_list.append([33, 44, 55])      #将[33, 44, 55]作为一个整体添加到列表末尾
3    print(a_list)
```

程序运行结果：

```
[3, 5, 7, 3, 6, 2, 9, 6, 8, 4, 3, [33, 44, 55]]
```

extend()方法用于将一个可迭代对象合并到列表中，应注意其和 append()方法的区别。append()是将添加的对象作为一个整体添加到列表末尾，而 extend()是将添加的对象中每一个元素分别合并到列表中。

【示例 4.11】 使用 extend()方法在列表末尾添加内容。

```
1    a_list = [3, 5, 7, 3, 6, 2, 9, 6, 8, 4, 3]
2    a_list.extend([33, 44, 55])      #将[33, 44, 55]中的每一个元素分别合并到列表中
3    print(a_list)
```

程序运行结果：

```
[3, 5, 7, 3, 6, 2, 9, 6, 8, 4, 3, 33, 44, 55]
```

insert()方法用于在列表的指定位置插入元素，该位置及后面的元素依次往后移动。

【示例 4.12】 使用 insert()方法在指定索引位置插入元素。

```
1    a_list = [3, 5, 7, 3, 6, 2, 9, 6, 8, 4, 3]
2    a_list.insert(2, "ABC")
3    print(a_list)
```

程序运行结果：

```
[3, 5, 'ABC', 7, 3, 6, 2, 9, 6, 8, 4, 3]
```

sort()方法用于对列表中的元素进行排序，前提是元素之间可比较，否则会报错。sort()默认是从小到大排序，设置 reverse=True，可以使列表从大到小排序。使用 sort()进行排序会改变原有列表。注意 sort()方法与 sorted()方法的区别，使用 sorted()进行排序会生成一个新的列表，原有列表保持不变。

【示例 4.13】 使用 sort()方法对列表从大到小进行排序。

```
1   a_list = [3, 5, 7, 3, 6, 2, 9, 6, 8, 4, 3]
2   a_list.sort(reverse=True)        #列表从大到小排序,sort()改变原有列表
3   print(a_list)
```

程序运行结果：

```
[9, 8, 7, 6, 6, 5, 4, 3, 3, 3, 2]
```

【示例 4.14】 使用 sorted()方法对列表从小到大进行排序。

```
1   a_list = [3, 5, 7, 3, 6, 2, 9, 6, 8, 4, 3]
2   b_list = sorted(a_list)          #sorted()会生成一个新的列表,原有列表不变
3   print(a_list)
4   print(b_list)
```

程序运行结果：

```
[3, 5, 7, 3, 6, 2, 9, 6, 8, 4, 3]
[2, 3, 3, 3, 4, 5, 6, 6, 7, 8, 9]
```

pop()方法用于删除列表中指定位置的元素,默认删除最后一个元素,并且会返回删除的元素。

【示例 4.15】 使用 pop()方法删除列表中的元素。

```
1   a_list = [3, 5, 7, 3, 6, 2, 9, 6, 8, 4, 3]
2   print(a_list)                    #打印删除前的列表
3   print(a_list.pop())              #删除最后一个元素,并返回删除的元素
4   print(a_list)                    #打印删除后的列表
```

程序运行结果：

```
[3, 5, 7, 3, 6, 2, 9, 6, 8, 4, 3]
3
[3, 5, 7, 3, 6, 2, 9, 6, 8, 4]
```

remove()方法用于删除列表中第一次出现的指定元素。remove()和 pop()的区别在于用 remove()删除元素并不会返回删除的元素,而 pop()则会返回所删除的元素。

【示例 4.16】 使用 remove()方法删除列表中的元素。

```
1    a_list = [3, 5, 7, 3, 6, 2, 9, 6, 8, 4, 3]
2    print(a_list)                        #打印删除前的列表
3    print(a_list.remove(7))              #删除列表中第一次出现的指定元素
4    print(a_list)                        #打印删除后的列表
```

程序运行结果：

```
[3, 5, 7, 3, 6, 2, 9, 6, 8, 4, 3]
None
[3, 5, 3, 6, 2, 9, 6, 8, 4, 3]
```

reverse()方法用于将列表进行反转，会改变原有列表。注意区分其与 reversed()方法的区别，reversed()会生成一个新的迭代器，需要使用 list()函数将其转换成列表，并不会改变原有列表。

【示例 4.17】 使用 reverse()方法对列表进行反转。

```
1    a_list = [3, 5, 7, 3, 6, 2, 9, 6, 8, 4, 3]
2    print(a_list)
3    a_list.reverse()                     #reverse()会改变原有列表
4    print(a_list)
```

程序运行结果：

```
[3, 5, 7, 3, 6, 2, 9, 6, 8, 4, 3]
[3, 4, 8, 6, 9, 2, 6, 3, 7, 5, 3]
```

【示例 4.18】 使用 reversed()方法对列表进行反转。

```
1    a_list = [3, 5, 7, 3, 6, 2, 9, 6, 8, 4, 3]
2    print(a_list)
3    b_list = reversed(a_list)
4    print(a_list)
5    print(list(b_list))                  #reversed()会生成一个新的迭代器,需
                                          要用 list()函数转换
```

程序运行结果：

```
[3, 5, 7, 3, 6, 2, 9, 6, 8, 4, 3]
[3, 5, 7, 3, 6, 2, 9, 6, 8, 4, 3]
[3, 4, 8, 6, 9, 2, 6, 3, 7, 5, 3]
```

clear()方法用于清空列表内容。

【示例 4.19】 使用 clear()方法清空列表。

```
1    a_list = [3, 5, 7, 3, 6, 2, 9, 6, 8, 4, 3]
2    print(a_list)
3    a_list.clear()
4    print(a_list)
```

程序运行结果：

```
[3, 5, 7, 3, 6, 2, 9, 6, 8, 4, 3]
[]
```

copy()方法用于复制列表内容，但这是一种浅复制。

【示例 4.20】 使用 copy()方法复制列表。

```
1    a_list = [3, 5, 7, 3, 6, 2, 9, 6, 8, 4, 3]
2    b_list = a_list.copy()          #将列表 a_list 复制一份,得到列表 b_list
3    print(a_list)
4    a_list[1] = "ABC"               #对列表 a_list 进行操作
5    print(a_list)                   #原来的列表 a_list 发生改变
6    print(b_list)                   #列表 b_list 没有变化
```

程序运行结果：

```
[3, 5, 7, 3, 6, 2, 9, 6, 8, 4, 3]
[3, 'ABC', 7, 3, 6, 2, 9, 6, 8, 4, 3]
[3, 5, 7, 3, 6, 2, 9, 6, 8, 4, 3]
```

4.1.6　列表的常见操作

除了前面介绍的一些列表的常见方法，Python 中还提供了很多内置函数和操作符用于对列表进行操作，如表 4-5 所示。这些内置函数和操作符可以用于获取列表的长度，求列表中最大值、最小值，对列表中的元素进行求和，对列表进行排序、反转、合并和复制等。

表 4-5　列表的常见操作及作用

函数和操作符	作　　用
len(列表)	获取列表中元素的个数
max(列表)	获取列表中最大的元素,前提是列表中的元素可比较
min(列表)	获取列表中最小的元素,前提是列表中的元素可比较

续表

函数和操作符	作用
sum(列表)	对列表中的元素进行求和,前提是列表中的元素可执行加法运算
reversed(列表)	将列表进行反转,返回一个可迭代对象
sorted(列表,key,reverse)	对列表中的元素进行排序,返回一个新列表,默认为升序。前提是元素之间可比较,否则会报错
列表1＋列表2	实现两个列表的合并,并返回一个新的列表
列表 * 整数	将列表中的内容复制若干份,并返回一个新的列表
enumerate(列表)	生成一个枚举对象,每个元素为列表元素索引及列表元素形成的元组
zip(列表1,列表2)	生成一个zip对象,每个元素为列表中对应位置元素形成的元组

【示例 4.21】 列表常见的内置函数和操作符的使用。

```
1   a_list = [3, 5, 7, 3, 6, 2, 9, 6, 8, 4, 3]
2   print(len(a_list))              #获取列表中元素个数
3   print(max(a_list))              #获取列表中的最大元素
4   print(min(a_list))              #获取列表中的最小元素
5   print(sum(a_list))              #对列表中的元素进行求和
6   print(a_list)
7   b_list = reversed(a_list)       #将列表进行反转,reversed()不改变原有列表
8   print(a_list)
9   print(list(b_list))             #reversed()返回一个可迭代对象,需要用list()
                                      函数转换
10  c_list = sorted(a_list)         #排序,会生成一个新的列表,原有列表不变
11  print(a_list)
12  print(c_list)
13  d_list = ["A", "B"]
14  print(a_list+d_list)            #合并两个列表,并返回一个新的列表
15  a_list.extend(d_list)           #类似于 a_list.extend(b_list)
16  print(a_list)
17  print(d_list * 3)               #复制列表中的内容,并返回一个新的列表
18  print(list(enumerate(d_list)))  #生成一个枚举对象
19  c_list = ["I", "II"]
20  print(list(zip(d_list, c_list))) #使用list()对zip对象进行转换
```

程序运行结果:

```
11
9
2
56
```

```
[3, 5, 7, 3, 6, 2, 9, 6, 8, 4, 3]
[3, 5, 7, 3, 6, 2, 9, 6, 8, 4, 3]
[3, 4, 8, 6, 9, 2, 6, 3, 7, 5, 3]
[3, 5, 7, 3, 6, 2, 9, 6, 8, 4, 3]
[2, 3, 3, 3, 4, 5, 6, 6, 7, 8, 9]
[3, 5, 7, 3, 6, 2, 9, 6, 8, 4, 3, 'A', 'B']
[3, 5, 7, 3, 6, 2, 9, 6, 8, 4, 3, 'A', 'B']
['A', 'B', 'A', 'B', 'A', 'B']
[(0, 'A'), (1, 'B')]
[('A', 'I'), ('B', 'II')]
```

4.1.7 列表推导式

列表推导式是利用 for 循环从已有列表快速生成满足特定需求的列表。列表推导式在逻辑上相当于一个循环，只是形式更加简洁。

语法形式：

[表达式 for 表达式中的变量 in 已有序列 if 过滤条件]

【示例 4.22】 使用列表推导式生成简单列表。

```
1   a_list = [i * i for i in range(1, 10)]
2   print(a_list)
```

程序运行结果：

```
[1, 4, 9, 16, 25, 36, 49, 64, 81]
```

【示例 4.23】 在列表推导式中使用 if 语句生成新的列表。

```
1   b_list = [i for i in range(50) if i % 3 == 0]
2   print(b_list)
```

程序运行结果：

```
[0, 3, 6, 9, 12, 15, 18, 21, 24, 27, 30, 33, 36, 39, 42, 45, 48]
```

【示例 4.24】 在列表推导式中使用多个循环，实现多序列元素的组合。

```
1   c_list = [[x, y, z] for x in range(2) for y in range(2) for z in range(2)]
2   print(c_list)
```

程序运行结果：

```
[[0, 0, 0], [0, 0, 1], [0, 1, 0], [0, 1, 1], [1, 0, 0], [1, 0, 1], [1, 1, 0],
 [1, 1, 1]]
```

思考与练习

4.1 判断题：Python 列表中的所有元素都必须为相同类型。

4.2 已知列表 a = [1, 2, 3, 4]，执行下列哪个操作不会使列表 a 的内容为 [1, 2, 4]（　　）。

  A. del a[2]　　　B. a.remove(3)　　　C. a.pop(3)　　　D. a.pop(2)

4.3 已知列表 a = [1, 2, 3]，在执行 b = a * 2 语句后，请写出 b 的值。

4.4 简述列表的 append() 方法和 extend() 方法的区别。

4.5 编写程序，将列表 a = [1, 4, 2, 6, 5, 3, 7] 的元素从大到小进行排序。

视频讲解

4.2 元组

4.1 节中详细介绍了 Python 列表的操作，本节将介绍一种和列表类似的数据结构——元组。

4.2.1 元组的定义、创建和删除

1. 元组的定义

元组属于不可变序列，一旦创建，其中的元素将不可修改。元组中的元素放在一对圆括号"()"中，并用逗号分隔，其元素类型可以不同。

2. 元组的创建

元组的创建主要有两种方式：一种是直接通过一对圆括号创建元组对象，另一种是使用 tuple() 函数将列表、range 对象、字符串或其他类型的可迭代对象转换为元组。

【**示例 4.25**】 使用 () 创建元组；使用 tuple() 函数将 range 对象转换为元组。

```
1    a_tuple = ()                    #创建空元组
2    b_tuple = (20, "张三", 177.5)
3    c_tuple = tuple(range(10))
4    d_tuple = ("A",)                #当元组中只包含一个元素时，元素后面的逗号不能省略
5    print(a_tuple)
6    print(b_tuple)
7    print(c_tuple)
8    print(d_tuple)
```

程序运行结果:

```
()
(20, '张三', 177.5)
(0, 1, 2, 3, 4, 5, 6, 7, 8, 9)
('A',)
```

注意:当元组中只包含一个元素时,元素后面的逗号不能省略,否则系统会将其看作其他数据类型,例如示例 4.25 中第 4 行代码。

3. 元组的删除

当不再使用元组时,可通过 del 命令删除整个元组,删除后的元组不可再调用,但要注意元组的元素是不可以单独删除的。元组的删除和列表的删除类似,具体参见 4.1.1 节。

4.2.2 元组和列表的联系与区别

元组和列表非常相似,但是它们之间也存在一些不同之处。

元组和列表之间的联系为:

(1) 二者都属于可迭代对象,支持索引和切片操作;

(2) 二者都支持重复运算(＊)和合并运算(＋);

(3) 二者都支持一些常见的序列操作函数,例如 len()、max()、min() 等;

(4) 二者之间可相互转化,可使用 tuple() 将列表转化为元组,使用 list() 将元组转化为列表。

元组和列表之间的区别为:

(1) 元组中的数据一旦定义就不允许更改,而列表中的数据可任意修改;

(2) 元组没有 append()、extend() 和 insert() 等方法,无法向元组中添加元素;

(3) 元组没有 remove() 和 pop() 方法,也无法对元组元素进行 del 操作,不能从元组中删除元素,但可以删除整个元组。

【示例 4.26】 元组的常见操作。

```
1   a_tuple = tuple(range(1, 10))
2   print(a_tuple)
3   print(a_tuple[5])                #元组的索引操作
4   print(a_tuple[1:3])              #元组的切片操作
5   print(a_tuple * 2)               #元组的重复运算(*)
6   print(a_tuple+(11, 22, 33))      #元组的合并运算(+)
7   print(a_tuple)                   #(*)和(+)后生成新的元组,原有的元组不变
8   print(len(a_tuple))              #对元组求长
9   print(sum(a_tuple))              #对元组求和
10  print(list(a_tuple))             #list()将元组转化为列表
11  a_list = list(range(5, 12))
12  print(tuple(a_list))             #tuple()将列表转化为元组
```

程序运行结果:

```
(1, 2, 3, 4, 5, 6, 7, 8, 9)
6
(2, 3)
(1, 2, 3, 4, 5, 6, 7, 8, 9, 1, 2, 3, 4, 5, 6, 7, 8, 9)
(1, 2, 3, 4, 5, 6, 7, 8, 9, 11, 22, 33)
(1, 2, 3, 4, 5, 6, 7, 8, 9)
9
45
[1, 2, 3, 4, 5, 6, 7, 8, 9]
(5, 6, 7, 8, 9, 10, 11)
```

在 Python 中,列表是支持内容发生变化的,元组是不支持内容发生变化的,而且列表的功能比元组更加丰富,那么为什么还需要提供元组类型呢?综合来讲,元组具有以下两个优势:

(1) 元组的操作速度比列表更快;
(2) 使用元组对不需要改变的数据进行"写保护",将使得代码更加安全。

4.2.3 生成器推导式(进阶)

推导式只适用于列表、字典和集合,元组没有推导式。尝试通过已有序列快速生成满足特定需求的元组时,产生的是一个生成器对象。生成器推导式的写法与列表推导式非常类似。

语法形式:

(表达式 for 表达式中的变量 in 已有序列 if 过滤条件)

生成器是一个用来创建 Python 序列的对象,使用它可以迭代出庞大的序列,而且不需要在内存创建和存储整个序列。生成器的工作方式是每次处理一个对象,而不是一次性处理和构造整个数据结构。每次迭代生成器时,它会记录上一次调用的位置,并且返回下一个值。可通过 tuple()、list() 等函数将其转化为元组或列表。可通过生成器对象的 __next__() 方法或者系统的 next() 方法逐个访问其中的元素。

【示例 4.27】 创建一个生成器对象,并逐一访问其中的元素。

```
1   a_tuple = (i * i for i in range(1, 10))
2   print(a_tuple)                    #产生一个生成器对象
3   print(a_tuple.__next__())         #通过__next__()方法逐个访问其中的元素
4   print(next(a_tuple))              #通过系统的 next()方法逐个访问其中的元素
5   for item in a_tuple:              #从第 3 个元素开始循环
6       print(item)
7
8   #print(a_tuple.__next__())        #当生成器迭代结束,再调用__next__()会报错:
                                       StopIteration
```

程序运行结果：

```
<generator object <genexpr> at 0x000000000247F900>
1
4
9
16
25
36
49
64
81
```

思考与练习

4.6 判断题：使用 del 命令不能从元组中删除元素，但却可以删除整个元组。

4.7 下列属于元组的是(　　)。
　　　A. a = "123"　　　B. b = [10, 20, 30]　　　C. c = (10,)　　　D. d = (10)

4.8 已知元组 a=("python", 2020, "java", "C", "php")，执行语句 print(a[1::2])，打印的结果是什么？

4.9 简述元组和列表的联系与区别。

4.10 试说明 Python 为什么要提供元组类型。

4.3 字符串

视频讲解

第 3 章中介绍了字符串的相关内容。字符串不仅是一种基本数据类型，也是一种不可变序列。

字符串和元组的区别主要在于：元组的元素可以是各种各样的数据类型，例如，整型、浮点型、字符串类型，甚至是列表类型、元组类型等，而字符串的每个元素都是字符。

4.3.1 字符串的定义和创建

1. 字符串的定义

字符串是由字符组成的一个不可变序列，和元组类似，也支持索引、切片、重复、合并等操作。为了简化操作，Python 中对"字符"和"字符串"的概念进行了统一，不再有单独的"字符"概念，所有的字符都被统一视为字符串。字符串的内容放在一对引号中，可以是一对单引号(')、双引号(")或三引号(''')。

2. 字符串的创建

字符串的创建主要有两种方式：一种是直接通过一对引号创建字符串对象(对于一些特殊字符可使用转义字符)，另一种是使用 str()函数将其他类型对象转化为字符串对象。

【示例 4.28】 使用引号创建字符串；使用 str( ) 函数将其他类型对象转换为字符串。

```
1   a_str = "hello"
2   b_str = ""                      #创建空字符串
3   c_str = str()                   #创建字符串对象
4   d_str = str(20)                 #将整型转为字符串
5   e_str = str([1, 2, 3])          #将列表转为字符串
6   print(a_str)
7   print(b_str)
8   print(c_str)
9   print(d_str)
10  print(e_str)
```

程序运行结果：

```
hello


20
[1, 2, 3]
```

4.3.2 字符串的常用方法

表 4-6 列出了对字符串操作的一些常用方法。

表 4-6　字符串的常用方法及作用

方　　法	作　　用
index(子串，起点，终点)	在指定区域中查找子串，不存在时报错：ValueError
count(子串，起点，终点)	统计指定区域中子串出现的次数，不存在时返回 0
split(分隔符，最多分割次数)	按照分隔符对字符串进行分割，并返回结果列表
lower( )、upper( )	将字符串中所有字母转化为小（大）写字母，生成一个新字符串
swapcase( )	转变字符串中所有字母的大小写，生成一个新字符串
replace(旧字符，新字符，次数)	替换字符串中的指定元素，可指定替换次数，默认替换所有
join(可迭代对象)	用字符串将可迭代对象中的多个元素拼接起来
startswith(字符串，起点，终点)	判断字符串的指定区域是否以指定的字符串开始，结果为 True 或 False
endswith(字符串，起点，终点)	判断字符串的指定区域是否以指定的字符串结束，结果为 True 或 False
center(宽度，填充字符)	指定字符串显示宽度，内容居中显示，左右两边填充指定字符，默认以空格填充

续表

方法	作用
strip(字符)	去除字符串前后的指定字符,默认去除前后空白字符
isdigit()	判断字符串中是否所有字符都为数字
isalpha()	判断字符串中是否所有字符都为字母(广义)
isalnum()	判断字符串中是否所有字符都为数字或字母
isidentifier()	判断字符串是否为合法标识符

【示例4.29】 字符串常用方法的使用。

```
1   a_str = "ABCDABdcdfegfeadsdgse"
2   print(a_str.index("CD"))
3   print(a_str.count("d"))
4   print(a_str.split("f"))           #分隔符不会纳入结果
5   print(a_str.split("f", 1))        #分割次数:1
6   print(a_str.lower())              #生成新的字符串,原有字符串不变
7   print(a_str.upper())              #生成新的字符串,原有字符串不变
8   print(a_str.swapcase())           #生成新的字符串,原有字符串不变
9   print(a_str.replace("g", "G"))
10  b_str = ["AAA", "BBB", "CCC"]
11  print("#".join(b_str))            #用字符串"#"将可迭代对象中的多个元素拼接起来
12  print(a_str.startswith("AB"))
13  print(a_str.startswith("ABD"))
14  print(a_str.endswith("ge"))
15  print(a_str.endswith("gse"))
16  print(a_str.center(50, "#"))      #字符串左右两边填充指定字符"#"
17  c_str = "   dadlfweiwjeifjwe   "
18  print(c_str.strip())              #删除字符串前后的空白字符
19  print(c_str.lstrip())             #删除字符串左边的空白字符
20  print(c_str.rstrip())             #删除字符串右边的空白字符
21  print("1234".isdigit())
22  print("abcd中国".isalpha())       #中文也是字母
23  print("123abc".isalnum())
24  print("12a".isidentifier())
```

程序运行结果:

```
2
4
['ABCDABdcd', 'eg', 'eadsdgse']
['ABCDABdcd', 'egfeadsdgse']
```

```
abcdabdcdfegfeadsdgse
ABCDABDCDFEGFEADSDGSE
abcdabDCDFEGFEADSDGSE
ABCDABdcdfeGfeadsdGse
AAA#BBB#CCC
True
False
False
True
##############ABCDABdcdfegfeadsdgse##############
dadlfweiwjeifjwe
dadlfweiwjeifjwe
    dadlfweiwjeifjwe
True
True
True
False
```

4.3.3 字符串应用举例

【示例 4.30】 输入一个字符串,判断其是否为回文字符串,即从左到右和从右到左是否一致。

```
1  str_1 = input("请输入一个字符串:")
2  str_2 = str_1[::-1]                    #通过切片操作实现字符串反转
3  if str_1 ==str_2:                      #字符串顺序和逆序一致,是回文字符串
4      print(str_1, "是回文字符串!")
5  else:                                  #字符串顺序和逆序不一致,不是回文字符串
6      print(str_1, "不是回文字符串!")
```

程序运行结果:

```
请输入一个字符串:12345
12345 不是回文字符串!
请输入一个字符串:abcdcba
abcdcba 是回文字符串!
```

【示例 4.31】 输入一个字符串,删除字符串中重复出现的字符。

```
1  str_1 = input("请输入一个字符串:")
2  str_2 = []                             #创建新的列表保存字符
3  for c in str_1:                        #遍历字符串 str_1 的每个字符
```

```
4       if c not in str_2:              #如果字符c没有在str_2中出现
5           str_2.append(c)             #将字符c保存在str_2中
6
7   print(str_2)                        #此时打印的str_2为没有重复字符的列表
8   print("".join(str_2))               #将str_2的内容拼接起来以字符串的形式输出
```

程序运行结果：

```
请输入一个字符串:hello, world
['h', 'e', 'l', 'o', ',', ' ', 'w', 'r', 'd']
helo, wrd
```

【示例4.32】 输入两个字符串，从第一个字符串中删除第二个字符串中的所有字符。

```
1   str_1 = input("请输入一个字符串:")
2   str_2 = input("请输入要删除的字符:")
3   str_3 = [c for c in str_1 if c not in str_2]    #通过列表推导式,得到c在str_1,
                                                    不在str_2的结果
4   print(str_3)                        #此时打印的str_3为列表
5   print("".join(str_3))               #将str_3的内容拼接起来以字符串的形式输出
```

程序运行结果：

```
请输入一个字符串:hello,world
请输入要删除的字符:l
['h', 'e', 'o', ',', 'w', 'o', 'r', 'd']
heo,word
```

【示例4.33】 输入一个字符串，将字符串中的所有数字字符取出，形成一个新的字符串。

```
1   str_1 = input("请输入一个字符串:")
2   str_2 = []                          #创建新的列表保存str_1的数字
3   for c in str_1:                     #遍历str_1的每个字符
4       if c.isdigit():                 #如果c是数字
5           str_2.append(c)             #将c添加到str_2
6
7   print(str_2)                        #此时打印的str_2为列表
8   print("".join(str_2))               #将str_2的内容拼接起来以字符串的形式输出
```

程序运行结果：

```
请输入一个字符串:hello123,world456
['1', '2', '3', '4', '5', '6']
123456
```

4.3.4 字符串的格式化输出

Python 中提供了多种方式实现字符串的格式化输出,其中最为常见的就是百分号方式和 format() 方式。其中,百分号方式在 2.3 节中已介绍,本节主要介绍 format() 方法。

【示例 4.34】 format() 方法的简单使用。

```
1   print("年龄:{},身高:{}".format(20, 177))        #按照参数的默认顺序赋值给{}
2   print("年龄:{1},身高:{0}".format(177, 20))       #按照{}中指定的参数位置赋值
3   print("年龄:{1},身高:{0},体重{0}".format(177, 20))
4   print("年龄:{1},身高:{0}".format(*[177, 20]))   #参数可以是列表,但要在列表前
                                                    加"*",变成可变参数
5
6   print("年龄:{age},身高:{height}".format(height=175, age=18))
                                                    #按照关键字赋值
7
```

程序运行结果:

```
年龄:20,身高:177
年龄:20,身高:177
年龄:20,身高:177,体重 177
年龄:20,身高:177
年龄:18,身高:175
```

在使用 format() 方法时,先用一对大括号{}进行占位,大括号中可以什么都不指定,按照参数的默认顺序赋值;也可以按照指定对应参数的位置或参数的名称赋值。字符串的控制输出格式为:

[[fill]align][sign][#][0][width][,][.precision][type]

- fill:设置空白处填充的字符,默认为空格。
- align:设置对齐方式(结合宽度来使用)。"<"表示左对齐,">"表示右对齐,"^"表示居中对齐。
- sign:是否显示正号。+:正数前加+;-:正数前无符号;空格:正数前显示空格。
- #:对于二进制、八进制、十六进制,显示前面的 0b、0o、0x,否则不显示。
- ,:为数字添加分隔符,示例:1,000,000。
- width:格式化所占宽度。
- .precision:小数位保留的精度,小数点不可省略。
- type:格式化类型,s 为字符串,b 为二进制整数,c 为字符,d 为十进制整数,o 为八进制整数,x 为十六进制整数,e 为科学计数法,f 为浮点数,g 自动在 e 和 f 之间转化,%为百分数。

【示例 4.35】 使用 format()方法对字符串进行格式化输出。

```
1    print("当前时间为:{:02}:{:02}".format(9, 17))        #输出宽度为 2,不足两位
                                                          则在前面填充 0
2    print("几种对齐方式的区别:{0:<10}、{0:>10}、{0:^10}。".format("abc"))
3    print("11 除以 3 保留 2 位有效数字:{:.2f}".format(11/3))
4    print("正数前面显示正号,示例:{0:8}、{0:+8}".format(10))
5    print("显示进制前面的符号,示例:{0:#o}、{0:#b}、{0:#x}".format(20))
6    print("为数字添加分隔符,示例:{0:,}、{0}".format(1000000))
```

程序运行结果:

```
当前时间为:09:17
几种对齐方式的区别:abc       、       abc、   abc    。
11 除以 3 保留 2 位有效数字:3.67
正数前面显示正号,示例:      10、     +10
显示进制前面的符号,示例:0o24、0b10100、0x14
为数字添加分隔符,示例:1,000,000、1000000
```

注意:在控制输出格式时,需加冒号隔开,控制符号的顺序不能出错。

思考与练习

4.11 判断题:字符串是有序的、不可变的序列,和列表、元组一样都支持索引、切片操作。

4.12 执行语句"123" * 2+"python"的结果是什么?

4.13 已知字符串 s = "I Love Python!",试写出以下语句的执行结果:
①s.index("Love") ②s.count("o") ③s.split()
④s.replace("P", "p") ⑤s.upper() ⑥s.lower()

4.14 编写程序,使其能接收用户输入的字符串,并能分别统计出其中的字母、数字和其他字符的个数。

4.15 编写代码,格式化输出数值 2020 的二进制、八进制、十六进制的表达形式。

4.4 集合

视频讲解

列表、元组、字符串这 3 种常见的数据结构实际上都属于序列,它们的元素都是有顺序的,可以通过索引访问元素,也支持切片操作,同时这 3 种数据结构的元素都是可以重复的。而在实际应用中,当数据内容不能存在重复时,就需要借助于集合来实现。

4.4.1 集合的定义、创建和删除

1. 集合的定义

集合是无序可变容器。集合中的元素放在一对大括号{}中,并用逗号分隔。元素类型可以不同,但集合中的元素不能重复。集合中不能包含可变元素,如列表、集合等。

2. 集合的创建

集合的创建主要有两种方式,一种是直接通过一对大括号包裹元素创建集合对象,另一种是使用 set() 函数将列表、range 对象、字符串或其他类型的可迭代对象转换为集合,此时会自动删除其中的重复元素。

【示例 4.36】 集合的创建。

```
1    a_set = {20, "张三", 177.5}
2    b_set = set()                          #创建空集合
3    c_set = set(range(10))
4    print(a_set)
5    print(b_set)
6    print(c_set)
```

程序运行结果:

```
{177.5, '张三', 20}
set()
{0, 1, 2, 3, 4, 5, 6, 7, 8, 9}
```

注意:不能直接通过 a={}创建空集合,此时创建的是一个空字典(字典的概念会在 4.5 节中介绍)。

3. 集合的删除

当集合不再使用时,可通过 del 命令删除集合,删除后集合便不可再被调用。

4.4.2 集合的常见方法

集合中的元素是无序可变不重复的,不支持索引、切片等操作。

【示例 4.37】 通过循环遍历集合中的所有元素,元素将按顺序排列。

```
1    a_set = {1, 8, 5, "A", 9}              #集合是无序的
2    for item in a_set:                      #通过循环遍历集合中的所有元素
3        print(item)
```

程序运行结果:

```
1
5
```

```
8
9
A
```

此外,Python 为集合提供了如表 4-7 所示的一些常见操作方法,用于添加元素、删除元素、复制集合、清空集合的内容等。

表 4-7 集合的常见方法及作用

方　　法	作　　用
add(元素)	向集合中添加一个元素,元素为不可变类型,不能是列表、集合等可变类型,如果该元素已存在,则集合不发生变化
update(可迭代对象)	将可迭代对象中的元素依次添加到集合中,并去除重复元素
copy()	将集合复制一份
pop()	从集合中随机删除一个元素,并返回删除的元素
remove(元素)	从集合中删除某个元素,如果该元素不存在,则抛出错误 KeyError
discard(元素)	从集合中删除某个元素,如果该元素不存在,则什么都不做
clear()	清空集合的内容

add()方法用于向集合中添加一个元素,元素为不可变类型,不能是列表、集合等可变类型,如果该元素已存在,则集合不发生变化。

【示例 4.38】 使用 add()方法添加元素。

```
1    a_set = {1, 8, 5, "A", 9}
2    a_set.add(10)            #添加元素 10
3    a_set.add(8)             #元素 8 已存在,集合没有变化
4    a_set.add((2, 4, 5))     #添加的元素必须为不可变类型
5    print(a_set)
```

程序运行结果:

```
{1, (2, 4, 5), 5, 8, 9, 10, 'A'}
```

update()方法用于将可迭代对象中的元素依次添加到集合中,并去除重复元素。

【示例 4.39】 使用 update()方法添加元素。

```
1    a_set = {1, 8, 5, "A", 9}
2    a_set.update((2, 4, 5))          #update()传递的是可迭代对象,可以是列表
3    print(a_set)
```

程序运行结果：

```
{1, 'A', 2, 4, 5, 8, 9}
```

copy()方法用于对集合的内容进行复制。

【示例 4.40】 使用 copy()方法复制集合。

```
1   a_set = {1, 8, 5, "A", 9}
2   b_set = a_set.copy()         #将集合 a_set 复制一份,得到集合 b_set
3   b_set.add(12)                #对集合 b_set 进行操作
4   print(a_set)                 #原来的集合 a_set 没有变化
5   print(b_set)                 #集合 b_set 发生变化
```

程序运行结果：

```
{'A', 1, 5, 8, 9}
{'A', 1, 5, 8, 9, 12}
```

pop()方法用于随机删除一个元素,并且返回删除的元素。

【示例 4.41】 使用 pop()方法删除集合中的随机元素。

```
1   a_set = {1, 8, 5, "A", 9}
2   b_set = a_set.copy()
3   print(b_set.pop())
4   print(a_set)
5   print(b_set)
```

程序运行结果：

```
1
{1, 5, 8, 9, 'A'}
{'A', 5, 8, 9}
```

remove()方法用于从集合中删除某个元素,如果该元素不存在,则抛出错误 KeyError。

【示例 4.42】 使用 remove()方法删除集合的元素。

```
1   a_set = {1, 8, 5, "A", 9}
2   b_set = a_set.copy()
3   print(b_set.remove(8))       #从集合中删除元素 8,不返回删除的元素
4   #print(b_set.remove(6))      #元素 6 不存在,会抛出错误 KeyError
5   print(a_set)
6   print(b_set)
```

程序运行结果:

```
None
{1, 5, 8, 9, 'A'}
{1, 5, 9, 'A'}
```

discard()方法用于从集合中删除某个元素,如果该元素不存在,则什么都不做。

【示例 4.43】 使用 discard()方法删除集合的元素。

```
1    a_set = {1, 8, 5, "A", 9}
2    b_set = a_set.copy()
3    print(b_set.discard(8))        #从集合中删除元素8,不返回删除的元素
4    print(b_set.discard(6))        #元素6不存在,则什么都不做
5    print(a_set)
6    print(b_set)
```

程序运行结果:

```
None
None
{1, 5, 'A', 8, 9}
{1, 5, 'A', 9}
```

clear()方法用于清空集合的内容。

【示例 4.44】 使用 clear()方法清空集合。

```
1    a_set = {1, 8, 5, "A", 9}
2    b_set = a_set.copy()
3    b_set.clear()
4    print(a_set)
5    print(b_set)
```

程序运行结果:

```
{1, 5, 8, 'A', 9}
set()
```

4.4.3 集合运算

Python 集合支持使用交集、并集、差集、对称差集等运算,同时还提供了对应函数实现等价的集合运算符操作。

交集:集合 A 和集合 B 的交集由既属于 A 又属于 B 的元素构成。交集有两种写法: A & B 或 A.intersection(B)。

【示例 4.45】 交集运算。

```
1    a_set = {1, 8, 5, 9}
2    b_set = {2, 8, 5, 7}
3    print(a_set & b_set)                    #a_set 和 b_set 的交集
4    print(a_set.intersection(b_set))        #a_set 和 b_set 的交集
```

程序运行结果：

```
{8, 5}
{8, 5}
```

并集：集合 A 和集合 B 的并集由属于 A 或属于 B 的元素构成。并集有两种写法：A|B 或 A.union(B)。

【示例 4.46】 并集运算。

```
1    a_set = {1, 8, 5, 9}
2    b_set = {2, 8, 5, 7}
3    print(a_set | b_set)                    #a_set 和 b_set 的并集
4    print(a_set.union(b_set))               #a_set 和 b_set 的并集
```

程序运行结果：

```
{1, 2, 5, 7, 8, 9}
{1, 2, 5, 7, 8, 9}
```

差集：集合 A 和集合 B 的差集由属于 A 但不属于 B 的元素构成。差集有两种写法：A-B 或 A.difference(B)。

【示例 4.47】 差集运算。

```
1    a_set = {1, 8, 5, 9}
2    b_set = {2, 8, 5, 7}
3    print(a_set - b_set)                    #a_set 和 b_set 的差集
4    print(a_set.difference(b_set))          #a_set 和 b_set 的差集
5    print(b_set - a_set)                    #b_set 和 a_set 的差集
6    print(b_set.difference(a_set))          #b_set 和 a_set 的差集
```

程序运行结果：

```
{1, 9}
{1, 9}
{2, 7}
{2, 7}
```

对称差集：集合 A 和集合 B 的对称差集由 A 和 B 的差集加 B 和 A 的差集组成。对称差集有两种写法：

A ^ B 或 A.symmetric_difference(B)。

【示例 4.48】 对称差集运算。

```
1   a_set = {1, 8, 5, 9}
2   b_set = {2, 8, 5, 7}
3   print(a_set ^ b_set)                          #a_set 和 b_set 的对称差集
4   print(a_set.symmetric_difference(b_set))      #a_set 和 b_set 的对称差集
```

程序运行结果：

```
{1, 2, 7, 9}
{1, 2, 7, 9}
```

判断集合 A 是否为集合 B 的子集有两种方式：

A.issubset(B)或 A <= B。

【示例 4.49】 判断是否为子集。

```
1   a_set = {1, 8, 5, 9}
2   b_set = {8, 5}
3   print(b_set.issubset(a_set))    #判断集合 b_set 是否为集合 a_set 的子集
4   print(b_set <=a_set)            #判断集合 b_set 是否为集合 a_set 的子集
```

程序运行结果：

```
True
True
```

判断集合 A 是否为集合 B 的父集有两种方式：

A.issuperset(B)或 A >= B。

【示例 4.50】 判断是否为父集。

```
1   a_set = {1, 8, 5, 9}
2   b_set = {8, 5}
3   print(a_set.issuperset(b_set))  #判断集合 a_set 是否为集合 b_set 的父集
4   print(a_set >=b_set)            #判断集合 a_set 是否为集合 b_set 的父集
```

程序运行结果：

```
True
True
```

4.4.4 集合推导式

集合推导式的写法类似于列表推导式,只不过集合推导式是用一对大括号表示,而不是一对中括号,而且使用集合推导式时会自动去除结果中的重复元素。

语法形式:

{表达式 for 变量 in 已有序列 if 过滤条件}

【示例 4.51】 使用集合推导式生成集合。

```
1    a_set = {x * x for x in range(-5, 5)}
2    b_set = {x * 2 for x in ["A", "B", "A", 2, 4, 2]}
3    c_set = {x * 2 for x in ["A", "B", "A", 2, 4, 2] if str(x).isdigit()}
4    d_set = {x for x in [2, 4, 6, 8] if x in [1, 3, 6, 4]}    #求交集
5    e_set = {x for x in [2, 4, 6, 8] if x not in [1, 3, 6, 4]} #求差集
6    f_set = {x +y for x in [2, 4, 6, 8] for y in [1, 3, 5]}
7    print(a_set)
8    print(b_set)
9    print(c_set)
10   print(d_set)
11   print(e_set)
12   print(f_set)
```

程序运行结果:

```
{0, 1, 4, 9, 16, 25}
{8, 'AA', 'BB', 4}
{8, 4}
{4, 6}
{8, 2}
{3, 5, 7, 9, 11, 13}
```

思考与练习

4.16 判断题:Python 集合中的元素不能重复出现。

4.17 判断题:集合中不能包含可变元素,如列表、集合等。

4.18 有哪些方法可以用来删除集合中的元素?思考这些删除方法的区别。

4.19 已知集合 a = {6, 8, 5, 2, 4},执行 a.update([9, 2, 7])后,再执行 print(a) 语句,得到的结果为( )。

    A. {6, 8, 5, 2, 4, [9, 2, 7]}　　　　B. {6, 8, 5, 2, 4, 9, 2, 7}
    C. {2, 4, 5, 6, 7, 8, 9}　　　　　　D. 抛出异常

4.20 已知集合 a = {3,7,2,5,6},集合 b = {8,5,3,1,4},编写程序,求集合 a 和集合 b 的交集、并集、差集、对称差集。

4.5 字典

视频讲解

本节将介绍一种和集合类似的数据结构——字典,字典中的元素也是放在一对大括号中,也是无序的、不可重复的。

4.5.1 字典的定义和创建

1. 字典的定义

字典是一种映射类型,由若干"键(key):值(value)"组成,"键"和"值"之间用冒号隔开,所有"键值对"放在一对大括号{}中,并用逗号分隔,其中键必须为不可变类型。在同一个字典中,键必须是唯一的,但值可以重复。

2. 字典的创建

字典的创建主要有两种方式,一种是直接通过一对大括号包裹键值对创建字典对象,另一种是使用 dict()函数创建字典对象。

【示例 4.52】 字典的创建。

```
1   a_dict = {}                                    #创建空字典
2   b_dict = {"姓名": "张三", "年龄": "20"}
3   c_dict = dict(name="张三", age="20")            #使用 dict()函数创建字典
4   d_dict = dict([("体重", 156), ("身高", 177)])    #将可迭代对象转化为字典
5   print(a_dict)
6   print(b_dict)
7   print(c_dict)
8   print(d_dict)
```

程序运行结果:

```
{}
{'姓名': '张三', '年龄': '20'}
{'name': '张三', 'age': '20'}
{'体重': 156, '身高': 177}
```

注意:将可迭代对象转化为字典时,要求可迭代对象中每个元素的长度必须为 2。

4.5.2 字典元素的访问

字典是无序的,因此不支持索引、切片等操作,主要通过"字典对象[键]"获取对应的值。此外,字典还提供了获取所有键值对、所有键、所有值的方法。

【示例 4.53】 通过"字典对象[键]"获取对应的值。

```
1    a_dict = {"姓名": "张三", "年龄": 20, "体重": 172, "身高": 172}
2    print(a_dict["姓名"])
3    print(a_dict["体重"])
4    #print(a_dict["籍贯"])                    #键不存在时,报错:KeyError
```

程序运行结果:

```
张三
172
```

注意:当键不存在时,程序会报错。

【示例 4.54】 通过方法获取字典整体信息,例如,获取所有键值对、所有键、所有值。

```
1    a_dict = {"姓名": "张三", "年龄": 20, "体重": 172, "身高": 172}
2    print(a_dict.items())                    #输出所有键值对
3    print(a_dict.keys())                     #输出所有键
4    print(a_dict.values())                   #输出所有值
```

程序运行结果:

```
dict_items([('姓名', '张三'), ('年龄', 20), ('体重', 172), ('身高', 172)])
dict_keys(['姓名', '年龄', '体重', '身高'])
dict_values(['张三', 20, 172, 172])
```

注意:可以通过循环依次遍历字典 items()、keys()、values()方法返回的内容。

4.5.3 字典的常见方法

Python 中提供了如表 4-8 所示的字典的常见方法,用于获取键对应的值、设置键的默认值、将字典的元素添加到另一个字典、创建新的字典、删除字典中的键、复制字典等。

表 4-8 字典的常见方法及作用

方　　法	作　　用
get(键,默认值)	获取字典中指定键对应的值,如果不存在该键,则返回默认值
setdefault(键,默认值)	为指定的键设置默认值,如果没有对该键赋值,则取值为默认值
update(字典)	将指定字典的元素一次性添加到当前字典对象中,如果两个字典存在相同的键,则只保留最新的键值对
fromkeys(序列,默认值)	以序列中元素为键,创建一个新的字典
items()	获取字典的所有键值对

续表

方　　法	作　　用
keys()	获取字典所有的键
values()	获取字典所有的值
pop(键)	从字典中删除指定的键，返回该键对应的值
copy()	将字典复制一份

get()方法用于获取字典中指定键对应的值。需要注意的是，通过 get()方法获取对应的值与通过"字典对象[键]"获取对应的值不同：当键不存在时，后者程序会报错，而get()方法会返回设置的默认值。

【示例 4.55】 使用 get()方法获取指定键对应的值。

```
1   a_dict = {"姓名": "张三", "年龄": 20, "体重": 172, "身高": 172}
2   print(a_dict.get("学号", "未知"))        #键不存在,返回默认值"未知"
3   #print(a_dict["学号"])                   #键不存在,报错:KeyError
```

程序运行结果：

```
未知
```

setdefault()方法用于为指定的键设置默认值，如果该键已被赋值，则直接取已有值；如果没有对该键赋值，则取值为默认值。

【示例 4.56】 使用 setdefault()方法为指定键设置默认值。

```
1   a_dict = {"姓名": "张三", "年龄": 20, "体重": 172, "身高": 172}
2   a_dict.setdefault("年龄", "保密")
3   a_dict.setdefault("性别", "保密")
4   print(a_dict["年龄"])
5   print(a_dict["性别"])              #取出为"性别"键设置的默认值
6   print(a_dict.items())
```

程序运行结果：

```
20
保密
dict_items([('姓名', '张三'), ('年龄', 20), ('体重', 172), ('身高', 172),
('性别', '保密')])
```

update()方法用于将指定字典的元素一次性添加到当前字典对象中，如果两个字典存在相同的键，则更新该键的值。

【示例 4.57】 使用 update()方法添加字典的元素。

```
1    a_dict = {"姓名": "张三", "年龄": 20, "体重": 172, "身高": 172}
2    b_dict = {"姓名": "李四", "籍贯": "江西"}
3    a_dict.update(b_dict)              #将 b_dict 的元素更新到 a_dict
4    print(a_dict)
```

程序运行结果：

```
{'姓名': '李四', '年龄': 20, '体重': 172, '身高': 172, '籍贯': '江西'}
```

fromkeys()方法是以参数中序列的元素为键，创建一个新的字典。

【示例 4.58】 使用 fromkeys()方法创建新的字典。

```
1    c_dict = dict.fromkeys("ABC")
2    print(c_dict)
```

程序运行结果：

```
{'A': None, 'B': None, 'C': None}
```

pop()方法用于从字典中删除指定的键，并且返回该键对应的值。

【示例 4.59】 使用 pop()方法删除字典中指定的键。

```
1    a_dict = {"姓名": "张三", "年龄": 20, "体重": 172, "身高": 172}
2    print(a_dict.pop("年龄"))
3    print(a_dict)
```

程序运行结果：

```
20
{'姓名': '张三', '体重': 172, '身高': 172}
```

copy()方法用于复制字典。

【示例 4.60】 使用 copy()方法复制字典，并在字典中添加元素。

```
1    a_dict = {"姓名": "张三", "年龄": 20, "体重": 172, "身高": 172}
2    b_dict = a_dict.copy()             #将字典 a_dict 复制一份，得到字典 b_dict
3    b_dict["籍贯"] = "江西"             #当该键不存在，则在字典 b_dict 中添加该键值对
4    b_dict["体重"] = 160               #当该键存在，则修改字典 b_dict 中该键的值
5    print(a_dict)                      #原来的字典 a_dict 没有变化
6    print(b_dict)                      #字典 b_dict 发生了变化
```

程序运行结果：

```
{'姓名': '张三', '年龄': 20, '体重': 172, '身高': 172}
{'姓名': '张三', '年龄': 20, '体重': 160, '身高': 172, '籍贯': '江西'}
```

4.5.4 字典推导式

字典推导式的写法和集合推导式的写法类似，也是放在一对大括号中。表达式中包含键和值两部分，并分别指定这两部分的值。

语法形式：

{键表达式:值表达式 for 变量 in 已有序列 if 过滤条件}

【示例 4.61】 使用字典推导式生成字典。

```
1   a_list = "aEBCdF"
2   b_list = [2, 5, 6, 7, 10]
3   a_dict = {key: value for key, value in zip(a_list, b_list)}
                                          #两个列表分别一一对应
4   b_dict = {key.lower(): value for key, value in zip(a_list, b_list)}
                                          #键全部小写
5   c_dict = {key: value for key, value in zip(a_list, b_list) if value %2 ==0}
6   d_dict = {key: 4 for key in "DEF"}    #键值对的值全部为 4
7   print(a_dict)
8   print(b_dict)
9   print(c_dict)
10  print(d_dict)
```

程序运行结果：

```
{'a': 2, 'E': 5, 'B': 6, 'C': 7, 'd': 10}
{'a': 2, 'e': 5, 'b': 6, 'c': 7, 'd': 10}
{'a': 2, 'B': 6, 'd': 10}
{'D': 4, 'E': 4, 'F': 4}
```

4.5.5 字典排序

系统中提供的 sorted() 方法可以对字典进行排序。字典排序大致可以分为按照键进行排序和按照值进行排序两种。

【示例 4.62】 已知某次考试成绩结果如下，其中键表示学生姓名，值为对应的成绩。实现①按照学生姓名从小到大排序；②按照学生成绩从高到低排序。

```
1   a_dict={"A": 70, "C": 85, "E": 90, "B": 66, "G": 82, "F": 77, "D": 54}
```

(1) 按照学生姓名(键)从小到大排序。

```
1   result_1 = sorted(a_dict.items())
2   print(result_1)
```

或者：

```
1   result_1 = sorted(a_dict.items(), key=lambda item: item[0])
2   print(result_1)
```

程序运行结果：

```
[('A', 70), ('B', 66), ('C', 85), ('D', 54), ('E', 90), ('F', 77), ('G', 82)]
[('A', 70), ('B', 66), ('C', 85), ('D', 54), ('E', 90), ('F', 77), ('G', 82)]
```

(2) 按照学生成绩(值)从高到低排序。

```
1   result_2 = sorted(a_dict.items(), key=lambda item: item[1], reverse=True)
2   print(result_2)
```

程序运行结果：

```
[('E', 90), ('C', 85), ('G', 82), ('F', 77), ('A', 70), ('B', 66), ('D', 54)]
```

思考与练习

4.21 判断题：字典的"键"必须为不可变类型，而且"键"不允许重复，"值"可以重复。

4.22 以下不能正确创建字典的语句是（　　）。

　　A. dict_a = {}

　　B. dict_b = {"name"："Python"，"age"：20}

　　C. dict_c = dict(("name"，"Python")，("age"，20))

　　D. dict_d = dict([("name"，"Python")，("age"，20)])

4.23 字典提供了哪些方法，分别用来获取所有键值对、所有键、所有值？

4.24 字典中可以通过哪些方法获取指定键对应的值？它们的区别是什么？

4.25 已知字典 a = {"中国"："北京"，"美国"："华盛顿"，"日本"："东京"}，执行下列操作，并输出结果：

(1) 将字典 b = {"韩国"："首尔"，"美国"："纽约"}的元素添加到字典 a 中。

(2) 修改"中国"对应的值为"深圳"。

(3) 删除"美国"对应的键值对。

4.6 本章小结

视频讲解

本章主要介绍了Python的基本数据结构,包括列表、元组、字符串、集合和字典。

列表是有序的、可变的、可重复的序列。列表的元素放在一对中括号[ ]内,可以通过下标实现列表元素的访问,支持索引、切片操作。索引又分为正向索引和反向索引,正向索引是从0开始,从左到右不断递增;反向索引是从-1开始,从右到左不断递减。而切片是获取列表中的某一部分,可以是连续的区间,也可以是非连续的区间。列表还提供了一些常见的操作方法,例如添加、删除、修改元素,求最大值、最小值、复制,合并等。此外,列表支持列表推导式。

元组是有序的、不可变的、可重复的序列。元组和列表的主要区别在于元组的元素是不可变的,而列表的元素是可变的。元组的元素放在一对小括号( )内,由于元组的元素是有序的,所以也支持索引、切片等操作。此外,元组是没有推导式的,通过一对小括号来写推导式时,实际上是一个生成器,可以通过__next__( )方法来访问其中的每一个元素,也可以将其转换成列表或者元组。

字符串是有序的、不可变的字符序列。字符串很多情况下和元组比较类似,它们的主要区别在于,元组的元素可以是整数、字符串、元组等,而字符串的元素都是字符,放在引号内,包括单引号、双引号、三引号。由于字符串也是有序的,所以也支持索引、切片操作。字符串也提供了很多常见的操作方法,例如删除空格、替换字符、用某一字符将多个字符串进行拼接、转换字母大小写、判断是否为合法标识符等。

集合是无序的、可变的、不可重复的。集合的元素放在一对大括号{ }内,不支持切片、索引操作。此外,集合还有一些专有运算,例如交集、并集、差集、对称差集等。集合也支持推导式,推导式放在一对大括号内。

字典和集合类似,也是无序的。字典由键值对组成。其中,键是不可重复的,是不可变类型,值是可以重复的。字典放在一对大括号{ }内,也不支持切片、索引操作。字典也提供了一些常见的方法,例如添加关键字、删除字典中的键值对等。字典操作也有推导式,因为字典有键和值,所以推导式要指定键和值的变化,从而正确地生成字典。

课后练习

4.1 已知有两个列表 a_list = [4,10,12,4,9,6,3],b_list = [12,8,5,6,7,6,10],编写程序实现以下功能:

(1) 将两个列表进行合并,合并时删除重复元素,合并结果存放在 c_list 中;

(2) 对 c_list 按照元素的大小进行降序排列,并打印出排序结果。

4.2 已知列表 a_list = [4,6,8,6,4,2,6,6,5,7,4,2,1,7,6,7,4],编写程序统计列表中各元素出现的次数,并将结果按照图4-1的格式输出。

4.3 编写程序,生成由4、6、8、9这四个数字组成的三位数,要求这些三位数的百、十、个位数字都不相同,找出所有符合要求的三位数,将其存入列表并打印输出。

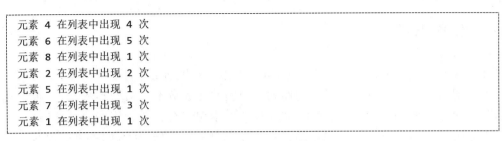

元素 4 在列表中出现 4 次
元素 6 在列表中出现 5 次
元素 8 在列表中出现 1 次
元素 2 在列表中出现 2 次
元素 5 在列表中出现 1 次
元素 7 在列表中出现 3 次
元素 1 在列表中出现 1 次

图 4-1　练习 4.2 的程序效果图

4.4　使用列表推导式求解"百钱买百鸡"问题。假设大鸡 5 元 1 只，中鸡 3 元 1 只，小鸡 1 元 3 只，现有 100 元钱想买 100 只鸡，有多少种买法？

4.5　已知列表 a_list = [4, 8, 7, 8, 6, 3]，编写程序删除列表中重复的数字（保留第一个），然后将其转化为字符串"48763"。

4.6　随机输入一个字符串，统计该字符串中各种字符出现的次数，并将统计结果按照字符出现次数从高到低进行排序，最终打印排序后的信息。每行效果如下：

xxx 字符出现次数为：xxx

4.7　已知某班学生成绩如下：

姓名	成绩	姓名	成绩	姓名	成绩
Aaa	80	Bbb	75	Ccc	88
Ddd	65	Eee	90	Fff	95
Mmm	58	Www	86	Yyy	78

编程实现：将学生成绩从高到低排序并输出，并打印出班级平均分以及优秀率（成绩大于或等于 90 为优秀，优秀率保留小数点后两位）。

课后习题
讲解（一）

课后习题
讲解（二）

第 5 章 函 数

本章要点

- 形参和实参
- 位置参数
- 关键字参数
- 默认值参数
- 可变长度参数
- 序列解包参数
- 函数的递归调用
- lambda 表达式
- map 函数
- filter 函数

本章知识结构图

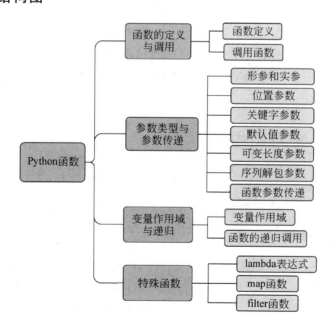

本章示例

定义函数,将指定内容居中打印。

```
================================
|                              |
|      This is a function!     |
|                              |
================================
```

函数有时也称为方法。所谓函数,实际上就是具有特定功能的程序代码块。在前面一些章节的学习中,已经多次使用 Python 自带的标准函数。例如,int()函数可以将用户输入的数字字符串转换成整型,type()函数可以获取某一个对象的数据类型,list()函数可以将一个可迭代的对象转换成列表,range()函数可以生成一个整型的数列等。通过函数可以快速调用某些功能,从而不需要从零开始构建程序。借助于函数还可以很方便地在前人的基础上进行功能扩展,从而大大提升工作效率。所以,函数的学习和使用是实际项目开发过程中非常重要的一部分。

本章的主要内容涉及以下 4 个方面:函数的定义与调用,例如,在 Python 中函数是如何定义的,包含哪些部分,各部分在使用时有哪些注意事项,函数定义之后如何多次调用函数等;参数类型与参数传递,函数可以包含多种类型的参数,例如位置参数、关键字参数、带有默认值的参数、可变参数等,不同类型的参数在使用上有不同的规则,在参数传递的过程中又涉及可变类型的参数传递和不可变类型的参数传递;变量作用域与递归函数,根据变量定义的位置不同,例如是定义在函数内还是在函数外,可以将变量划分为局部变量和全局变量,不同类型的变量在使用上有所不同。而递归的思想在复杂程序经常会用到,通过递归可以大幅降低代码量,学习递归的关键是如何进行划分、如何退出递归;还介绍了一些特殊函数,如 lambda 表达式、map 函数、filter 函数等。

视频讲解

5.1 函数的定义与调用

本节将主要介绍如何将自己设计的具有特定功能的程序代码封装成函数,从而方便他人或者自己在其他地方进行调用。

5.1.1 函数的概念

函数是具有特定功能的代码块,其意义主要是为了方便代码的重复使用。2.1 节中介绍了打印菱形的程序,用户输入一个菱形的行数,就能打印出对应的菱形。如果想一次性打印多个菱形,用户可能需要多次编写打印菱形的业务逻辑代码,从而存在代码的重复。这时可以把打印菱形的业务逻辑代码定义为一个函数,然后把菱形的行数作为一个参数进行传递,需要打印几次菱形,就调用几次函数。

从使用者角度看,函数就像一个"黑盒子",如图 5-1 所示,用户传入 0 个或多个参数,该"黑盒子"经过一定操作即可返回 0 个或多个值。例如打印菱形,对于用户而言,只需要知道传递参数 7,就打印一个 7 行的菱形;传递参数 6,就打印一个 6 行的菱形,至于菱形是怎么打印的,用户可以不管。从用户角度看,只要知道传递了什么参数,就能得到对应的结果。

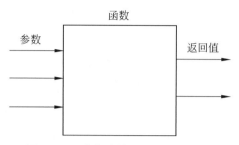

图 5-1 用户角度的函数调用流程图

但是从函数设计者(实现函数的编程人员)角度看,在设计函数时,一般需要考虑以下几个问题:

(1) 函数中哪些部分是动态变化的,即哪些部分应该被定义为参数;
(2) 函数要实现什么功能,最终给用户返回什么结果;
(3) 函数如何实现这些功能,即函数体。

5.1.2 定义函数

Python 定义函数的语法如下:

```
def 函数名([形参列表]):
    函数体
    [return [返回值]]
```

- def:用来定义函数的关键词;
- 函数名:从语法角度来看,函数名只要是一个合法的标识符即可;从可读性角度来看,函数名应见名知意,由小写字母组成,多个单词间用下画线隔开;
- 形参列表:函数可包含 0 个或多个参数,Python 中形参不用指定类型,多个参数间用逗号隔开,调用时对其传递参数值;
- 函数体:由一条或多条语句组成的代码块;
- return:返回函数结果,可选。函数可以有返回值,也可以没有返回值,还可以有多个返回值,多个返回值以元组形式返回。

需要注意的是:def 和函数名之间有一个空格;函数可以没有参数,但小括号不能少;函数体要注意缩进,通过缩进控制层次关系。

【示例 5.1】 定义一个无返回值的函数。将指定内容居中打印,一共显示 5 行,内容前后都有 5 个空格。

```
1    def center_print(content):
2        width = len(content) +5 * 2                    #计算中间部分长度
3        print("=" * (width+2))                          #打印第一行
4        print("|", " " * width, "|", sep="")            #打印第二行
5        print("|", content.center(width), "|", sep="")  #打印中间内容
6        print("|", " " * width, "|", sep="")            #打印第四行
7        print("=" * (width+2))                          #打印最后一行
```

【示例 5.2】 定义一个有返回值的函数：判断是否为闰年，若是则返回 True，否则返回 False。

```
1    def is_leap_year(year):                             #判断一个年份是否为闰年
2        if (year %4 ==0 and year %100 !=0) or year %400 ==0:
3            return True
4        else:
5            return False
```

5.1.3 调用函数

函数调用的方式是函数名(实参列表)，实参列表中的参数个数要与形参个数相同，参数类型也要一致，否则会抛出 TypeError 错误。

函数的调用一定要放在函数定义之后，否则解释器将找不到函数，会抛出 NameError 错误。当存在多个同名函数时，调用的是最近一次定义的函数。

根据函数是否有返回值，调用函数有两种方式：

（1）带有返回值的函数调用。通常将函数的调用结果作为一个值处理。

【示例 5.3】 调用示例 5.2 的 is_leap_year()函数。

```
1    result = is_leap_year(2020)
2    print(result)
```

程序运行结果：

```
True
```

（2）没有返回值的函数调用。通常将函数调用作为一条语句来处理。

【示例 5.4】 调用示例 5.1 的 center_print()函数。

```
1    center_print("This is a function!")
```

程序运行结果:

```
==============================
|                            |
|     This is a function!    |
|                            |
==============================
```

思考与练习

5.1 判断题:定义函数时,可以没有参数,但必须有一对小括号。

5.2 判断题:函数的使用包括函数定义和函数调用,并且函数调用一定要放在函数定义之后。

5.3 什么是函数?函数的作用是什么?

5.4 Python 中用来定义函数的关键字是什么?函数必须包含 return 语句吗?

5.5 阅读下面的代码,写出其执行结果。

```
1  def func(x):
2      return x +2
3      return x +4
4
5  print(func(3))
```

5.2 参数类型与参数传递

视频讲解

5.1 节中简单介绍了 Python 的函数定义以及函数调用,在这个过程中都涉及参数的使用。接下来将详细介绍函数学习中最灵活的一部分,也就是参数。本节主要介绍函数参数的类型以及函数参数传递的特点。

5.2.1 形参和实参

在介绍函数参数传递前,要先明确两个概念:形参和实参。形参是在函数定义时写在小括号中的变量。形参不代表任何具体的值,只是作为一种占位符参与函数体的业务逻辑。而实参是在函数调用时实际传递的值。

例如,在 5.1.2 节定义的 is_leap_year() 函数中,is_leap_year(year) 中的 year 就是形参,没有具体的值,只是作为一种占位符参与函数体的业务逻辑。而在 5.1.3 节的 is_leap_year() 函数调用中,is_leap_year(2020) 中的 2020 就是实参,有实际值。形参和实参的名称(变量名)可以相同也可以不同,但是它们表示不同的含义。

在 Python 中,定义函数时不需要指定形参的类型,形参的类型由调用者传递的实参的类型决定。实参与形参通常个数相同,当形参是可变长度参数时,实参可以有多个,此时实参和形参的个数不相同。

根据函数参数赋值的特点、形式,可大致将函数参数分为位置参数、关键字参数、默认值参数、可变长度参数、序列解包参数等。

5.2.2 位置参数

位置参数指函数调用时,根据函数定义时形参的位置顺序依次将实参的值赋值给形参。位置参数要求实参和形参的个数必须一致,而且实参和形参必须一一对应。位置参数是 Python 中最简单、最常见的参数。

【示例 5.5】 定义一个函数,调用该函数时通过位置参数赋值。

```
1   def my_func(a, b, c):
2       print("a = ", a)
3       print("b = ", b)
4       print("c = ", c)
5
6   my_func(20, 30, 40)            #按顺序依次将实参的值传给形参
```

程序运行结果:

```
a = 20
b = 30
c = 40
```

5.2.3 关键字参数

关键字参数指函数调用时,以"键-值"形式指定实参,此时将会根据形参变量名对该变量进行赋值。实参顺序和形参顺序可以不一致,但是要求传递的关键字一定要在形参列表中,否则将报错。关键字参数灵活、方便,调用者不用关注参数顺序和位置。

【示例 5.6】 定义一个函数,调用该函数时通过关键字参数赋值。

```
1   def my_func(a, b, c):
2       print("a = ", a)
3       print("b = ", b)
4       print("c = ", c)
5
6   my_func(b=5, a=10, c=15)       #根据形参变量名对该形参变量进行赋值
```

程序运行结果:

```
a = 10
b = 5
c = 15
```

5.2.4 默认值参数

默认值参数指函数定义时,在形参列表中直接为参数赋值来指定该参数的默认值。函数调用时,对于有默认值的参数,可传值也可不传值。未传值时,将采用默认值;传值时,将用新的值替换默认值。默认值参数方便函数调用,可减少参数传递。

在前面章节的函数中已经多次使用默认值参数,例如,print()函数中的 sep 默认是通过空格对输出的多个内容进行分割,range()函数中的 step 默认为 1 等。

注意:定义带有默认值参数的函数时,默认值参数必须出现在函数形参列表的最右端,任何一个默认值参数的右边都不能再出现非默认值参数。

【示例 5.7】 定义一个带有默认值参数的函数,然后调用该函数。

```
1    def my_func(a, b, c=5):
2        print("a =", a)
3        print("b =", b)
4        print("c =", c)
5    
6    my_func(20, 30)            #未传值时,参数 c 采用默认值
7    my_func(20, 30, 50)        #传值时,用新的值替换默认值
```

程序运行结果:

```
a = 20
b = 30
c = 5
a = 20
b = 30
c = 50
```

5.2.5 可变长度参数

视频讲解

可变长度参数指函数定义时无法确定参数的个数。例如系统中的 print()函数,如果不知道用户需要打印多少个对象,则可将需要打印的内容定义为可变长度参数,根据调用者传递的实际参数数量来确定参数的长度。可变长度参数有两种形式:"*参数名"和"**参数名"。

*参数名:表示该参数是一个元组类型,可接受多个实参,并将传递的实参依次存放到元组中,主要针对以位置传值的实参。

【示例 5.8】 定义一个带有可变长度参数的函数,可变长度参数的形式为"*参数名",然后调用该函数。

```
1   def func_1(a, *b) :              #该参数是一个元组类型
2       print("a =", a)
3       print("b =", b)
4
5   func_1(20, 30, 40)
```

程序运行结果：

```
a = 20
b = (30, 40)
```

**参数名：表示该参数是一个字典类型，可接受多个实参，并将传递的键值对存放到字典中，主要针对以关键字传值的实参。

【示例 5.9】 定义一个带有可变长度参数的函数，可变长度参数的形式为"**参数名"，然后调用该函数。

```
1   def func_2(a, **b) :              #第二个参数是一个字典类型
2       print("a =", a)
3       print("b =", b)
4
5   func_2(20, b=10, c=20, d=30)
```

程序运行结果：

```
a = 20
b = {'b': 10, 'c': 20, 'd': 30}
```

5.2.6 序列解包参数（进阶）

序列解包参数：实参为序列对象，传值时将序列中的元素依次取出，然后按照一定规则赋值给相应变量。主要有两种形式："*序列对象"和"**字典对象"。

当传递的实参为"*序列对象"时，将会取出序列中的每个元素，然后按照位置顺序依次赋值给每一个形参。当实参为序列对象时，会将其看成一个整体赋值给某个形参。

【示例 5.10】 定义一个函数，调用该函数时通过序列解包参数赋值，序列解包参数的形式为"*序列对象"。

```
1   def func_1(a, *b):
2       print("a =", a)
3       print("b =", b)
4
5   func_1([20, 15, 30], 40, 50)         #实参为序列对象
6   func_1(*[20, 15, 30], 40, 50)        #实参为"*序列对象"
```

程序运行结果:

```
a = [20, 15, 30]
b = (40, 50)
a = 20
b = (15, 30, 40, 50)
```

当传递的实参为"**字典对象"时,将会根据关键字来匹配相应的形参,如果没有匹配到则报错;如果匹配到,则将相应的值赋值给该形参。当实参为字典对象时,会将其看成一个整体赋值给某个形参。

【示例5.11】 定义一个函数,调用该函数时通过序列解包参数赋值,序列解包参数的形式为"**字典对象"。

```
1    def func_2(a, **b):
2        print("a = ", a)
3        print("b = ", b)
4
5    func_2({"a": 5, "b": 0}, c=20, d=30)      #实参为字典对象
6    func_2(**{"a": 5, "b": 0}, c=20, d=30)    #实参为"**字典对象"
```

程序运行结果:

```
a = {'a': 5, 'b': 0}
b = {'c': 20, 'd': 30}
a = 5
b = {'b': 0, 'c': 20, 'd': 30}
```

5.2.7 多种类型参数混用(进阶)

多种类型参数混用时应注意:

(1) 实参传值时,既可通过位置传值,也可通过关键字传值,但可变参数后面的参数只能通过关键字传值,一般建议可变参数放在形参的最后。

(2) 函数定义时,不能同时包含多个相同类型的可变参数,即多个 * 参数或多个**参数,但可同时包含 * 参数和**参数,且 * 参数要放在**参数前面。

(3) 当既有可变参数又有普通参数时,会先给普通参数赋值,最后将多余的值存放在可变参数中,可变参数可以不进行赋值,此时可变参数为空。

(4) 带有默认值的参数后面不能包含没有默认值的参数,但可以包含可变参数,可以理解为可变参数的默认值为空。

【示例5.12】 定义一个函数 student_info(),首先采用不同方式传递参数,然后调整参数位置,观察输出结果。

```
1   def student_info(name, age, * contacts, gender="男", **others):
2       print("=" * 10, "学生基本信息", "=" * 10)                    #标题
3       print("姓名:", name)
4       print("年龄:", age)
5       print("性别:", gender)
6       print("联系方式:", end="")
7       if len(contacts) ==0:                                    #判断联系方式是否为空
8           print("无")
9       else:
10          for contact in contacts:                             #将所有联系方式放在一行打印
11              print(contact, end="\t")
12          print()
13      for key, value in others.items():
14          print(key, ":", value)
15      print("=" * 34)                                          #结束分割线
16
17  student_info("张三", 20, "手机-13823458765", "QQ-876534567", 身高=175, 籍
    贯="江西")
18  student_info(* ["张静", 19, "QQ-875534597"], gender="女", **{"职务": "班
    长", "学号": "006"})
```

程序运行结果:

```
==========学生基本信息 ==========
姓名:张三
年龄: 20
性别:男
联系方式:手机-13823458765      QQ-876534567
身高 : 175
籍贯 : 江西
==================================
==========学生基本信息 ==========
姓名:张静
年龄: 19
性别:女
联系方式:QQ-875534597
职务 : 班长
学号 : 006
==================================
```

(1) 调换 gender 与 contacts 位置:

```
1   def student_info(name, age, gender="男", * contacts, **others):
```

程序运行结果:

```
==========学生基本信息 ==========
姓名:张三
年龄:20
性别:手机-13823458765
联系方式:QQ-876534567
身高 : 175
籍贯 : 江西
=================================
Traceback (most recent call last):
  File "ch05_11_student_info_func.py", line 19, in <module>
    student_info(* ["张静", 19, "QQ-875534597"], gender="女", **{"职务":"班长", "学号": "006"})
TypeError: student_info() got multiple values for argument 'gender'
```

按照位置参数进行传值时,gender 赋值会出问题。

(2) 调换 age 与 contacts 位置:

```
1   def student_info(name, * contacts, age, gender="男", **others):
```

程序运行结果:

```
Traceback (most recent call last):
  File "ch05_12_student_info_func.py", line 18, in <module>
    student_info("张三", 20, "手机-13823458765", "QQ-876534567", 身高=175, 籍贯="江西")
TypeError: student_info() missing 1 required keyword-only argument: 'age'
```

此时 age 没有赋值,会报错。实参传值时,可变参数后面的参数只能通过关键字传值。

(3) 调换 gender 与 others 位置:

```
1   def student_info(name, age, * contacts, **others, gender="男"):   #语法错误
```

程序运行结果:

```
  File "ch05_13_student_info_func.py", line 1
    def student_info(name, age, * contacts, **others, gender="男"):   #语法错误
SyntaxError: invalid syntax
```

带有**的可变长度参数一定是放在最后的,否则将出现语法错误。

5.2.8 函数参数传递

在函数参数传递时,根据实参对象是否可变,可将实参分为可变类型和不可变类型。对于不可变类型的实参,例如整型、字符串、元组、浮点型等,函数调用时传递的只是实参的值,相当于是将实参的值复制一份给形参,函数内部对形参的修改不会影响到实参。对于可变类型的实参,例如列表、字典、集合等,函数调用时传递的是实参所指对象,此时形参和实参指向同一对象,函数内部对形参的修改可能会影响到实参。

【示例5.13】 定义两个函数 double_1() 和 double_2(),将传入的值乘以2,并在函数内部打印结果,然后将传递的参数存放在变量 a 中,并打印调用前后的值,进行对比。

```
1   def double_1(x):
2       x = x * 2
3       print("函数内部的值:", x)
4
5   def double_2(x):
6       for i in range(len(x)):
7           x[i] = x[i] * 2
8       print("函数内部的值:", x)
```

(1) 当实参为不可变类型时,例如 a=50,double_1(a) 传递的只是 a 的值,相当于将 a 的值复制一份给 x,所以 double_1() 函数内部对 x 的修改不会影响 a。

```
1   a = 50                              #不可变类型实参
2   print("函数调用前的值为:", a)
3   double_1(a)
4   print("函数调用后的值为:", a)
```

程序运行结果:

```
函数调用前的值为: 50
函数内部的值: 100
函数调用后的值为: 50
```

(2) 当实参为可变类型时,例如 a=[1, 2, 3],double_2(a) 传递的是 a 所指对象[1, 2, 3],此时 x 和 a 指向同一对象,double_2() 函数内部让 x 的每个元素乘以2,此时并没有产生新的序列,而是改变了原有的序列,x 和 a 的引用变成了[2, 4, 6],所以 double_2() 函数内部对 x 的修改会影响到 a。

```
1   a = [1, 2, 3]                       #可变类型实参
2   print("函数调用前的值为:", a)
```

```
3    double_2(a)
4    print("函数调用后的值为:", a)
```

程序运行结果:

```
函数调用前的值为: [1, 2, 3]
函数内部的值: [2, 4, 6]
函数调用后的值为: [2, 4, 6]
```

注意: 实参为可变类型时,函数内部对形参的修改并不都会影响实参。例如 a=[1, 2, 3],double_1(a)传递的是 a 所指对象[1, 2, 3],此时 x 和 a 指向同一对象,double_1()函数内部让 x 乘以 2,列表乘以 2 相当于复制,会生成新的列表[1, 2, 3, 1, 2, 3],然后将其重新赋值给 x,此时 x 的引用发生变化,而 a 的引用还是[1, 2, 3]。所以 double_1()函数内部对 x 的修改不会影响 a。

```
1    a = [1, 2, 3]                           #可变类型实参
2    print("函数调用前的值为:", a)
3    double_1(a)
4    print("函数调用后的值为:", a)
```

程序运行结果:

```
函数调用前的值为: [1, 2, 3]
函数内部的值: [1, 2, 3, 1, 2, 3]
函数调用后的值为: [1, 2, 3]
```

思考与练习

5.6　判断题:定义带有默认值参数的函数时,若没有可变参数,默认值参数必须出现在函数形参列表的最右端,任何一个默认值参数右边都不能再出现非默认值参数。

5.7　判断题:调用函数时,通过关键字参数进行赋值,实参顺序和形参顺序可以不一致。

5.8　阅读下面的代码,分析其执行结果。

```
1    def func(a, b, c=3, d=5):
2        print(sum((a, b, c, d)))
3
4    func(2, 4, 6, 8)
5    func(2, 4, d=6)
```

5.9 阅读下面的代码,分析其执行结果。

```
1  def func(* n):
2      print(sum(n))
3
4  func(1, 2, 3, 4, 5)
```

5.10 多种类型参数混用时需要注意哪些问题?

5.3 变量作用域与递归

视频讲解

5.2 节中介绍了函数参数传递的一些操作,其中涉及变量的概念和使用,本节将详细介绍函数使用过程中变量的作用域以及函数调用过程中的递归思想。

5.3.1 变量作用域

根据变量定义的位置,可将变量分为全局变量和局部变量。全局变量指定义在函数外面的变量,可以在多个函数中进行访问,但不能执行赋值操作。如果对全局变量使用赋值语句,则相当于创建了一个同名的局部变量。局部变量指定义在函数内部的变量,只能在它被定义的函数中使用,在函数外面无法直接访问。

注意:当局部变量和全局变量同名时,在函数内部使用的变量通常都是指局部变量。如果确实需要对全局变量进行修改,需要使用 global 关键字对变量进行声明,此时操作的就是全局变量了。

【示例 5.14】 定义一个函数,在函数内部访问全局变量。

```
1  def func_1():
2      print(a)                    #在函数内部访问全局变量
3
4  a = 10
5  func_1()
6  print(a)
```

程序运行结果:

```
10
10
```

【示例 5.15】 定义一个函数,在函数内部定义同名的局部变量。

```
1  def func_2():
2      a = 8                       #在函数内部定义同名的局部变量
```

```
3       print(a)
4
5   a = 10
6   func_2()
7   print(a)
```

程序运行结果:

```
8
10
```

【示例 5.16】 定义一个函数,在函数内部对全局变量进行操作。

```
1   def func_3():
2       global a                    #在函数内部对全局变量操作
3       a = 8
4       print(a)
5
6   a = 10
7   func_3()
8   print(a)
```

程序运行结果:

```
8
8
```

【示例 5.17】 定义一个函数,当全局变量为可变序列(例如列表、字典等)时,可直接在函数内部对全局变量操作,但不能执行赋值操作,一旦赋值就是创建一个局部变量。

```
1   def func_4():
2       a.append(12)        #当全局变量为可变序列时,可直接在函数内部对全局变量操作
3       print(a)
4
5   a = [1, 2, 3]
6   func_4()
7   print(a)
```

程序运行结果:

```
[1, 2, 3, 12]
[1, 2, 3, 12]
```

5.3.2 函数的递归调用

函数的递归调用指在调用一个函数的过程中直接或间接调用该函数本身。递归常用来解决结构相似的问题。所谓结构相似,是指构成原问题的子问题在结构上与原问题相似,可以用类似的方法求解。整个问题的求解可分为两部分:第一部分是一些特殊情况,有直接的解法;第二部分与原问题相似,但比原问题的规模小,并且依赖于第一部分的结果。

递归包含两个基本要素:一个是边界条件,即什么时候结束递归,也就是递归出口;另一个是递归模式,即大问题是如何分解为小问题的,也称为递归体。

【示例 5.18】 在数学上,斐波那契数列以如下方法定义:$F(1)=1, F(2)=1, F(n)=F(n-1)+F(n-2)$,$n$ 为正整数,并且大于或等于 3。

(1) 通过递归方式求解斐波那契数列第 n 个数。

```
1   def fib(n):                          #斐波那契数列,获取第 n 项的值
2       if n == 1 or n == 2:             #如果是第 1 项或第 2 项
3           return 1                     #直接返回结果 1
4       else:                            #否则,返回前两项之和
5           return fib(n-1) + fib(n-2)
6
7   print(fib(7))
```

程序运行结果:

```
13
```

(2) 通过循环方式求解斐波那契数列第 n 个数。

```
1   def fib_2(n):                                      #斐波那契数列,获取第 n 项的值
2       a_list = [0, 1, 1]                             #初始值
3       for i in range(3, n+1):                        #循环递推
4           a_list.append(a_list[i-1]+a_list[i-2])     #保存结果
5       return a_list[n]                               #返回需要的值
6
7   print(fib_2(7))
```

程序运行结果:

```
13
```

思考与练习

5.11 请说明什么是全局变量?什么是局部变量?

5.12 判断题:在函数内部对变量赋值时,如果没有对变量进行任何声明,这个变量一定是局部变量。

5.13 使用(　　)关键字可以将函数内部变量声明为全局变量。

　　A. global　　　　B. lambda　　　　C. def　　　　D. class

5.14 阅读下面的代码,分析其执行结果。

```
1   def func():
2       global name
3       name = "Java"
4
5   name = "Python"
6   func()
7   print(name)
```

5.15 一个正整数的阶乘是所有小于及等于该数的正整数的积。0 的阶乘为 1,自然数 n 的阶乘写作 $n!$,即 $n! = 1 \times 2 \times 3 \times \cdots \times (n-1) \times n$。请使用递归方式计算 n 的阶乘。

5.4 特殊函数

视频讲解

本节主要介绍 Python 中的一些特殊函数,例如 lambda 表达式、map 函数、filter 函数等。

5.4.1 匿名函数:lambda 表达式

Python 使用 lambda 表达式创建匿名函数,即没有函数名称、临时使用的函数。可以将 lambda 表达式看作函数的简写形式。lambda 表达式的语法如下:

`lambda 参数列表:表达式`

注意区分 lambda 表达式与函数的区别:①关键字不同,函数使用 def 定义,lambda 表达式使用的则是 lambda;②函数有函数名,而 lambda 表达式没有名称;③函数参数列表和 lambda 表达式参数列表的含义完全一样,但是 lambda 表达式的参数列表不需要一对小括号,而且 lambda 表达式只包含一个表达式语句,不能包含多条语句。

lambda 表达式的主体是一个表达式,而不是一个代码块,在表达式中可以调用其他函数,并支持默认值参数、关键字参数、可变长度参数等,表达式的结果相当于函数的返回值。此外,可以直接把 lambda 表达式定义的函数赋值给一个变量,用变量名来表示

lambda 表达式所创建的匿名函数,这样就可以多次使用该函数。

注意:所有通过 lambda 表达式实现的功能都可以通过相应的函数实现,反之则不一定。

【示例 5.19】 定义一个函数,其中包含一个参数,并返回计算结果。

(1) lambda 表达式形式:

```
1   lambda_func = lambda x: x * 2          #将 lambda 定义的函数赋值给一个变量
2   print(lambda_func(5))
3   print(lambda_func("5"))
```

(2) 函数形式:

```
1   def lambda_func(x):
2       return x * 2
3
4   print(lambda_func(5))
5   print(lambda_func("5"))
```

程序运行结果:

```
10
55
```

【示例 5.20】 定义一个函数,其中包含多个参数,并返回计算结果。

(1) lambda 表达式形式:

```
1   lambda_func = lambda x, y, z=5: 3 * x + 2 * y + z
2   print(lambda_func(8, 6))
3   print(lambda_func(y=8, x=6))
```

(2) 函数形式:

```
1   def lambda_func(x, y, z=5):
2       return 3 * x + 2 * y + z
3
4   print(lambda_func(8, 6))
5   print(lambda_func(y=8, x=6))
```

程序运行结果:

```
41
39
```

5.4.2 map()函数

map()函数是 Python 的内置函数,用于多次调用某一函数,并将可迭代对象中的元素作为实参传入,最终返回结果为函数运行结果的迭代器。方法声明为:

```
map(func, iterables)
```

其中,func 参数表示需调用的函数,可以是已定义好的函数名,也可以是 lambda 表达式;iterables 参数表示可迭代对象,即每次调用时传递的实参,如果函数需要传递多个参数,此时需要多个可迭代对象。

【示例 5.21】 调用 map()函数,该函数调用的函数只包含一个参数。

(1) map()函数调用的函数为 lambda 表达式:

```
1   result = map(lambda x: x * 2, (10, "A", 12.7))   # result 为函数运行结果的迭代器
2   print(tuple(result))
```

(2) map()函数调用的函数为函数名:

```
1   def map_func(x):
2       return x * 2
3
4   result = map(map_func, (10, "A", 12.7))
5   print(tuple(result))
```

程序运行结果:

```
(20, 'AA', 25.4)
```

【示例 5.22】 调用 map()函数,该函数调用的函数包含多个参数。

(1) map()函数调用的函数为 lambda 表达式:

```
1   widths = [8, 6, 4, 5]
2   heights = (9, 5, 4, 3)
3   result = map(lambda w, h: w * h, widths, heights)
4   print(list(result))
```

(2) map()函数调用的函数为函数名:

```
1   def get_area(width, height):
2       return width * height
3
4   widths = [8, 6, 4, 5]
```

```
5    heights = (9, 5, 4, 3)
6    result = map(get_area, widths, heights)
7    print(list(result))
```

程序运行结果：

```
[72, 30, 16, 15]
```

5.4.3　filter()函数（进阶）

filter()函数是 Python 的内置函数，用于过滤可迭代对象中的元素，只保留使得函数调用结果为 True 或结果可转化为 True 的元素，最终结果为符合要求的元素组成的迭代器。方法声明为：

```
filter(func, iterable)
```

其中，func 参数表示需调用的函数，可以是已定义好的函数名，也可以是 lambda 表达式，函数返回值通常为 True 或 False；iterable 参数表示可迭代对象，即每次调用时传递的实参。

【示例 5.23】　调用 filter()函数，保留所有非空字符串。

```
1    words = ["hello", "are", "happy", "python", "test", ""]
2    result = filter(len, words)    #len 函数的返回值为整数,非零为 True,零为 False
3    print(list(result))
```

程序运行结果：

```
['hello', 'are', 'happy', 'python', 'test']
```

【示例 5.24】　调用 filter()函数，保留所有长度大于或等于 5 的字符串。

```
1    words = ["hello", "are", "happy", "python", "test", ""]
2    result = filter(lambda x: len(x) >=5, words)
3    print(list(result))
```

也可以使用列表推导式实现相同效果：

```
1    words = ["hello", "are", "happy", "python", "test", ""]
2    result = [x for x in words if len(x) >=5]
3    print(result)
```

程序运行结果:

```
['hello', 'happy', 'python']
```

思考与练习

5.16 lambda 表达式与函数的区别是什么?

5.17 判断题:所有通过 lambda 表达式实现的功能,都可以通过相应的函数形式实现;反之,所有通过函数实现的功能,都可以通过 lambda 表达式实现。

5.18 阅读下面的代码,写出其执行结果。

```
1   test = filter(lambda x: x >5, range(10))
2   print(list(test))
```

5.19 阅读下面的代码,写出其执行结果。

```
1   test = lambda x, y=5, z=8: x +y +z
2   print(test(2))
```

5.20 阅读下面的代码,写出其执行结果。

```
1   x = list(range(10))
2   x[::3] = map(lambda y: y ** 2, [1, 2, 3, 4])
3   print(x)
```

5.5 本章小结

视频讲解

本章主要介绍了 Python 中函数的相关知识,主要包括以下几个方面:

函数的定义与调用。首先介绍了函数的相关概念,即函数是实现某一功能的代码块,主要目标是实现代码的复用。然后介绍了函数的定义,其要点包括函数名称需要符合标识符的命名规范;形参列表一定要放在一对小括号内;函数可以没有参数也可以有多个参数;函数体一定要注意缩进;函数可以有返回值,也可以没有返回值,还可以有多个返回值。当函数定义完成之后,它并不会自动执行,需要进行调用。根据函数是否有返回值,调用的写法不一样:如果有返回值,可以将函数的调用结果作为一个值处理;如果没有返回值,就直接调用,相当于将函数调用作为一条语句来处理。

函数参数类型和参数传递。主要介绍了位置参数、关键字参数、默认值参数、可变参数以及序列解包参数。位置参数就是按照实参的顺序依次传值给相应的形参。关键字参数是将实参通过键值对的形式传值给形参,传值时会和相应的形参变量名进行关键字的匹配，如果匹配到了就给相应的形参赋值，如果没有匹配到就会报错。默认值参数可以赋值也可以不赋值，如果不赋值就会使用默认值。可变参数分为两种：一种是按顺序依次放在元组中；一种是放在字典中，通过关键字进行传值。序列解包参数是将序列或者字典中的每个元素依次取出然后赋值给相应的形参，如果没有序列解包，就把这个序列或者字典作为一个整体，只赋值给某一个参数。参数传递涉及可变类型参数传递和不可变类型参数传递。对于不可变参数传递需要注意的是，函数中对形参的修改不会改变实参；而对于可变参数传递，如果只是对内容进行修改而没有重新赋值，函数中对形参的修改会改变实参。

函数的变量作用域和递归。根据变量定义的位置，可将变量简单划分为局部变量和全局变量。全局变量在所有函数中都可以访问，而局部变量只能在它所定义的函数中访问。其他函数可以访问全局变量，但不可以执行赋值操作，一旦赋值，相当于在函数内部又新建了一个局部变量，只不过名称和全局变量一样。如果确实需要对全局变量重新赋值，则要通过 global 关键字进行声明。递归是在一个函数中直接或者间接地调用函数本身。需要注意的是，递归要向一个已知的方向发展，一定要知道什么时候退出递归。

Python 中一些特殊的函数。lambda 表达式多数情况下作为其他函数的参数使用，这种情况下它表示的匿名函数只能使用一次。lambda 表达式也可以赋值给某一个变量，这样就可以重复多次使用 lambda 表达式。map 函数用于将可迭代对象中的元素依次取出，然后传递给相关函数，并将得到的结果放在一个可迭代对象内。filter 函数用于对可迭代对象中的元素进行过滤，将满足函数功能的元素保留，将不满足函数功能的元素过滤。

课后练习

5.1 定义一个函数，实现打印菱形功能。函数包含一个参数，用于控制菱形的行数（菱形的打印可参考第 3 章内容）。

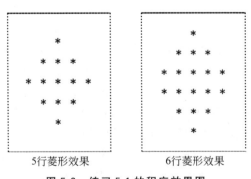

图 5-2 练习 5.1 的程序效果图

5.2 定义一个函数，对任意两个整数之间的所有整数（包含这两个整数）进行求和。函数包含两个参数，用于指定起始整数和结束整数，其中较小的作为起始整数，较大的作为结束整数。将求和结果作为返回值返回。

5.3 定义一个函数,用于计算矩形的面积和周长。函数包含两个参数:长和宽,由于正方形是特殊的矩形,因此也支持传递一个参数的情况。当传递一个参数时,表示长和宽相等,最后将计算结果进行返回。(同时支持一个参数和两个参数,同时返回多个值)

5.4 角谷定理。随机输入一个自然数,若为偶数,则把它除以2,若为奇数,则把它乘以3加1。经过如此有限次运算后,总可以得到自然数值1。编写程序,捕获用户输入的数字,然后输出从该数字到最终结果1的过程,统计需要经过多少步计算可得到自然数1。

如:输入 22

输出 22 11 34 17 52 26 13 40 20 10 5 16 8 4 2 1

步数为:15

5.5 一只青蛙一次可以跳上1级台阶,也可以跳上2级。求该青蛙跳上一个 n 级的台阶总共有多少种跳法(先后次序不同算作不同的结果)。

5.6 编写函数实现如下功能:对传递的一组数据进行操作,调整数据的位置,使得所有的奇数位于前半部分,所有的偶数位于后半部分,并保证奇数和奇数、偶数和偶数之间的相对位置不变。示例:原始数据为[9,6,7,3,1,8,4,3,6],则调整后的数据为[9,7,3,1,3,6,8,4,6]。

课后习题
讲解(一)

课后习题
讲解(二)

课后习题
讲解(三)

第 6 章

异常处理

本章要点

- 错误和异常
- 异常处理机制

本章知识结构图

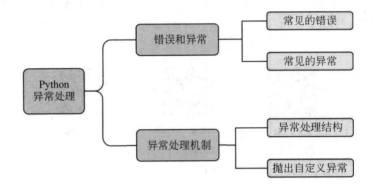

本章示例

定义函数,验证用户输入的字符串长度,不符合要求时给出提示信息,并让用户重新输入。

```
请输入一个长度在6到12位之间的字符串：123
长度应在6到12位之间,当前长度为：3
输入不合法,请重新输入！
```

对于初学者来说,程序出错是不可避免的。例如,需要使用英文标点符号(半角)却错误地使用了中文标点符号(全角);变量命名和函数命名不符合标识符命名规则;错误地让整数和字符串执行相加操作;下标越界等。当程序报错时,程序会强制退出,并且会在控制台打印错误信息和提示信息。不同错误的解决方案是不一样的,本章将主要介绍 Python 中常见的错误和异常,以及异常处理机制。

6.1 错误和异常

视频讲解

错误主要指程序中的语法错误,而异常指语法正确但是在程序运行过程中出现的一些错误。对于语法错误,必须在程序执行前人工进行修改;而对于异常,则可以通过程序控制。本节主要介绍初学者在 Python 学习过程中经常会遇到的一些语法错误和异常。

6.1.1 错误

编写和运行程序时,会不可避免地产生错误和异常。调试程序,发现错误并解决错误是程序员的必备技能之一。

错误通常指代码运行前即存在的语法或逻辑错误。语法错误指源代码中的拼写不符合解释器和编译器所要求的语法规则,一般集成开发工具中都会直接提示语法错误,编译时提示 SyntaxError。语法错误必须在程序执行前改正,否则程序无法运行。逻辑错误指程序代码可执行,但执行结果不符合要求。例如求两个数中的最大数,返回的结果却是最小数。

常见的语法错误有:
- 需要使用半角符号的地方用了全角符号;
- 变量、函数等命名不符合 Python 标识符规范;
- 条件语句、循环语句、函数定义后面忘了写冒号;
- 位于同一层级的语句缩进不一致;
- 判断两个对象相等时,使用一个等号而不是两个等号;
- 语句较为复杂时,括号的嵌套层次错误,少了或多了左/右括号;
- 函数定义时,不同类型参数之间的顺序不符合要求。

6.1.2 异常

异常指程序语法正确,但执行中因一些意外而导致的错误。异常不一定会发生,例如两个数相除,只有当除数为 0 时才会发生异常。默认情况下,程序运行中遇到异常时将会终止,并在控制台打印出异常出现的堆栈信息。通过异常处理程序,可避免因异常导致的程序终止。

【示例 6.1】 定义一个函数,将字符串转换成 int 类型。

```
1   def str_to_int(content):           #将字符串转换成 int 类型
2       return int(content)
3
4   print(str_to_int("10abc"))         #ValueError
```

程序运行结果:

```
Traceback (most recent call last):
  File "ch06_1_str_to_int_exception.py", line 4, in <module>
```

```
    print(str_to_int("10abc"))    #ValueError
  File "ch06_1_str_to_int_exception.py", line 2, in str_to_int
    return int(content)
ValueError: invalid literal for int() with base 10: '10abc'
```

在上述异常的堆栈信息中,最后一行的 ValueError 是异常类型,表示值错误,invalid literal for int() with base 10：'10abc'是异常解释信息,会提示异常的具体位置。

常见的异常及其含义如表 6-1 所示。

表 6-1 常见异常及其含义

异常名称	含义
IndexError	下标索引越界,例如 x[]中包含三个元素,试图访问 x[3]
TypeError	执行了类型不支持的操作,例如整数＋字符串
KeyError	键错误,访问字典中不存在的键,关键字参数匹配不到形参变量
ValueError	类型符合要求,但值不符合要求,例如将字母字符串转化为整型
NameError	使用了未定义的变量或函数
ZeroDivisionError	执行除法时,除数为 0,例如 10/0
AttributeError	属性错误,试图访问不存在的属性,示例：a 为列表,访问 a.length
FileNotFoundError	文件找不到错误,指定的路径下不存在指定文件

思考与练习

6.1 请解释什么是错误。

6.2 请解释什么是异常。

6.3 判断题：当出现语法错误时,必须在程序执行前改正错误,否则程序无法运行。

6.4 常见的语法错误有哪些?

6.5 常见的异常有哪些?

视频讲解

6.2 异常处理机制

6.1 节中介绍了错误和异常的概念,并且列出了 Python 学习中经常会遇到的一些语法错误和异常。对于语法错误,程序几乎是一定会出错的,所以必须在程序执行前人工进行修改;而对于异常,程序运行时可能出错也可能不出错,一旦出错,将会打印出异常的堆栈信息,同时程序会终止执行。程序异常将会给用户带来非常不好的体验。用户只是使用这个软件或者程序,并不熟悉语法细则,可能会不理解打印的异常堆栈信息。所以大部分程序提供了异常处理机制,可以通过异常处理机制捕获异常,然后对异常进行处理,以一种更友好的方式将相关信息提示给用户,而不是直接让程序终止。本节将详细介绍 Python 中的异常处理机制。

6.2.1 异常处理结构

异常处理是指程序设计时就考虑到了可能出现的意外情况,为了避免因异常而导致程序终止给用户带来不好的体验,程序员所做的一些额外操作。例如,当执行两个数相除时,如果用户输入的除数为 0,则提示用户除数不能为 0,需要重新输入,而不是直接终止程序,给用户提示大量异常堆栈信息。异常处理使得异常出现后,程序仍然可以执行。

Python 中通常将可能发生异常的代码块放在 try 语句中,如果发生异常,则通过 except 语句来捕获异常并对其做一些额外处理,如果没有发生异常,则执行后面的 else 语句,最后执行 finally 语句做一些收尾操作。这里主要涉及 try 语句、except 语句、else 语句和 finally 语句,但是这四个语句并不都是必需的,有些是可选的。下面将详细介绍几种异常处理结构。

1. try…except…异常处理结构

Python 异常处理最基本的结构是 try…except…结构,语法如下:

```
try:
    语句块
except 异常名称 1:
    处理异常的代码块
    ⋮
except 异常名称 n:
    处理异常的代码块
    ⋮
```

(1) try 子句中可包含多条语句,如果未发生异常,语句依次执行;如果发生异常,则忽略后面的语句,并转向 except 语句执行。

(2) try 子句后可接多个 except 语句,发生异常时,按照 except 语句顺序从上到下依次匹配,如果匹配到所捕获的异常类,则执行该 except 子句中的代码块,异常处理结束后,不再匹配后面的 except 语句。

(3) 如果发生异常且与所有 except 语句都不匹配,则相当于未捕获异常,此时将采用默认处理方式,程序终止,打印异常堆栈信息。因此,通常会让最后一个 except 不指定异常名称,此时可处理所有的异常。

【示例 6.2】 定义一个函数,其中包含 try…except…结构,用于处理可能发生的异常。

```
1   def division(a, b):
2       try:                                    #将可能发生异常的语句放在 try 语句中
3           a = float(a)                        #将传入的参数转换成浮点数
4           b = float(b)                        #将传入的参数转换成浮点数
5           print("a =", a, ", b =", b)
```

```
6        c = a / b
7        print("c =", c)
8        return c
9    except ZeroDivisionError:              #捕获除数为 0 的异常
10       print("抛出异常,除数不能为 0!")
11   print("division 函数执行结束!")
```

调用函数 division(6,8),此时程序正常执行,打印出 a,b,c 的值,遇到 return 结束:

```
1  print(division(6, 8))
```

程序运行结果:

```
a = 6.0 , b = 8.0
c = 0.75
0.75
```

调用函数 division(6,0),此时在除法运算之前都正常执行,可以打印出 a,b 的值,然后执行除法,抛出除数为 0 的异常,except 语句中捕获了该异常,打印相关信息,except 语句结束后,继续执行 except 语句后面的语句,打印相关信息。

```
1  print(division(6, 0))
```

程序运行结果:

```
a = 6.0 , b = 0.0
抛出异常,除数不能为 0!
division 函数执行结束!
None
```

调用函数 division(6,"a"),此时,在将"a"转换成浮点型时会抛出值错误异常,但 except 语句中未捕获该异常,因此将会打印异常堆栈信息,程序终止:

```
1  print(division(6, "a"))                    #抛出异常
```

程序运行结果:

```
Traceback (most recent call last):
  File "ch06_2_try_except.py", line 16, in <module>
    print(division(6, "a"))                   #抛出异常
  File "ch06_2_try_except.py", line 4, in division
```

```
        b = float(b)            #将传入的参数转换成浮点数
ValueError: could not convert string to float: 'a'
```

使用 try...except...结构的注意事项和技巧如下:

(1) try 子句后面可以有多个 except 子句,分别用来处理不同类型的异常,但最多只会执行一个 except 子句;

(2) 一个 except 子句可以同时处理多个异常,这时可将多个异常名称放在同一个元组中。例如 except(异常名称 1, 异常名称 2, ...);

(3) 通常会在 except 子句的最后加上一个不带异常名称或异常名称为 Exception 的 except 子句,此时可捕获所有的异常,避免程序意外终止,例如 except 或者 except Exception;

(4) 通常会将捕获到的异常赋值给某个变量,然后通过该变量获取异常的信息,例如 except 异常名称 as 变量;

(5) except 子句的顺序会影响到程序的执行结果,如果异常之间存在包含关系,通常会将范围大的异常放在后面,范围小的异常放在前面。

2. try...except...finally...异常处理结构

try...except...结构将可能发生异常的语句块放在 try 语句,然后由 except 语句捕获相应的异常,但是 try 语句中可能包含多条语句,一旦某条语句发生异常,它后面的语句将不会执行。在某些特定情况下,不管异常是否发生,有些语句都要求被执行到,这就需要借助 try...except...finally...结构,其语法如下:

```
try:
    语句块
except 异常名称 1:
    处理异常的代码块
    ⋮
except 异常名称 n:
    处理异常的代码块
finally:
    语句块
    ⋮
```

(1) 与 try...except...结构相比,该结构多了一个 finally 子句,无论是否发生异常,程序都会执行 finally 子句,主要用来做收尾工作,如关闭之前打开的文件,保证前面打开的文件一定会被正常关闭;

(2) try 子句不能独立存在,后面必须要有 except 子句或 finally 子句;

(3) 若 try 或 except 中存在 break、continue、return 语句,finally 子句将在这些语句执行前执行;

(4) 如果 finally 子句包含 return 语句,则函数返回值为 finally 子句中 return 语句的返回值。

【示例 6.3】 定义一个函数,其中包含 try...except...finally...结构,用来处理可能发生的异常。

```
1   def test(a, b):
2       try:
3           c = a + b
4           return c
5       except Exception as e:
6           print(e)                              #打印异常信息
7           c = []
8           return c
9       finally:
10          c.append(5)
11          print("finally 子句")
12          print("finally 语句中的 c =", c)
13      print("函数执行结束!")
```

调用函数 print(test([1,2], [3,4])),此时程序正常执行,先打印 finally 语句中的信息,然后输出结果[1,2,3,4,5]:

```
1   print(test([1, 2], [3, 4]))
```

程序运行结果:

```
finally 子句
finally 语句中的 c = [1, 2, 3, 4, 5]
[1, 2, 3, 4, 5]
```

调用函数 print(test([1,2], 3)),此时执行程序会抛出错误,打印错误信息,然后打印 finally 语句中的信息,接着输出结果[5]:

```
1   print(test([1, 2], 3))
```

程序运行结果:

```
can only concatenate list (not "int") to list
finally 子句
finally 语句中的 c = [5]
[5]
```

不管是否发生异常,最后一个 print 语句都不会执行,因为前面有 return,函数已经结束。如果 finally 子句中有 return 语句,则优先执行 finally 中的 return 语句;如果 finally

子句中没有 return 语句,则执行 try 或 except 语句中的 return 语句。如果返回值为不可变类型,则不会受 finally 子句的影响。

3. try…except…else…finally…异常处理结构

try…except…else…finally…结构语法如下:

```
try:
    语句块
except 异常名称 1:
    处理异常的代码块
    ⋮
except 异常名称 n:
    处理异常的代码块
else:
    语句块
finally:
    语句块
    ⋮
```

(1) 与 try…except…finally…结构相比,该结构多了一个 else 子句,表示如果 try 子句中没有出现异常且没有 return 语句,则执行 else 子句;

(2) else 语句不能独立存在,必须在 except 语句之后,且与 except 语句互斥执行;

(3) else 语句中的内容也可以直接放在 try 语句的最后,效果是等价的。

6.2.2 抛出自定义异常

除了系统中提供的一些异常之外,也可以根据业务需要抛出自定义的异常,例如要求传递过来的字符串长度在 6 到 10 位之间,不满足要求时,抛出异常。有时用户捕获到了异常,但暂时不知道如何处理,此时也可以抛出异常,让其他调用者进行处理。

Python 中提供了 raise 语句允许用户主动抛出异常,raise 关键字后面需要提供一个异常实例或者异常类,如果传递的是异常类,则会调用无参数的构造方法来实例化对象。如果捕获到了异常,但是暂时不处理,可以直接通过 raise 语句抛出异常,此时 raise 关键字后面什么都不用写。

【**示例 6.4**】 定义一个函数,验证用户输入的字符串长度,不符合要求时抛出异常。调用函数,不捕获异常(发生异常时,打印异常堆栈信息)。

```
1   def check_str(content):
2       if len(content) <6 or len(content) >12:
3           raise ValueError("长度应在 6 到 12 位之间,当前长度为:" +str(len(content)))
4       else:
5           print("长度符合要求")
6
7   content = input("请输入一个长度在 6 到 12 位之间的字符串:")
8   check_str(content)
```

程序运行结果:

```
请输入一个长度在 6 到 12 位之间的字符串:123
Traceback (most recent call last):
  File "ch06_4_check_str.py", line 9, in <module>
    check_str(content)
  File "ch06_4_check_str.py", line 3, in check_str
    raise ValueError("长度应在 6 到 12 位之间,当前长度为:" +str(len(content)))
ValueError: 长度应在 6 到 12 位之间,当前长度为:3
```

【示例 6.5】 定义一个函数,验证用户输入的字符串长度,不符合要求时抛出异常。调用函数,捕获异常(发生异常时,打印提示信息)。

```
1    def check_str(content):
2        if len(content) <6 or len(content) >12:
3            raise ValueError("长度应在 6 到 12 位之间,当前长度为:" +str(len(content)))
4        else:
5            print("长度符合要求")
6
7    content = input("请输入一个长度在 6 到 12 位之间的字符串:")
8    try:
9        check_str(content)
10   except Exception as e:
11       print(e)
12       print("输入不合法,请重新输入!")
```

程序运行结果:

```
请输入一个长度在 6 到 12 位之间的字符串:123
长度应在 6 到 12 位之间,当前长度为:3
输入不合法,请重新输入!
```

思考与练习

6.6 判断题:在 try...except...else...finally...异常处理结构中,如果 try 子句中出现异常,则执行 else 子句。

6.7 判断题:在异常处理结构中,无论是否发生异常都会执行 finally 子句。

6.8 判断题:try 子句后面可以有多个 except 子句,分别用来处理不同类型的异常,但最多只有一个 except 子句会被执行。

6.9 什么是异常处理?如何处理异常?如何抛出异常?

6.10 阅读下面的代码，写出其执行结果。

```
1   try:
2       a = [1, 2, 3, 4, 5]
3       print(a[6])
4       print(a.length)
5   except IndexError:
6       print("抛出异常,下标索引越界!")
7   except AttributeError:
8       print("抛出异常,属性错误!")
9   print("程序执行结束!")
```

6.3 本章小结

视频讲解

本章简单介绍了错误和异常的概念，重点介绍了 Python 中的异常处理机制。这里的错误主要指语法错误，也就是程序的编写不符合 Python 的语法规范。对于语法错误，程序运行时一定会报错，并且程序会终止，所以必须人工修改语法错误。常见的语法错误包括需要使用英文半角符号时使用了中文全角符号、括号不匹配、函数参数位置不正确等。异常指语法没有问题，但是在程序运行过程中因一些意外而导致的错误，异常可能发生也可能不发生。

对于异常，系统的默认处理方式是直接报错，程序终止，然后打印出异常的堆栈信息，但可以通过程序捕获异常来处理异常。常见的异常包括列表的下标索引越界、访问字典中不存在的关键字、对一些类型执行了不支持的操作等。通常使用 try...except...、try...except...finally...、try...except...else...finally...三种结构进行异常处理。在对异常进行捕获时，顺序为从上到下进行匹配，最多执行一个 except 语句。除了系统中提供的一些异常之外，也可以根据业务需要使用 raise 语句抛出自定义的异常。

课后练习

6.1 编写一个程序，提示用户输入一个整数，如果输入的不是整数，则让用户重新输入，直到是整数为止。示例：第一次输入 abc，第二次输入 12.5，第三次输入 6，执行效果如图 6-1 所示。

```
请输入一个整数: abc
输入不符合要求，请重新输入!
请输入一个整数: 12.5
输入不符合要求，请重新输入!
请输入一个整数: 6
输入正确，你输入的整数为: 6
```

图 6-1 练习 6.1 的程序效果图

6.2 编写程序,要求用户连续输入 5 个整数,放入一个列表中,然后打印输出。要求:如果输入的不是整数,则抛出异常,提示"请输入整数!";如果输入的整数不足 5 个,则抛出异常信息,提示"请输入至少 5 个整数!"。

6.3 定义一个函数,判断以 a,b,c 为长度的三条边是否能构成一个三角形,如果不能,则抛出异常信息,提示"不能构成三角形!";如果可以则打印出三角形三条边的长度。

6.4 定义一个函数,对任意两个整数进行减法运算,并返回计算结果。当第一个数小于第二个数时,抛出异常信息,提示"被减数不能小于减数!"。

6.5 编写程序,提示用户输入课程分数信息。如果分数在 0~100 之间,则输出课程成绩;如果成绩不在该范围内,则抛出异常信息,提示"分数必须在 0~100 之间!",并让用户重新输入。

6.6 定义一个函数,计算圆的面积。要求用户输入圆的半径作为函数的参数,并返回计算结果。如果半径为零或负数,则抛出异常信息,并要求用户重新输入。

6.7 定义一个函数,提示用户输入密码。如果密码长度大于或等于 8 位,则返回用户输入的密码;如果密码长度小于 8 位,则抛出并捕获该异常,提示"密码长度不够,请重新输入!",直到密码长度符合要求为止。

视频讲解

常见库的操作

本章要点

- 模块的导入
- 数学库 math
- 随机数库 random
- 时间库 time
- 集合库 collection

本章知识结构图

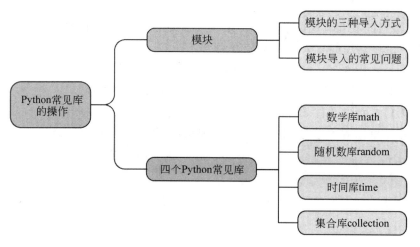

本章示例

```
14
[31.709707049686287, 25.574663144479615, 24.833211823825028, 36.408825628
28.276466271408815]
[26, 21, 31, 28, 39, 32, 35, 27]
[26, 28, 22, 30, 25, 28]
20
[0, 1, 9, 3, 4, 8, 5, 7, 6, 2]
```

本章主要介绍 Python 常见的标准库。所谓的标准库是指在 Python 开发包安装完成以后，Python 环境自带的一些库文件，这些库文件用户可以直接使用，不需要再进行额外的安装。这些标准库里面往往定义了一些功能强大的函数,或者说封装了一些类,用户可以根据实际需求调用和使用,从而大幅降低了开发人员的工作量。Python 安装包的标准库有很多,本章主要介绍 4 个常见的标准库,将详细展示如何查看库里面包含的函数,以及这些函数的功能,并介绍 Python 模块的概念,以及用户自编写的模块如何正确调用。

7.1 模块

视频讲解

Python 模块大部分情况下表现为一个.py 文件,在这个文件中可以定义类、函数或者变量(类的概念和操作会在后面的章节讲解),模块的名称实际上就是不含后缀的 Python (.py)文件名。不同文件代码之间具有低耦合特点,即模块与模块之间代码的关联性不大,需要用时可以直接调用;同一模块内的代码具有高内聚特点,即模块中代码与代码之间逻辑紧凑。不同模块之间的代码是可以相互调用的,这是多人协作开发项目的基础,按照功能的不同进行划分,不同的人完成不同的功能模块,从而实现代码的复用,不需要每个人都重复地写同一段代码。

7.1.1 模块的导入

不同模块之间相互调用的前提是要先导入相关模块内容,此时需要借助 import 关键字,以下介绍三种常用的导入方式及其语法。

(1) import 模块名:模块名实际就是 Python 文件的文件名,其作用是导入整个模块,此时可以通过"模块名.内容"访问模块中的方法和变量等内容。

【示例 7.1】 新建文件 ch07_test_a.py 和 ch07_test_b.py,在 ch07_test_b.py 中访问 ch07_test_a.py 里面的内容(这里及后面的代码都列出了文件名称,以方便读者理解)。

```
1    a = 10                                    #ch07_test_a.py 中的语句
2    def test_a():
3        print("test_a")
```

```
1    import ch07_test_a                        #ch07_test_b.py 中的语句
2
3    print(ch07_test_a.a)                      #访问 a 的值
4    print(ch07_test_a.test_a())               #访问函数 test_a()
```

程序运行结果:

```
10
test_a
```

(2) import 模块名 as 别名:当 Python 模块名比较长时,调用时如果用到其中的某些函数,每次都需要输入很长的模块名称,会显得较为累赘,这时可以为导入模块取一个别名。这时同样可通过"别名.内容"访问模块中的方法和变量等内容。

【示例7.2】 在导入模块时将别名定为 ta,再访问其中的内容。

```
1    import ch07_test_a as ta            #ch07_test_b1.py中的语句
2
3    print(ta.a)
4    print(ta.test_a())
```

程序运行结果:

```
10
test_a
```

结果与示例7.1一致。这种模块导入方式在 Python 编程中比较常见,特别是导入第三方库时,有的库名称很长,需要简化,用这种方式可以提高编程效率。

(3) from 模块名 import 函数或类:上面的两种导入方式都是导入整个模块,但有时只需要导入模块中的某些函数或某些变量,这时可以运用这种导入方式,其作用是导入模块中的某一部分内容,此时可以直接使用导入的内容。

【示例7.3】 用"from 模块名 import 函数或类"的方式导入函数 test_a。

```
1    from ch07_test_a import test_a       #ch07_test_b2.py中的语句
2
3    test_a()
```

程序运行结果:

```
test_a
```

在模块 ch07_test_b2.py 中只需要导入 ch07_test_a.py 中的函数 test_a(),访问时直接通过 test_a 访问,而不需要模块名。如果继续用 ch07_test_a.a,因为只导入了函数 test_a,没有导入整个模块,无法访问 a 的值,程序会报错,提示找不到变量 a。

7.1.2 模块导入的常见问题

7.1.1节介绍的导入模块中,两个 Python 文件是在同一个目录下的。用以上方法导入模块时,程序可以自动找到这些模块,但某些时候,需要导入的模块文件不在当前目录下,导入模块时则会出现程序找不到的情况,程序会报错。

解决办法是通过 sys.path 查看当前模块搜索目录,搜索顺序即为目录在列表中的顺序(一般来说,当前目录优先级最高)。如果需要访问的模块不在默认的搜索目录中,则需将其手动添加到搜索目录中。

【示例 7.4】 新建一个文件夹 ch07_test_c,然后在文件夹 ch07_test_c 中再建立一个 ch07_test_c.py 文件,若模块 ch07_test_c 与 ch07_test_b3 不在同一目录下,要求在 ch07_test_b3 中访问 ch07_test_c 的内容。

```
1   c = 20                                   #ch07_test_c 中的代码
2   def test_c():
3       print("test_c")
```

```
1   import sys                               #ch07_test_b3 中的语句
2   sys.path.append("./ch07_test_c")         #将 ch07_test_c 添加到当前搜索目录
3
4   import ch07_test_c                       #ch07_test_b3 与 ch07_test_c 文件夹
                                              同一目录
5
6   print(ch07_test_c.c)
```

程序运行结果:

```
20
```

手动添加成功,可以成功地访问变量 c 了。

注意:如果模块中包含相同的内容,访问时可用"模块名.内容"进行区分,否则程序将根据模块导入的顺序,取最后导入的内容。

【示例 7.5】 在 ch07_test_c.py 中再定义一个变量 a=50,并将文件重新命名为 ch07_test_c2.py,其余部分不变。然后在模块 ch07_test_b4 中导入这两个模块,再访问 a 的值。

```
1   c = 20                                   #ch07_test_c2 中的语句
2   a = 50
3   def  test_c():
4       print("test_c")
```

导入两个模块及访问 a 的值的语句如下:

```
1   import sys                               #ch07_test_b4 中的语句
2   sys.path.append("./ch07_test.c")
3
4   import ch07_test_a
5   import ch07_test_c2
6
7   print(ch07_test_a.a)
8   print(ch07_test_c2.a)
```

程序运行结果：

```
10
50
```

思考与练习

7.1 简述 Python 中模块的概念。

7.2 sys 和 time 是 Python 的两个标准库，现要在 test_1.py 文件使用这两个模块，请问有几种导入方式？请分别写出。

7.3 如果要导入的非标准库和当前程序文件不在同一个目录下，那么直接导入该库将会引发异常。对于这样的情况，应该如何导入非标准库？

7.4 有三个程序文件 test_1.py、test_2.py 和 test_3.py，test_1.py 中定义了变量 a 的值为 19，test_2.py 也定义了变量 a，值为 20，test_3.py 的代码如下所示。

```
1   from test_1 import a
2   from test_2 import a
3   print(a)
```

则程序输出结果为（   ）。

  A. 19，20   B. 19   C. 20   D. 会报错

7.5 学习了本节知识，请总结一下三种模块导入方式的优缺点。

7.2 数学库 math

视频讲解

7.1 节中介绍了有关模块的一些概念，本节将介绍 Python 的数学库 math。math 库定义了一些常用的数学常量，例如圆周率 pi、自然常数 e 等，还定义了一些常用的数学计算函数，例如正余弦函数、对数函数、平方根函数等。使用时只需要导入 math 库，然后直接调用这些函数即可。数学库 math 的常用方法如表 7-1 所示。

表 7-1   math 库的常用方法

方　　法	作　　用
sin(弧度)、cos(弧度)	求某一弧度的正弦值、余弦值，此外还有 tan()、cot()，用于求弧度的正切值、余切值
radians(角度)	角度转化为弧度
degrees(弧度)	弧度转化为角度
dist(点 P,点 Q)	获取两点之间的欧氏距离，要求两个点的纬度必须相同
fabs(浮点数)	返回一个数的绝对值

续表

方 法	作 用
factorial(整数)	返回一个整数的阶乘,只传递正整数,用于负数、小数会报错
ceil(浮点数)	对浮点数进行向上取整,结果为大于或等于参数值的最小整数
floor(浮点数)	对浮点数进行向下取整,结果为小于或等于参数值的最大整数
trunc(浮点数)	对浮点数直接取整,舍去小数部分
pow(底数,指数)	求幂,结果为底数的指数次方
log(x,底数)	返回 x 在指定底数下的对数,底数默认为自然对数 e
log2(x)、log10(x)	返回 x 分别在底数为 2 和 10 时的对数
sqrt(浮点数)	获取浮点数的平方根
gcd(整数 x,整数 y)	获取两个整数的最大公约数
fsum(可迭代对象)	对可迭代对象中的所有元素进行求和
prod(可迭代对象)	将可迭代对象中的所有元素相乘
copysign(x,y)	将 y 的符号复制给 x,同号不变,异号取反

注意：在涉及三角函数的方法中,传入的参数是弧度。

【示例 7.6】 math 库的常用方法演示。

```
1   import math
2
3   print(math.pi)
4   print(math.e)
5   print(math.sin(math.pi / 6))
6   print(math.sin(math.radians(30)))
7   print(math.radians(180))
8   print(math.degrees(math.pi * 5))
9   print(math.dist([1,3],[1,8]))
10  print(math.dist([1,3,5,6],[1,8,2,4]))
11  print(math.fabs(-12.5))
12  print(math.factorial(2))
13  print(math.ceil(4.6))
14  print(math.floor(4.6))
15  print(math.trunc(-4.6))
16  print(math.pow(2,3))
17  print(math.log(8,2))
18  print(math.log2(8))
19  print(math.log10(100))
20  print(math.sqrt(20))
```

```
21    print(math.gcd(12,18))
22    print(math.fsum(range(10)))
23    print(math.prod([2,4,6]))
24    print(math.copysign(3,-5))
```

程序运行结果：

```
3.141592653589793
2.718281828459045
0.49999999999999994
0.49999999999999994
3.141592653589793
900.0
5.0
6.164414002968977
12.5
2
5
4
-4
8.0
3.0
3.0
2.0
4.47213595499958
6
45.0
48
-3.0
```

注意：在以上各个方法中，括号内的内容要求比较严格。例如对于 fsum() 和 prod() 方法，括号内一定要是可迭代对象。如果加入的不是可迭代对象，在执行语句 print(math.fsum([3,5,"a"])) 时，虽然语法上似乎没有问题，但是执行时会报错，因为里面有字符串，是不能进行求和操作的。math 库中几乎涵盖了所有常见的数学公式，非常全面，读者可自行查阅相关文档，了解其他方法的用法和注意事项。

思考与练习

7.6　math 库中主要包含_____、_____两个方面的内容。

7.7　结合前面章节所学的知识，分析 math 库中的 gcd() 函数的内部运行逻辑。请自定义一个 gcd() 函数，实现与 math 库 gcd() 函数相同的功能。

7.8 查阅资料,了解 math 库支持的数据类型。它们是( )。
  A. 复数和浮点数   B. 整数和浮点数
  C. 复数和整数   D. 三种都支持

7.9 我们知道,有些函数功能很简单,完全可以用一至两行代码实现。例如用函数 pow(2,3) 求 2 的 3 次方,完全可以用 2**3 来算。用函数 fmod(20,3) 来求 20 除以 3 的余数,也可以直接用 20%3 来计算。你觉得在实际运用中哪种方式更好?为什么?

视频讲解

7.3 随机数库 random

随机数在实际开发中应用比较广泛,例如想从一组数据中随机抽取一个,或者将一个已有样本的顺序随机打乱,使得实验更有说服力等,这些操作都需要用到随机数。Python 提供了 random 库用来进行常见的随机数处理和操作。random 库的常用方法如表 7-2 所示。

表 7-2 random 库的常用方法

方法	作用
seed()	设置随机种子,默认为当前时间戳,随机种子相同生成的随机序列相同
random()	随机生成一个[0,1)区间内的浮点数
randint(起始,终止)	随机生成一个[起始,终止]区间内的整数
randrange(起始,终止,步长)	从一个由 range 函数生成的整数序列中随机抽取一个整数
choice(非空序列)	从一个非空序列中随机选择一个元素
choices(非空序列,权重,累加权重,元素个数)	从一个非空序列中多次随机选择一个元素,每次抽取的结果独立,可设置每个元素被抽取的概率,返回结果为列表(抽取后放回)
sample(非空序列,元素个数)	从非空序列中同时随机抽取多个元素,返回结果为列表(抽取后不放回)
shuffle(可变序列)	随机打乱序列中元素的顺序,返回值为空,直接影响序列内容
uniform(起始,终止)	随机生成一个[起始,终止]区间内的浮点数
normalvariate(均值,标准差)	随机生成一个满足指定均值和标准差的正态分布的数

【示例 7.7】 random 库的常用方法演示。

```
1  import random as r                              #导入模块,别名为 r
2
3  print(r.randrange(10,21,2))                     #随机生成 1 个[10,20]区间内的偶数
4  print([r.uniform(20,50) for i in range(5)])     #随机生成 5 个[20,50]区间内的浮点数
5  print(r.sample(range(10,40),k = 8))             #随机生成 8 个不重复的[10,40)区间内的整数
6  print(r.choices(range(20,31),k = 6))            #随机生成 6 个[20,30]区间内的整数(允许重复)
```

```
 7    a = [3,9,6,20,50,46,27,64,72,15]      #随机从一组无规律的元素中选择一个
 8    print(r.choice(a))
 9    b = list(range(10))                    #随机生成一个包含0到9的序列
10    r.shuffle(b)
11    print(b)
```

程序运行结果(与随机种子有关,每次运行结果可能不同):

```
18
[43.66042389856385, 26.785302934861544, 29.961228831835534,
39.771149878010704, 31.087301323721448]
[25, 39, 24, 28, 22, 32, 33, 27]
[29, 22, 21, 27, 23, 28]
72
[2, 9, 0, 4, 8, 1, 7, 6, 3, 5]
```

对于同一个功能,可能有多种方法可以达到目的,例如"随机生成6个[20,30]区间内的整数,允许重复"这一示例,除了示例中提供的方法外,也可以用列表推导式来做。在解决实际问题时,需要仔细斟酌选取最合适的方法。随机数方法需要读者不断实际操作来加深印象。

思考与练习

7.10　random 库的方法很多,其大部分方法都具有_____特征。
　　A. 随机性　　　　B. 丰富性　　　　C. 全面性　　　　D. 多样性
7.11　请举出1~2个可以通过randint()方法解决的生活问题。
7.12　choices()和sample()都是随机抽取元素,请说出它们最主要的区别。
7.13　查阅资料,了解"伪随机数"的概念,并分析 random 库方法产生的随机数是否为"伪随机数"。

7.4　时间库 time

视频讲解

time 模块主要提供各种与日期、时间相关的类和函数,本节将重点关注 Python 里面时间的几种表现形式,即结构化时间、时间戳和字符串时间。下面对这三种形式做简单介绍。

(1) 结构化时间:用一个元组表示,包含年份、月份、日期、小时、分钟、秒数、星期、一年中的天数和是否为夏令时等9部分内容,每一部分都有相应的取值范围,例如月份是 1~12,小时是 0~23,分钟是 0~59。需要特别说明的是,星期的取值范围是 0~6,星期一为0,星期二为1,以此类推。另外还有夏令时,夏令时如果为0,表示标准时间,不采用夏令时;如果为1,表示采用夏令时;如果为-1,表示要根据具体的情况进行判断。

(2) 时间戳:表示从1970年1月1日开始到现在的秒数,它是一个浮点数。

（3）字符串时间：可以按照用户自定义的形式进行时间显示，例如年月日，或者是日月年，可以完全由用户来进行设置。

以上三种时间表现形式中，结构化时间和时间戳对于一般用户来说，时间的显示不太直观，而字符串时间就比较常见，在手机或者电脑看见的时间形式通常都是字符串时间，这三种时间表现形式也可以通过相应函数进行相互转化。转化关系如图7-1所示。

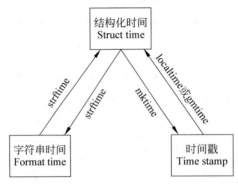

图 7-1　time 库时间表现形式转化图

上面的三种时间转化关系涉及 time 库中一些函数的使用。time 库的常用方法如表 7-3 所示。

表 7-3　time 库的常用方法

方　　法	作　　用
time()	返回从 1970 年 1 月 1 日到现在的秒数，返回值为浮点数
time_ns()	返回从 1970 年 1 月 1 日到现在的纳秒数，返回值为整型
localtime(时间戳)	将时间戳转化成时间元组（本地时间），时间戳默认为当前时间
gmtime(时间戳)	将时间戳转化成时间元组（世界标准时间），时间戳默认为当前时间
mktime(时间元组)	将时间元组（本地时间）转化成对应的时间戳
asctime(时间元组)	将时间元组转化成默认的字符串格式，默认元组为当前时间
ctime(时间戳)	将时间戳转化成默认的字符串格式，时间戳默认为当前时间
strftime(格式,时间元组)	将指定的时间元组转化成相应的字符串格式，时间元组默认为当前时间
strptime(时间字符串,格式)	根据格式将时间字符串解析成时间元组格式
sleep(秒数)	程序休眠一定时间再执行后面语句，单位为秒，支持浮点数

【示例 7.8】　time 库中的常用方法演示。

```
1   import time
2
3   print(time.time())               #当前时间戳
4   print(time.localtime())          #本地元组时间
5   print(time.gmtime())             #国际元组时间
```

```
 6    print(time.asctime())                              #默认的字符串时间
 7    print(time.ctime(2345678))                         #默认的字符串格式时间
 8    print(time.mktime(time.localtime()))               #时间戳
 9    print(time.strftime("%Y-%m-%d %H:%M:%S %A"))       #自定义字符串时间格式
10    m_time = time.strptime("2020/03/03 10:36",
      "%Y/%m/%d %H:%M")
11    print(m_time)                                      #对应元组时间
12    print(time.asctime(m_time))                        #默认的字符串时间显示
13    print(time.mktime(m_time))                         #时间元组对应的时间戳
```

程序运行结果：

```
1597127029.538652
time.struct_time(tm_year=2020, tm_mon=8, tm_mday=11, tm_hour=14,
tm_min=23, tm_sec=49, tm_wday=1, tm_yday=224, tm_isdst=0)
time.struct_time(tm_year=2020, tm_mon=8, tm_mday=11, tm_hour=6,
tm_min=23, tm_sec=49, tm_wday=1, tm_yday=224, tm_isdst=0)
Tue Aug 11 14:23:49 2020
Wed Jan 28 11:34:38 1970
1597127029.0
2020-08-11 14:23:49 Tuesday
time.struct_time(tm_year=2020, tm_mon=3, tm_mday=3, tm_hour=10,
tm_min=36, tm_sec=0, tm_wday=1, tm_yday=63, tm_isdst=-1)
Tue Mar  3 10:36:00 2020
1583202960.0
```

可以发现，localtime(时间戳)和gmtime(时间戳)方法打印出来的时间，除了小时不同之外，其他都是相同的，小时之间相差8，这是因为北京时间是在东八区，与标准时间相差8个时区。在自定义字符串时间格式中，用户会用到很多时间格式化字符。常用的时间格式化字符如表7-4所示。

表7-4 常用的时间格式化字符

字符	含 义	字符	含 义
%Y	四位的年份	%a	星期编写
%y	两位的年份	%A	星期全称
%m	月份[01,12]	%b	月份缩写
%d	日期[01,31]	%B	月份全称
%H	24 小时制[00,23]	%c	本地默认的时间日期表示
%M	分钟[00,59]	%I	12 小时制[01,12]
%S	秒钟[00,59]	%p	AM 或 PM

续表

字符	含 义	字符	含 义
%z	时区	%w	星期[0,6],星期天为开始
%Z	当前时区的名称	%j	一年中的天数
%x	本地日期表示	%X	本地时间表示

注意：字母的大小写含义并不相同。另外在自定义时间格式时所采用的符号要统一，不然会因为匹配不成功而报错。字符串时间转换为元组时间时，除了需解析的地方用%特定符号表示外，其他地方都需要原样输入，包含空格、斜杠、冒号等，否则无法匹配。

Python 中与时间相关的模块还有很多，例如 datetime、calendar 等，读者可以查看相关文档了解其用法。

思考与练习

7.14 Python 中用于表达时间的三种形式是_____、_____和_____。常使用的时间表达形式为_____。

7.15 通过 localtime(时间戳)和 gmtime(时间戳)方法打印出来的时间有什么区别？为什么？

7.16 时间格式化字符有大小写的区别，在功能上有区别吗？举一个例子说明时间格式化字符大小写的不同含义。

7.17 time 库除了基本的时间表示外，还可以用于计算程序代码段的执行时间。查阅资料，查看如何使用 time 库中的方法来计算程序代码段的执行时间。

7.18 接 7.14 题，你认为另外两种时间表达形式不常用的原因有哪些？

视频讲解

7.5 集合库 collections（进阶）

第 4 章中介绍了字典、列表、集合、元组等 Python 数据类型，在这些数据类型的基础上，collections 模块提供了一些具有特定功能的子类，例如 Counter、defaultdict、OrderedDict 等。Counter 可以统计可迭代对象中每个元素出现的次数；defaultdict 可以给字典赋默认的值；OrderedDict 可以记录字典中键值对插入的顺序。本节主要介绍 Counter 类和 defaultdict 这两个在实际应用中使用较多的方法。

defaultdict 支持所有的字典操作，可以给字典所有键赋默认值，此时访问字典中不存在的键时，返回默认值，而不会直接报错，这也是和字典 dict 不同的地方。

【示例 7.9】 统计字符串中每个字符出现的次数。

这里设置字典的默认值类型为 int，默认值为 0，依次获取字符串中每一个元素，并统计其出现的次数。

```
1   from collections import defaultdict
2
3   s = "Hello World,This is a test string!"
4   c = defaultdict(int)
5   for item in s:
6       c[item] += 1
7   print(c)
```

程序运行结果：

```
defaultdict(<class 'int'>, {'H': 1, 'e': 2, 'l': 2, 'o': 2, ' ': 5, 'W': 1, 'r': 2,
'd': 1, ',': 1, 'T': 1, 'h': 1, 'i': 3, 's': 4, 'a': 1, 't': 3, 'n': 1, 'g': 1, '!': 1})
```

Counter 类支持所有的字典操作，用于对可迭代对象中的元素计数。它是一个键值对的集合，键为元素，值为该对象出现的次数，它实际上是一个计数器工具。

创建 Counter 对象的主要方式有：
(1) 什么参数都不传递；
(2) 传递可迭代对象，对象中的元素为不可变类型；
(3) 传递一个字典类型，要求值必须为整型；
(4) 关键字参数，要求参数值为整数。

【示例 7.10】 对上面的四种方式做简单的示例。

```
1   from collections import Counter
2
3   c_1 = Counter()                              #创建一个空对象
4   print(c_1)
5   c_2 = Counter()                              #对可迭代对象进行计数
6   print(c_2)
7   c_3 = Counter({"red":4,"blue":3})            #通过字典创建
8   print(c_3)
9   c_4 = Counter(red = 4,blue = 3)              #通过关键字参数创建
10  print(c_4)
```

程序运行结果：

```
Counter()
Counter()
Counter({'red': 4, 'blue': 3})
Counter({'red': 4, 'blue': 3})
```

【示例7.11】 查看字符串中每个元素的出现次数。

```
1    from collections import Counter
2
3    s = "Hello World, This is a test program!"
4    print(Counter(s))
```

程序运行结果：

```
Counter({' ': 5, 'o': 3, 'r': 3, 's': 3, 'e': 2, 'l': 2, 'i': 2, 'a': 2, 't': 2,
'H': 1, 'W': 1, 'd': 1, ',': 1, 'T': 1, 'h': 1, 'p': 1, 'g': 1, 'm': 1, '!': 1})
```

通过使用Counter类，可以方便地统计每个字符出现的次数，而且可以按字符出现次数进行排序，比较直观。

Counter的其他常用方法如下。

（1）most_common(n)：以降序形式返回出现次数最多的前n个元素。如果n省略，则返回所有元素，按照出现的次数降序排列，返回结果为一个列表，列表中每个元素为元组，由键和对应的值构成；

（2）elements()：返回一个迭代器，每个元素将按首次出现的顺序返回，如果一个元素的计数小于1，则会忽略；

（3）subtract(可迭代对象)：从已有对象中减去相应数量的元素，最终结果中有些元素出现的次数可能为负数；

（4）update(可迭代对象)：在已有对象的基础上加上相应出现次数的元素。

此外，Counter对象还支持加（＋）、减（－）、并（｜）、交（&）等操作。

【示例7.12】 对Counter的常用方法进行演示。

```
1    from collections import Counter
2
3    a = Counter("abcabdefe")
4    c = Counter("cdefcdas")
5    print(a)
6    print(b)
7    a.subtract(b)
8    print(a)
```

程序运行结果：

```
Counter({'a': 2, 'b': 2, 'e': 2, 'c': 1, 'd': 1, 'f': 1})
Counter({'c': 2, 'd': 2, 'e': 1, 'f': 1, 'a': 1, 's': 1})
Counter({'b': 2, 'a': 1, 'e': 1, 'f': 0, 'c': -1, 'd': -1, 's': -1})
```

若将代码改为执行 update()方法,代码如下:

```
1   from collections import Counter
2
3   a = Counter("abcabdefe")
4   c = Counter("cdefcdas")
5   print(a)
6   print(b)
7   a.update(b)
8   print(a)
```

程序运行结果:

```
Counter({'a': 2, 'b': 2, 'e': 2, 'c': 1, 'd': 1, 'f': 1})
Counter({'c': 2, 'd': 2, 'e': 1, 'f': 1, 'a': 1, 's': 1})
Counter({'a': 3, 'c': 3, 'd': 3, 'e': 3, 'b': 2, 'f': 2, 's': 1})
```

若执行并集操作,代码如下:

```
1   from collections import Counter
2
3   a = Counter("abcabdefe")
4   c = Counter("cdefcdas")
5   print(a)
6   print(b)
7   print(a | b)
```

程序运行结果:

```
Counter({'a': 2, 'b': 2, 'e': 2, 'c': 1, 'd': 1, 'f': 1})
Counter({'c': 2, 'd': 2, 'e': 1, 'f': 1, 'a': 1, 's': 1})
Counter({'a': 2, 'b': 2, 'c': 2, 'd': 2, 'e': 2, 'f': 1, 's': 1})
```

可以看到,Counter 类中的方法与真实统计计算几乎一样,其他几个方法也都如此,读者可以在课后多加尝试。最典型的用法是 most_common(n),需要重点掌握。

思考与练习

7.19　collections 模块是对 Python 自带容器的扩展,其常用的类和方法为＿＿＿＿和＿＿＿＿。

7.20　defaultdict 较为常用,简述其作用。

7.21　本节最后提到了 most_common(n)方法,该方法较为常用。查阅资料,掌握该方法的使用。

7.6 本章小结

视频讲解

本章介绍了模块的有关概念。模块实际上就是各个 Python 文件,在进行调用时需要导入相应的模块,即文件的名称。导入模块有三种方式:一种是导入整个模块,用 import 模块名语句;如果模块名称较长,可用 import 模块名 as 别名语句给导入的模块取一个别名;另外也可使用 from 模块名 import 函数或类语句,它的作用是导入模块中所需要的函数。

本章还介绍了 Python 里面四个常见的标准库。

数学库 math 定义了一些常量,例如圆周率为 3.14159、自然常数 e＝2.78 等。math 库中还定义了很多常用数学公式,例如求距离、绝对值、平方根、三角函数和对数等,在使用时需查看相应的方法所需要传递的参数。

在时间库 time 中,重点要了解 Python 中时间的三种表现形式。结构化时间通过元组来表示,里面包含 9 部分信息;时间戳是一种浮点数据类型,指从 1970 年 1 月 1 日开始到现在的秒数;字符串时间形式可以按照用户自定义的形式进行设置,符合用户的时间使用习惯。学习过本章后,读者要大致掌握这三种时间表现形式之间的转化。这涉及 time 库中一些方法的使用,比较特殊的是字符串时间形式,里面涉及了很多格式化的时间形式,需要厘清关系。此外还介绍了用于程序休眠的函数 sleep(),在后面的学习过程中会比较常用。

随机数库 random 的使用场景有从一组数据中随机抽取一个,或者把样本的顺序打乱,使得实验更有说服力等。random 库提供了许多随机数的处理方法和操作。

集合扩展库 collections 是针对字典、列表、集合以及元组的扩展库。重点介绍了一个方法和一个类;defaultdict 用于给字典中的键赋一个默认值,这样就不会出现因访问不到键而导致程序出错,从而终止程序的问题;Counter,它是针对字典而设计的类,支持所有的字典操作,可用于对可迭代对象中的元素计数。Counter 类似于一个计数器工具,通常用一条语句就可以得到统计结果,不需要写额外的流程,非常方便。

课后练习

7.1 某武术爱好者进行能力训练,第 1 天的能力值记为 1.0。以此为基数,当完成 1 天训练后,能力值相比前一天提高 0.001,当没有训练时能力值相比前一天下降 0.001。

假设武术爱好者 A 每天都进行训练,而武术爱好者 B 只训练了第 1 天,后面都不再训练,请编程计算一年下来他们的能力值相差多少?

7.2 使用 random 的方法,编写一个随机生成 4 位验证码的程序。

7.3 对练习 7.2 的程序加以改进,使得生成的随机验证码更丰富,不仅有数字,还要有字母。

7.4 time 库可以用来计算程序代码的执行时间。编写程序计算练习 7.1 实现代码的运行时间。

7.5 集合 ls = {11,22,33,44,55,66,77,88,99,90},将所有大于 66 的值保存至字典的第一个 key 中,将小于或等于 66 的值保存至第二个 key 中。

7.6 编写一个程序,模拟打印下载进度效果,每隔 0.2s 打印一次下载进度,要求下载进度只在同一行打印,每次打印的进度不同,下载完成后打印"下载完成!"(同一行打印不换行)。程序执行效果如图 7-2 所示。

当前下载进度为: 11 %   当前下载进度为: 51 %   下载完成!

图 7-2 练习 7.6 程序运行效果图

7.7 编写一个程序,随机生成 1000 个字母,包含大小写字母,然后统计各个字母出现的次数,统计时忽略字母的大小写。最后将统计结果按照字母出现的次数从多到少排序输出。

7.8 已知某个班级学生的年龄分布如图 7-3 所示。

```
ages = [("a", 19), ("b", 20), ("c", 20), ("d", 19), ("e", 21), ("f", 19), ("g", 18),
        ("h", 19), ("i", 21), ("j", 21), ("k", 18), ("l", 19), ("m", 18), ("n", 21),
        ("o", 18), ("p", 19), ("q", 18), ("r", 19), ("s", 20), ("t", 19), ("u", 19),
        ("v", 20), ("w", 19), ("x", 20), ("y", 20), ("z", 19)]
```

图 7-3 某班级学生年龄分布

编写程序将学生按照年龄分类,并按照年龄从大到小打印出各个年龄下的学生姓名列表。

课后习题
讲解(一)

课后习题
讲解(二)

第 8 章

文 件 操 作

本章要点

- 文本文件的读写
- 文件、文件夹的操作
- Excel 文件的读写

本章知识结构图

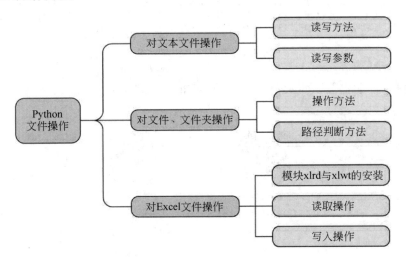

本章示例

文件操作在实际项目开发中有着广泛的应用。一个好的项目常常需要数据的支持，而数据通常都存储在文件里面，故而数据的处理也涉及文件的读取。对于计算量大、业务繁杂的系统，为了避免重复计算，提升程序效率，往往也会将程序执行的结果保存到文件中。此外，从网络上下载图片、视频、音频保存到本地，也会涉及文件操作。

本章讲述 Python 的文件操作，分为三个部分：首先是普通文件读写；然后是对文件和文件夹的一些常见操作，例如对文件夹的遍历、创建相应的文件夹等；最后是 Excel 文件的读写。Excel 文件是较为普遍的数据存储方式，掌握对 Excel 文件的数据读取是学好数据分析的重要基础。

8.1 文本文件的读写

视频讲解

为了保存数据,方便修改和分享,数据通常以文件的形式存储在磁盘等外部存储介质中。在需要对文件中的数据进行操作时,又可将存储介质中的文件读取到内存中。该过程如图 8-1 所示。

根据编码不同,可将文件分为两类:文本文件和二进制文件。

文本文件基于字符编码,存储的内容为普通字符串,不包括字体、字号、样式、颜色等信息,可通过文本编辑器显示和编辑。常见的.txt 文件、.py 文件都是文本文件。

二进制文件基于值编码,以字节形式存储数据内容,其编码长度根据值的大小长度可变。二进制文件通常会在文件头部的相关属性中定义表示值的编码长度。常见的视频、音频文件都是二进制文件。

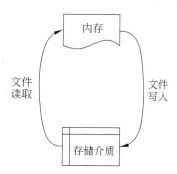

图 8-1 文件与存储介质的关系

本节重点介绍对文本文件的操作。

Python 中对文本文件的操作通常按照以下三个步骤进行:

(1) 使用 open() 函数打开(或建立)文件,返回一个 File 对象;
(2) 使用 File 对象的读/写方法对文件进行读/写操作;
(3) 使用 File 对象的 close() 方法关闭文件。

Python 中提供了一个 open() 函数用于打开文件,并返回文件对象。在对文件处理的过程中都需要使用这个函数,如果该文件损坏或因其他原因导致无法被打开,将会抛出 OSError 异常。

下面对 open()函数常用的参数进行介绍。open()函数语法如下:

```
open(file,mode='r',buffering=None,encoding=None,errors=None,newline=None,
closefd=True)
```

(1) file:表示文件名或文件路径的字符串。以 D:\test.txt (D 盘下的 test.txt 文件)为例,文件名的路径包含特殊字符"\"。该文件名有三种写法:d:\test.txt、d:\\test.txt、d:/test.txt。

(2) mode:文件打开的模式。如读、写、追加等模式,默认为读模式。Python 中文件打开的模式主要涉及以下字符参数:

- r:以只读形式打开文件(默认值,可以省略),文件不存在时报错;
- w:以只写形式打开文件,文件不存在时,则新建文件,文件存在时会清除原有内容;
- x:文件不存在时则新建文件并写入,文件存在时则报错;
- a:如果文件存在,则在文件末尾追加写内容;
- b:操作二进制文件;
- t:操作文本文件(默认值,可以省略);
- +:打开文件用于更新,既可读,也可写,不能单独使用,需和其他字符配合使用。

注意:这些字符模式可以组合使用,例如 r+、wb、a+ 等。mode 参数提供文件打开的主要模式组合及其特点如表 8-1 所示。

表 8-1 文件打开的模式组合及其特点

mode 取值	权限			是否以二进制读写?	是否删除原内容?	文件不存在时,是否产生异常?	文件指针的初始位置?
	读	写	追加				
r	是					是	头
r+	是	是				是	头
rb+	是	是		是		是	头
w		是			是	否,新建文件	头
w+	是	是			是	否,新建文件	头
wb+	是	是		是	是	否,新建文件	头
a			是			否,新建文件	尾
a+	是		是			否,新建文件	尾
ab+	是		是	是		否,新建文件	尾

在表 8-1 中要说明的是:"写"是指从头开始写,覆盖原有内容;"追加"是从文件末尾开始写,保留原有内容。"r+"模式是写多少覆盖多少,未覆盖部分内容保留;"w+"模式

是覆盖所有内容,最终为当前写的内容。

(3) buffering:设置缓存。

(4) encoding:设置文件的编码,一般使用 UTF-8 编码。

(5) errors:设置编码错误的处理方式(忽略或报错)。

(6) newline:设置新行处理方式。

(7) closefd:设置文件关闭时是否关闭文件描述符。

注意:open()函数中 file 参数是必需的,其他参数都是可选的。实际应用中通常传递三个参数:file、mode 和 encoding。

使用 open()函数打开文件后,就可以对文件对象进行读写操作。表 8-2 列出了文件对象的常用操作方法。

表 8-2 文件对象的常用操作方法

方 法	作 用
read([size])	读取文本数据,将所有内容作为一个字符串返回。若给定正整数 n,将返回 n 个字节的字符(若不足 n 个字节字符,则返回所有内容)
readline()	单独读取文本的一行字符,包括"\n"字符
readlines()	把文本文件中的每行文本作为一个元素存入列表中,并返回该列表
write(str)	写入文本数据,返回值为写入的字节数
writelines([str])	列表中每个元素作为一行,逐个写入列表中所有的元素,不会自动换行,没有返回值
close()	刷新缓冲区里未被写入的信息,并关闭该文件
flush()	刷新文件内部缓冲,把内部缓冲区的数据立刻写入文件,但不关闭文件
next()	返回文件下一行
tell()	返回指针在文件的当前位置
seek(offset[,whence])	用于移动文件指针到指定位置,offset 为需要移动的字节数。whence 指定从哪个位置开始移动,默认值为 0。0 代表从文件开头开始,1 代表从当前位置开始,2 代表从文件末尾开始

【示例 8.1】 向文件 test.txt 中写入 10 行内容。

```
1   fp = open("test.txt", mode = "w",encoding = "utf-8")    #打开文件
2   for i in range(1,11):                                    #循环操作
3       fp.write("Hello World !" +str(i) +"\n")              #写入文件
4
5   fp.close()                                               #关闭文件
```

可以发现,使用"w"写入模式时,不需要手动创建 test.txt 文件。执行代码时会自动创建该文件,然后写入。另外需注意,该模式默认不会换行,需要用户自行添加换行符。因为默认写模式是不支持中文字符的,需要将编码改为 UTF-8,以支持中文。执行完毕

之后会发现多了一个 test.txt 文件,打开该文件会显示以下内容。

```
Hello World ! 1
Hello World ! 2
Hello World ! 3
Hello World ! 4
Hello World ! 5
Hello World ! 6
Hello World ! 7
Hello World ! 8
Hello World ! 9
Hello World ! 10
```

除了一行一行地写入外,也可以一次性写入多行。

【示例 8.2】 在文件中先新建列表 contents,默认为空,然后将内容添加到列表中,最后将列表内容写入文件。

```
1   contents = []                                          #创建空列表
2   for i in range(1,11):
3       contents.append("Hello World !" +str(i) +"\n")     #列表中添加内容
4
5   with open("test.txt","w",encoding = "utf-8") as fp:    #打开文件
6       fp.writelines(contents)                            #一次性写入列表内容
```

这里用到了一种新的方法。with 是一种上下文资源管理器,其作用是在结束时自动关闭文件对象,对资源进行自动管理,所以这里不需要手动关闭文件。推荐使用 with 语句打开文件以提高编程效率。

程序运行结果:

```
Hello World ! 1
Hello World ! 2
Hello World ! 3
Hello World ! 4
Hello World ! 5
Hello World ! 6
Hello World ! 7
Hello World ! 8
Hello World ! 9
Hello World ! 10
```

以上是文件写入的示例,接下来介绍文件的读取操作示例。

【示例 8.3】 读取文件 test.txt 中的内容。

```
1   with open("test.txt", mode="r", encoding="utf-8") as fp:   #打开文件
```

```
2      content = fp.read()                                    #读取文件内容
3
4   print(content)                                            #打印结果
```

程序运行结果：

```
Hello World !1
Hello World !2
Hello World !3
Hello World !4
Hello World !5
Hello World !6
Hello World !7
Hello World !8
Hello World !9
Hello World !10
```

使用readlines()方法读取文件内容。

```
1   with open("test.txt", mode="r", encoding = "utf-8") as fp:  #打开文件
2       content = fp.readlines()
                                                               #按行读取文件,结
                                                                果为行的内容的
                                                                列表
3
4   print(content)                                             #打印结果
```

该程序会读取文件的所有行,获得的结果是一个列表。

程序运行结果：

```
['Hello World !1\n', 'Hello World !2\n', 'Hello World !3\n', 'Hello World !
4\n','Hello World !5\n', 'Hello World !6\n', 'Hello World !7\n', 'Hello World !
8\n', 'Hello World !9\n', 'Hello World !10\n']
```

在mode为"r"时,代表的是只读,如果这时写入内容,程序会报错,提示是一个不支持的操作,因为在只读状态下是不能写入的。如果mode为"r+",代表既可以读又可以写。

【示例8.4】 将示例8.3中的语句mode="r"换成mode="r+",再写入"AAA",然后执行语句。

```
1   with open("test.txt", mode="r+", encoding="utf-8") as fp:  #打开文件
2       content = fp.readlines()                               #读取文件内容
3       fp.write("AAA")
```

```
4
5   print(content)                                              #打印结果
```

下面查看写入内容是否成功。打开 test.txt 文件，会发现在文件的最后一行多了内容，代表写入成功。为什么写入内容会自动加入到最后一行呢？这是因为在读取时，指针已经移动到原来文件的末尾，此时再执行写入语句，就会在文件末尾进行增加内容的操作。

读者如果感兴趣，可以尝试不进行读取操作，直接写入，会发现写入的内容会直接覆盖原来文件的开头。

程序运行结果：

```
['Hello World !1\n', 'Hello World !2\n', 'Hello World !3\n', 'Hello World !
4\n', 'Hello World !5\n', 'Hello World !6\n', 'Hello World !7\n', 'Hello World !
8\n', 'Hello World !9\n', 'Hello World !10\n', 'AAA']
```

除了"r+"之外，既可以读又可以写的还有"w+"，但它会清空文件原来的内容。

【示例 8.5】 将 mode="r+" 改为 mode="w+"。

```
1   with open("test.txt", mode="w+", encoding="utf-8") as fp:   #打开文件
2       fp.write("AAA")
```

此时再打开 test.txt 文件，会发现之前的文件内容已经被 "AAA" 覆盖了。
文件打开后的内容为：

```
AAA
```

如果接着读取文件内容，会发现内容为空，这是因为文件指针移到了文件末尾。要解决"w+"模式的这个问题，读取时要先将文件指针从最后移到最开始的位置。

【示例 8.6】 将示例 8.5 中写入的内容变为 "AAABBBBCCCC"，然后将指针移动到初始位置。

```
1   with open("test.txt", mode="w+", encoding="utf-8") as fp:   #打开文件
2       fp.write("AAABBBBCCCC")                                 #写入内容
3       fp.seek(0)                                              #移动文件指针
4       content = fp.read()
5
6       print(content)                                          #打印结果
```

程序运行结果：

```
AAABBBBCCCC
```

【示例 8.7】 打开 test.txt 读取内容并保存到 content，然后将 content 写入 test_2.txt 文件。

```
1    with open("test.txt", mode="r", encoding="utf-8") as fp:    #打开文件
2        content = fp.read()                                      #读取文件内容
3
4    with open("test_2.txt", mode="w", encoding = "utf-8") as fp:#打开文件
5        fp.write(content)
```

执行代码，会发现当前目录下多了一个 test_2.txt 文件，文件内容和 test.txt 文件的内容一模一样。

程序运行结果：

```
test.txt
test_2.txt    AAABBBBCCCC
```

【示例 8.8】 将示例 8.7 中生成的文件 test_2.txt 中的内容插入到 test.txt 文件的最后。

方法一：用 mode＝"a"作为参数

```
1    with open("test_2.txt", mode="r", encoding="utf-8") as fp:   #打开文件
2        content = fp.read()
3
4    with open("test.txt", mode="a", encoding="utf-8") as fp:     #打开文件
5        fp.write(content)
```

方法二：用 mode＝"r"，mode＝"r+"作为参数

```
1    with open("test_2.txt", mode="r", encoding="utf-8") as fp:   #打开文件
2        content = fp.read()                                       #读取文件内容
3
4    with open("test.txt", mode="r+", encoding="utf-8") as fp:
5        fp.read()                                                 #读取内容,将
                                                                    指针移到文
                                                                    件最后
6        fp.write(content)                                         #写入内容
```

不论采用哪种方法，在程序执行完毕之后，打开 test.txt 文件，会发现内容为原内容复制一次的结果。

程序运行结果：

思考与练习

8.1 从文件编码角度来看，文件大致可分为哪几类？

8.2 有一个包含中文字符的 test.txt 文件，现在希望以只读方式打开它。下列哪个选项可以实现该操作？（   ）

  A．open("test.txt"，mode＝"r"，encoding＝"utf-8")

  B．open("test.txt"，mode＝"r＋"，encoding＝"utf-8")

  C．open("test.txt"，mode＝"r")

  D．open("test.txt"，mode＝"r＋")

8.3 同样都是既可以读又可以写的模式，请简述"r＋"和"w＋"模式的区别。

8.4 在对文件对象操作结束后，都需要关闭该文件对象，以防止发生错误。Python 提供了 with open() 语句来简化文件对象的操作，请问该语句有什么优点？

8.5 简述 Python 对文件的操作步骤。

视频讲解

8.2 文件与文件夹的常见操作

8.1 节中介绍了文本文件的操作方法，本节将讲述 Python 提供的对文件和文件路径的一些常用操作方法，如表 8-3 所示。这些方法大部分在 os 模块以及 os.path 模块中，这两个模块是 Python 自带的标准模块，不需要额外安装。

表 8-3　Python 常用文件的操作方法

方　　法	作　　用
os.getcwd()	获取当前工作目录，即当前程序文件所在的目录
os.chdir(path)	改变当前工作目录，需传递新的路径
os.listdir(path)	返回指定路径下的文件名称列表
os.mkdir(path)	在某个路径下创建文件夹，找不到相应的路径时报错
os.makedirs(path)	递归创建文件夹，找不到路径时自动创建
os.removedirs(path)	递归删除文件夹，必须都是空目录，如果不为空，文件夹将会报错
os.rename(src,dest)	文件或文件夹重命名
os.path.split(path)	将文件路径 path 分割成文件夹和文件名，并将其作为二元组返回

续表

方　　法	作　　用
os.path.abspath(path)	返回 path 规范化的绝对路径
os.path.join([path1, path2,...])	将多个路径组合后返回，例如将文件夹和里面的文件组合得到绝对路径
os.path.getsize(path)	返回文件大小，以字节为单位

为了更好地理解表 8-3 提到的方法，下面通过一些示例来让读者加深印象。

【示例8.9】 先导入 os 模块，然后用 os.getcwd()获得当前的工作目录。

```
1    import os
2
3    print(os.getcwd())
```

教材演示的目录为 D 盘下的"测试案例"。
程序运行结果：

```
D:\测试案例
```

也可通过 chdir()更改路径。例如我们更改到 D 盘下 Python\python_lesson 的路径。因为文件路径中包含了反斜杠"\"，它用来表达字符转义。因此需要将这个功能去掉，使用原始的字符串进行路径表达。

```
1    os.chdir(r"D:\Python\python_lesson")
```

此时，当前路径已经发生了改变，更改到了 D:\Python\python_lesson。
然后使用 listdir()方法，列出该路径下的所有文件：

```
1    print(os.listdir)
```

它所列出的就是 D:\Python\python_lesson 文件夹下的所有目录及文件（对于不同读者，结果可能会有所不同），该文件夹下有 1 个文件和 4 个文件夹。
程序运行结果：

```
['ch08_path_test.py', 'python_lesson(192)', 'python_work',
'python_work(182)', 'python_work(191)']
```

os.mkdir(path)和 os.makedirs(path)两个方法的区别是，如果用 mkdir()，当路径不存在时会报错；用 makedirs()时，若路径不存在，它会自动创建相关的路径。

【示例8.10】 查找文件夹下所有满足要求的文件，例如查找 D:\Python\python_

lesson 文件夹下所有以.xls 或.xlsx 为后缀名的文件。

基本思路：①先获取当前路径下的所有文件,循环遍历每个文件,得到文件的绝对路径。②判断路径是否为目录,如果是,则递归调用;否则判断路径是否为文件,如果是,则进一步判断文件名是否以.xls 或.xlsx 后缀名结束。

这里给出一些路径的有关方法：
- os.listdir(path)：列出路径下所有文件;
- os.path.join(path1,path2)：连接多个路径;
- os.path.isdir(path)：判断路径是否为文件夹;
- os.path.isfile(path)：判断路径是否为文件。

```
1   import os
2
3   def travel(path):                                  #遍历文件夹方法
4       file_list = os.listdir(path)                   #获取文件夹下所有文件
5       for cur_file in file_list:                     #循环遍历每个文件
6           temp_path = os.path.join(path,cur_file)    #绝对路径
7           if os.path.isdir(temp_path):               #判断是否为文件夹
8               travel(temp_path)                      #递归遍历
9               continue
10          if os.path.isfile(temp_path):              #判断是否为文件
11              if temp_path.endswith("xls") or        #如果是 Excel 文件,则保存
12                  temp_path.endswith("xlsx"):
13                  files.append(temp_path)            #添加到结果列表
14
15  files = []                                         #保存符合要求的文件名列表
16  dest_path = " D:\Python\python_lesson"
17  travel(dest_path)                                  #调用方法遍历文件夹
18  for file in files:
19      print(file)                                    #打印符合要求的文件路径
```

程序运行结果：

```
D:\Python\python_lesson\python_lesson(192)\starwork.xls
D:\Python\python_lesson\python_work\dest.xls
D:\Python\python_lesson\python_work(191)\class.xls
D:\Python\python_lesson\school.xls
```

可以发现,这些文件的路径是不一样的,但是文件后缀名都是.xls 或者.xlsx,这说明程序已成功运行。需要注意的是,temp_path = os.path.join(path,cur_file)这一语句较为关键。开始我们获取的是一个相对的文件名,需要把它改成绝对路径,才可以判断它是不是我们所需要的文件或文件夹,否则会容易出错。

在判断文件后缀名时调用了字符串的 endswith()方法,判断文件名是否以.xls 或.xlsx 后缀名结尾。

思考与练习

8.6　文件路径分为哪几类？它们的区别是什么？

8.7　简述 os.mkdir(path) 和 os.makedirs(path) 这两个方法的区别。

8.8　简述 os.path.getsize(path) 方法的作用。

8.9　通过本节学习，进一步查阅资料，简单描述 os 模块的作用。

8.3　Excel 文件的读写

视频讲解

Excel 文件的读写是比较重要的知识点，因为 Excel 文件在数据分析处理过程中使用非常频繁。本节将讲述 Excel 文件的相关操作。

8.3.1　Excel 文件读写模块的安装

Excel 文件是一种二进制文件。Python 官方发布版本中没有读写 Excel 文件的模块，需要安装第三方模块来实现对 Excel 文件的操作。较为简单而又常用的第三方库有 xlrd（读取 Excel 文件）和 xlwt（向 Excel 文件写入内容）。安装第三方库的方法为 pip install xlrd 和 pip install xlwt。图 8-2 为在线安装 xlrd 模块的示例。

```
C:\Users\Administrator>pip install xlrd
Collecting xlrd
  Using cached https://files.pythonhosted.org/packages/b0/16/63576a1a001752e34bf8ea62e367997530dc553b689356b9879339cf45a4/xlrd-1.2.0-py2.py3-none-any.whl
Installing collected packages: xlrd
Successfully installed xlrd-1.2.0
WARNING: You are using pip version 19.2.3, however version 20.0.2 is available.
You should consider upgrading via the 'python -m pip install --upgrade pip' command.
```

图 8-2　使用 pip 命令在线安装 xlrd 模块

这两个模块也可以在离线状态下安装，但需要先下载好相关的 whl 格式文件，然后再进行安装，如图 8-3 所示。

```
C:\Users\Administrator>E:

E:\>cd E:\慕课资源\需要使用到的一些资源

E:\慕课资源\需要使用到的一些资源>pip install xlwt-1.3.0-py2.py3-none-any.whl
Processing e:\慕课资源\需要使用到的一些资源\xlwt-1.3.0-py2.py3-none-any.whl
Installing collected packages: xlwt
Successfully installed xlwt-1.3.0
WARNING: You are using pip version 19.2.3, however version 20.0.2 is available.
You should consider upgrading via the 'python -m pip install --upgrade pip' command.

E:\慕课资源\需要使用到的一些资源>
```

图 8-3　使用 pip 命令离线安装 xlwt 模块

Anaconda 集成开发环境中自带了这两个模块，可以直接使用。

8.3.2　Excel 文件读取操作

Excel 文件读取涉及的常用方法及其说明如表 8-4 所示。

表 8-4　Excel 文件读取时常用的方法和说明

方　　法	说　　明
xlrd.open_workbook(文件名)	打开 Excel 文件
sheet_by_index(索引)	根据索引获取表单(Book 类)
sheet_by_name(名称)	根据名称获取表单(Book 类)
nrows	表单的行数(Sheet 类)
ncols	表单的列数(Sheet 类)
cell_value(行序,列序)	获取单元格内容(Sheet 类)
row_values(行序)	获取某一行的内容(Sheet 类)

注意：索引从"0"开始，即"0"表示第一个表单，"1"表示第二个表单。

Excel 文件读取的操作步骤如下：

(1) 导入模块 xlrd；
(2) 打开 Excel 工作簿 Book；
(3) 指定工作簿中的表单 Sheet；
(4) 根据行列序号读取内容。

【**示例 8.11**】　编写程序，读取图 8-4 所示的 Excel 文件内容，将结果保存到列表中并返回。

A	B	C	D	E	F	G
招生单位代码	招生单位名称	所在省份	是否985	是否211	是否自主划线	学校类型
10001	北京大学	北京市	是	是	是	综合类
10002	中国人民大学	北京市	是	是	是	综合类
10003	清华大学	北京市	是	是	是	理工类
10004	北京交通大学	北京市	否	是	否	理工类
10005	北京工业大学	北京市	否	是	否	理工类

图 8-4　school.xls 文件内容展示(部分)

为了方便操作，首先需要将该 Excel 文件放在当前目录下。在该 Excel 文件中，一行代表一个学校的信息。代码如下：

```
1  import xlrd
2
3  wb = xlrd.open_workbook("school.xls")
4  sheet = wb.sheet_by_index(0)
5  schools = []
```

```
6   for row in range(sheet.nrows) :
7       school = []
8       for col in range(sheet.ncols):
9           content = sheet.cell_value(row,col)
10          school.append(content)
11      schools.append(school)
12  
13  for school in schools:
14      print(school)
```

程序运行结果（部分）：

```
['招生单位代码', '招生单位名称', '所在省份', '是否985', '是否211', '是否自主划线',
'学校类型']
['10001', '北京大学', '北京市', '是', '是', '是', '综合类']
['10002', '中国人民大学', '北京市', '是', '是', '是', '综合类']
['10003', '清华大学', '北京市', '是', '是', '是', '理工类']
['10004', '北京交通大学', '北京市', '否', '是', '否', '理工类']
['10005', '北京工业大学', '北京市', '否', '是', '否', '理工类']
['10006', '北京航空航天大学', '北京市', '是', '是', '是', '理工类']
['10007', '北京理工大学', '北京市', '是', '是', '是', '理工类']
['10008', '北京科技大学', '北京市', '否', '是', '否', '理工类']
['10009', '北方工业大学', '北京市', '否', '否', '否', '理工类']
['10010', '北京化工大学', '北京市', '否', '是', '否', '理工类']
['10011', '北京工商大学', '北京市', '否', '否', '否', '']
['10012', '北京服装学院', '北京市', '否', '否', '否', '理工类']
['10013', '北京邮电大学', '北京市', '否', '是', '否', '理工类']
......
```

可以发现程序输出第一行其实是标题，如果想从第二行开始，可以将for row in range(sheet.nrows)这条语句改为for row in range(1, sheet.nrows)，就会从第二行开始打印结果。同样，如果不想要第一列，也可以将语句for col in range(sheet.ncols)加入一个参数"1"，即改为for col in range(1, sheet.ncols)。

程序运行结果：

```
['招生单位名称', '所在省份', '是否985', '是否211', '是否自主划线', '学校类型']
['北京大学', '北京市', '是', '是', '是', '综合类']
['中国人民大学', '北京市', '是', '是', '是', '综合类']
['清华大学', '北京市', '是', '是', '是', '理工类']
['北京交通大学', '北京市', '否', '是', '否', '理工类']
['北京工业大学', '北京市', '否', '是', '否', '理工类']
```

```
['北京航空航天大学','北京市','是','是','是','理工类']
['北京理工大学','北京市','是','是','是','理工类']
['北京科技大学','北京市','否','是','否','理工类']
['北方工业大学','北京市','否','否','否','理工类']
['北京化工大学','北京市','否','是','否','理工类']
['北京工商大学','北京市','否','否','否','']
['北京服装学院','北京市','否','否','否','理工类']
['北京邮电大学','北京市','否','是','否','理工类']
……
```

视频讲解

8.3.3 Excel 文件写入操作

Excel 文件写入操作的常用方法如表 8-5 所示。

表 8-5　Excel 文件写入操作的常用方法和说明

方　　法	说　　明
xlwt.Workbook()	创建 Excel 文件
add_sheet(名称)	添加表单（Workbook 类）
xlwt.XFStyle()	定义样式
xlwt.Font()	定义字体
xlwt.Alignment()	定义对齐方式
write(行序,列序,内容,样式)	向单元格添加内容（Worksheet 类）
write_merge(行序1,行序2,列序1,列序2,内容,样式)	合并指定范围单元格,并指定内容

Excel 文件写入的操作步骤如下：

(1) 导入模块 xlwt；

(2) 构造工作簿 Workbook；

(3) 为工作簿添加表单 Worksheet；

(4) 根据行列序号写入内容；

(5) 保存文件。

【示例 8.12】　编写程序,将示例 8.11 中读取的 Excel 文件内容（高校信息）写入另一个 Excel 文件中,对学校所在的省份进行简单的判断,第一行合并显示标题。以江西省高校为例。

在执行该示例写入操作时,要先读取 Excel 文件的内容,然后再进行文件内容写入。代码如下：

```
1  import xlrd
2  import xlwt
```

```
3
4    def read_excel(file_name):                          #读取文件内容
5        wb = xlrd.open_workbook(file_name)
6        sheet = wb.sheet_by_index(0)
7        for row in range(sheet.nrows) :
8            schools = []
9            for col in range(sheet.ncols) :
10               content = sheet.cell_value(row,col)
11               school.append(content)
12           schools.append(school)
13       return schools                                   #提供返回值
14
15   def write_excel(schools):                            #写入文件内容
16       wb = xlwt.Workbook(encoding = "utf-8")
17       s = wb.add_sheet("江西省高校信息表")
18       style = xlwt.XFStyle()
19       font = xlwt.Font()
20       font.bold = True
21       font.height = 300
22       font.colour_index = 4                            #4蓝色,2红色,3绿色
23       alignment = xlwt.Alignment()
24       alignment.horz = xlwt.Alignment.HORZ_CENTER
25       alignment.vert = xlwt.Alignment.VERT_CENTER
26       style.font = font
27       style.alignment = alignment
28       s.write_merge(0, 0, 0, 6, "江西省高校信息表", style)#写入表头
29       for col in range(7):
30           s.write(1,col,schools[0][col])
31       row_num = 2
32       for school in schools:
33           if ischool[2] =="江西省":
34               for col in range(7):
35                   s.write(row_num, col, school[col])
36                   row_num = row_num +1
37       wb.save("江西省高校信息表.xls")
38
39   school_list = read_excel("school.xls")
40   write_excel(school_list)
```

执行代码,然后打开"江西省高校信息表.xls"文件,得到以下结果。

A	B	C	D	E	F	G
江西省高校信息表						
招生单位代码	招生单位名称	所在省份	是否985	是否211	是否自主划线	学校类型
10403	南昌大学	江西省	否	是	否	
10404	华东交通大学	江西省	否	否	否	理工类
10405	东华理工大学	江西省	否	否	否	理工类
10406	南昌航空大学	江西省	否	否	否	理工类
10407	江西理工大学	江西省	否	否	否	理工类
10408	景德镇陶瓷大学	江西省	否	否	否	
10410	江西农业大学	江西省	否	否	否	农林类
10412	江西中医药大学	江西省	否	否	否	医药类
10413	赣南医学院	江西省	否	否	否	
10414	江西师范大学	江西省	否	否	否	
10417	宜春学院	江西省	否	否	否	
10418	赣南师范大学	江西省	否	否	否	师范类
10419	井冈山大学	江西省	否	否	否	
10421	江西财经大学	江西省	否	否	否	财经类
11318	南昌工程学院	江西省	否	否	否	
82938	中国航空研究院	江西省	否	否	否	

本例中的代码实现了合并单元格和表格样式设置。

【示例8.13】 对示例8.12进行简单的扩展,不仅有江西省高校,还包括湖北省、北京市的高校信息数据,用三个表单进行显示。

首先需要在写入函数里面加一个参数 provinces 用于选备信息,因为需要三个表单,所以在添加表单时,需要加入循环语句用于省份选择。新建文件 ch08_excel_util3.py,写入更改后的代码。

```
1   def write_excel(schools,provinces):                    #写入文件内容
2       wb = xlwt.Workbook(encoding = "utf-8")
3       for province in provinces:
4           s = wb.add_sheet(province +"高校信息表")
5           style = xlwt.XFStyle()
6           font = xlwt.Font()
7           font.bold = True
8           font.height = 300
9           font.colour_index = 4
10          alignment = xlwt.Alignment()
11          alignment.horz = xlwt.Alignment.HORZ_CENTER
12          alignment.vert = xlwt.Alignment.VERT_CENTER
13          style.font = font
14          style.alignment = alignment
15          s.write_merge(0, 0, 0, 6, province +"高校信息表", style)
16          for col in range(7):                            #写入表头
17              s.write(1,col,schools[0][col])
18          count = 2
```

```
19              for school in schools:
20                  if school[2] ==province:
21                      for col in range(7):
22                          s.write(count, col, school[col])
23                      count = count +1
24      wb.save("高校信息表.xls")
25
26  school_list = read_excel("school.xls")
27  write_excel(school_list,["江西省", "湖南省", "北京市"])
```

执行程序,可以看到生成了名为"高校信息表.xls"的 Excel 文件,打开文件,可以发现其中有三张表单,每张表单都和前面的"江西省高校信息表.xls"内容相似,运行结果如下。

思考与练习

8.10 查阅资料,了解 Excel 文件读写操作常用的第三方库。请分别说明它们的主要作用。

8.11 分别阐述 Excel 文件读写操作的步骤。

8.12 向 Excel 文件执行写入操作时,为了让程序支持中文,应该怎么做?

8.13 对于 Excel 文件的读写操作,除了本节讲到的两个库之外,还有一个 xlutils 库也较为常用。查阅相关资料,了解该库的作用。

视频讲解

8.4 本章小结

本章介绍了三部分内容：首先是普通文本文件的读写方法，然后是文件和文件夹的一些常见操作，最后是数据处理中经常会使用到的 Excel 文件的读写操作。

对于文本文件操作，本章主要介绍了 open() 函数。在 open() 函数学习中，要重点把握三个关键参数：第一个参数用来指定文件的名称或者路径；第二个是操作模式，涉及只读、只写和既可以读也可以写，以及进行追加等，关键是要理解不同的操作模式有什么区别；在读写文件时还涉及字符编码的问题，如果使用中文或其他非西文字符，就要注意字符编码，通常使用的是 UTF-8 编码。

获取文件对象后，就可以对文件进行读取和写入。读取主要涉及几个函数：read() 函数可以指定具体读取哪些内容，如果不指定读取的字符的长度，它会读取所有内容；readline() 是读取一行；readlines() 是读取所有行，并把所有行返回到一个列表中。文件写入主要涉及 write() 和 writelines() 方法，write() 的参数一定是一个字符串，writelines() 传入的是一个列表，它把列表中所有的每个元素都写入文件中。

对文件和文件夹的操作通常使用 os 或者 os.path 模块来进行。主要方法包括：获取当前的目录，列出某一个文件夹下面的所有文件，创建目录路径的分割，路径的合并，判断是否为文件夹或者文件，获取文件大小等。

对 Excel 文件的操作需要借助第三方库。本章介绍了常用的两个库 xlrd 和 xlwt。Excel 文件读取和写入的操作步骤有所不同，要注意它们的区别。

课后练习

8.1　读取 excel8_1.xlsx 文件（见课程资源），然后将其内容转换为一个字典列表 [{'var1': 1.0, 'var2': 'a'}, {'var1': 2.0, 'var2': 'b'}, {'var1': 3.0, 'var2': 'c'}, {'var1': 4.0, 'var2': 'd'}...]。

8.2　创建一个文本文件 test8_2.txt，包含以下内容（含花括号）：

{ "1":["小明",130,120,110], "2":["小王",140,120,100], "3":["小张",100,150,140] }

编写程序将上述内容写到 excel8_2.xls 文件中。

8.3　创建一个名为 excel_3.txt 的文件，通过前面学到的知识写入如图 8-5 所示的内容，然后将数据写入表格，如图 8-6 所示。

图 8-5　excel8_3.txt 的数据内容　　　　图 8-6　写入后的 Excel 文件内容

8.4　在练习 8.3 中,也可先将.txt 文档中的数据化成列表,然后再进行操作。请循此思路,编写代码实现同样的结果。

8.5　编写程序实现九九乘法表,并将其保存到文件 test.txt 中。

8.6　编写程序,递归搜索某个文件夹下所有的图片文件(例如 JPG、PNG 文件),并将所有的图片文件复制到 D:\images 文件夹下(提示:图片文件的复制可采用二进制操作)。

8.7　编写程序读取学校信息表的内容,然后将所有的 211 高校信息放入一个表单,将所有的 985 高校信息放入一个表单,两个表单位于同一个 Excel 文件中。

8.8　编写程序读取给定的 hamlet.txt 文件内容,统计该文件中各单词出现的次数,并将统计结果按照单词出现的次数从多至少写入文件 result.xls 中(hamlet.txt 是一个英文文本,也可以是其他的英文文本文件。要求单词不区分大小写,忽略逗号、句号等标点符号。result.xls 文件标题为词频统计结果,包含两列,名称分别为"单词"和"频数")。

课后习题
讲解(一)

课后习题
讲解(二)

课后习题
讲解(三)

进阶篇

面向对象编程

本章要点

- 类和对象
- 类的属性
- 类的方法
- 类的继承

本章知识结构图

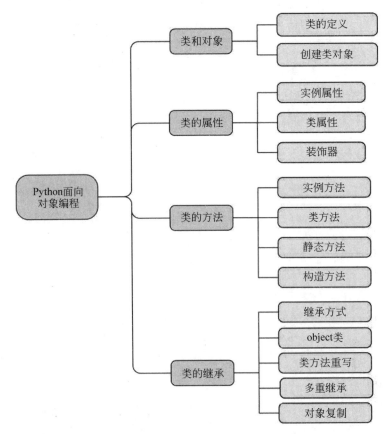

面向对象编程是相对于面向过程编程而言的,它是一种对现实世界理解和抽象的方法,是计算机编程技术发展到一定阶段的产物,是目前最有效的软件编写指导思想方法之一。

面向过程编程主要是分析出实现需求所需要的步骤,通过函数和普通代码一步一步实现这些步骤。

面向对象编程则是分析出需求中涉及哪些对象,这些对象各自有哪些特征,有什么功能,对象之间存在何种关系等,将存在共性的事物或关系抽象成类,最后通过对象的组合和调用完成需求。

通常来讲,面向过程编程效率更高,适合于简单系统,容易理解。面向对象编程易维护、易扩展、易复用,适合于复杂系统,灵活方便。

9.1 类和对象

视频讲解

对象指实实在在存在的各种事物,例如桌子、汽车、学生等。对象通常包含两部分信息:属性和行为。一般使用变量表示对象的属性,用函数或方法表示对象的行为。

类是用来描述一组具有相同属性和行为的对象的模板,是对这组对象的概括、归纳和抽象表达。

现实世界中,先有对象后有类;而在计算机的世界里,是先有类后有对象。在面向对象程序设计中,先在类中定义共同的属性和行为,然后通过类创建具有特定属性值和行为的实例,这便是对象。

大部分时候,定义一个类就是为了重复创建该类的实例,同一个类的多个实例具有相同的特征,而类则是定义了多个实例的共同特征。类不是一种具体存在,实例才是具体存在。

9.1.1 类的定义

在 Python 中,可以使用 class 关键字定义类,然后通过定义的类创建实例对象。Python 中定义类的语法如下所示:

```
class <类名>:
    类属性 1
    ⋮
    类属性 n
    <方法定义 1>
    ⋮
    <方法定义 n>
```

class 关键字后是类名,由用户自由指定,通常首字母大写,且使用驼峰命名方法,要求做到见名知意。

类名后跟冒号,类体由缩进的语句块组成。类的成员分为两种:描述属性的数据成员和描述行为的函数成员。

类中通常包含一个特殊方法:__init__()。它在创建和初始化一个新对象时被系统自动调用。初始化方法用于完成对象的初始化工作,如成员变量赋值等。

类中定义的每个方法都有一个名为 self 的参数,该参数必须是方法的第一个参数,self 表示当前对象,即指向调用方法的对象。

【示例 9.1】 定义一个矩形类,包含两个数据成员:矩形的宽度和矩形的高度。该类提供两个方法:获取矩形的面积和获取矩形的周长。

```
1   class Rectangle:                              #定义一个 Rectangle 类
2       def __init__(self, width, height):        #定义初始化方法,指定宽度和高度
3           self.width = width                    #定义宽度属性
4           self.height = height                  #定义高度属性
5
6       def get_area(self):                       #定义方法获取矩形的面积
7           return self.width * self.height
8
9       def get_perimeter(self):                  #定义方法获取矩形的周长
10          return 2 * (self.width + self.height)
```

9.1.2 创建类对象

类是一种抽象的概念,要使用类定义的功能,就必须进行类的实例化,即创建类的对象,类实例的名称一般用小写字母表示。例如矩形是一种抽象概念,长为 5 宽为 3 的矩形就是具体的矩形对象。

创建类对象的方式类似函数调用方式:

对象名 = 类名(参数列表)

注意:程序通过类的 __init__() 方法接受参数列表中的参数,参数列表中的参数要与 __init__() 方法中除了 self 以外的参数匹配,self 参数会自动传递。

调用对象的属性和方法的格式:

对象名.对象的属性
对象名.对象的方法()

【示例 9.2】 创建矩形类 Rectangle 的对象,并调用类对象的方法。

```
1   rect_1 = Rectangle(3, 5)                      #创建矩形类的对象
2   print("矩形的宽度为:", rect_1.width)
3   print("矩形的高度为:", rect_1.height)
4   print("矩形的面积为:", rect_1.get_area())
5   print("矩形的周长为:", rect_1.get_perimeter())
```

程序运行结果:

```
矩形的宽度为: 3
矩形的高度为: 5
矩形的面积为: 15
矩形的周长为: 16
```

思考与练习

9.1 类是对象的抽象、概括和总结。在现实生活中,是先有对象才有类。在计算机世界中,是否也是这样?

9.2 类中定义的方法一般都有一个名为 self 的参数,该参数要求放在类方法的什么位置? self 代表的是类,还是类对象?

9.3 简述 Python 类的命名规则。定义一个类名,要求使用不少于两个单词。

9.4 尝试按照文中的方法定义一个学生类,要求有身高、年龄、性别、成绩等属性。

9.5 为上面的学生类定义一个方法,打印学生的成绩。

9.2 类的属性

成员属性用于存储描述类或对象属性的值,根据位置不同可分为类属性和实例属性。成员属性可以被该类中定义的方法访问,也可以在外部通过对象进行访问,而在方法体中定义的局部属性则只能在方法内进行访问。

9.2.1 实例属性

实例属性是在方法内部通过"self.属性名"定义的属性,注意其和局部变量的区别,实例属性在类的内部通过"self.属性名"访问,在外部通过"对象名.属性名"来访问。

实例属性一般在 __init__() 方法中进行初始化,初始化语法为:

self.变量名 = 实例属性值

实例属性值一般为 __init__() 方法传递过来的实参,也可以在其他方法中定义或创建对象后添加,但通常不建议这样做。

视频讲解

【示例 9.3】 创建类实例属性,并进行赋值。

```
1   class Student:                         #创建 Student 类
2       def __init__(self, name):         #定义 Student 类构造方法
3           self.name = name              #给实例属性 name 赋值
4
5       def set_major(self, major):       #定义类实例方法
6           self.major = major            #给实例属性 major 赋值
```

可通过 dir() 方法来查看该对象所有的成员名称。

【示例 9.4】 使用 dir() 方法查看类实例的属性及方法。

```
1   s1 = Student('张三')                  #创建实例对象
```

```
2    s1.set_major("计算机")              #调用实例对象的方法
3    print(dir(s1))
4    s1.num = "007"                       #新增实例对象的属性
5    print(dir(s1))
6    #print(s1.sex)                       #访问实例不存在的属性，抛出异常
```

程序运行结果：

```
k__', '__weakref__', 'count', 'name', 'set_major']
['__class__', '__delattr__', '__dict__', '__dir__', '__doc__', '__eq__',
'__format__', '__ge__', '__getattribute__', '__gt__', '__hash__', '__init__',
'__init_subclass__', '__le__', '__lt__', '__module__', '__ne__', '__new__',
'__reduce__', '__reduce_ex__', '__repr__', '__setattr__', '__sizeof__',
'__str__', '__subclasshook__', '__weakref__', 'count', 'major', 'name',
'set_major']
['__class__', '__delattr__', '__dict__', '__dir__', '__doc__', '__eq__',
'__format__', '__ge__', '__getattribute__', '__gt__', '__hash__', '__init__',
'__init_subclass__', '__le__', '__lt__', '__module__', '__ne__', '__new__',
'__reduce__', '__reduce_ex__', '__repr__', '__setattr__', '__sizeof__',
'__str__', '__subclasshook__', '__weakref__', 'count', 'major', 'name',
'num', 'set_major']
```

对一个不存在的实例属性变量赋值，将会为该对象添加一个实例属性变量。这有点类似于字典中键的操作。但如果直接访问一个不存在的实例变量，则会抛出AttributeError属性异常。

9.2.2 类属性

视频讲解

类属性变量是在类中所有方法之外定义的变量，可以在所有实例之间共享。类属性变量可以通过"类名.类属性变量名"进行访问。也可以通过"对象名.类属性变量名"进行访问，但一般不建议这么做。

【示例 9.5】 类属性变量和类实例变量的访问。

```
1    class Student:
2        count = 0                        #定义类属性变量
3
4        def __init__(self, name):
5            self.name = name
6
7        def set_major(self, major):
8            self.major = major
9
```

```
10    s1 = Student('张三')                    #生成类实例 s1
11    s2 = Student('李四')                    #生成类实例 s2
12    print(Student.count)                    #打印类变量的值,结果为 0
13    s1.count +=1
14    print(s1.count)                         #打印实例变量 s1 的值,结果为 1
15    print(s2.count)                         #打印实例变量 s2 的值,结果为 0
16    #print(Student.num)                     #该语句会报错
17    Student.num = 5                         #添加类属性
18    print(s2.num)                           #打印类属性的值,结果为 5
```

程序运行结果:

```
0
1
0
5
```

直接对一个不存在的类属性变量赋值,将会为该类添加一个类属性变量。当直接访问一个不存在的类属性变量时,将会抛出属性异常:AttributeError。如果类变量名和实例变量名相同,通过"对象名.变量名"访问时,访问的是实例变量。如果确实想要访问类变量,只能通过"类名.类变量名"。如果类变量名以两个下画线开始,即"__类变量名",表示该变量属于私有变量,只允许在这个类的内部调用,在外部无法直接调用。

提示:对类属性变量的赋值只能通过"类名.类属性变量名"来执行,对"对象名.类属性变量名"进行赋值,相当于创建了一个同名的实例属性变量。

9.2.3 装饰器(进阶)

Python 提供了@property 装饰器把类中的方法"装饰"成属性使用。@property 装饰器默认提供了一个读取成员变量值的接口,如果需要修改成员变量的值,可搭配使用@属性名.setter 装饰器;如果需要删除成员变量,可搭配使用@属性名.deleter 装饰器。

【示例 9.6】 使用装饰器实现对类属性变量的访问和修改。

```
1     class Person:
2         def __init__(self, name="未知", age=18):
3             self.name = name                #公有成员变量
4             self.__age = age                #私有成员变量
5
6         @property                           #将 age()方法装饰成 age 属性使用
7         def age(self):
8             return self.__age
9
10        @age.setter                         #设置 age 的取值范围
```

```
11      def age(self, new_age):
12          if new_age <1 or new_age >120:
13              print("年龄范围不对!")
14          else:
15              self.__age = new_age
16
17      @age.deleter
18      def age(self):
19          del self.__age
20
21  p = Person("张三", 23)
22  p.age = 123
23  print(p.age)
```

程序运行结果：

```
年龄范围不对!
23
```

思考与练习

9.6　类的实例属性一般使用什么方法进行初始化？如何赋值？

9.7　如果对一个不存在的实例属性赋值,程序会报错吗？

9.8　类的私有属性定义,以（　　　）开头。

　　A. 1个下画线　　　B. 2个下画线　　　C. 冒号　　　D. self

9.9　实例属性变量和类属性变量的访问方式是怎样的？它们之间有什么区别？

9.10　dir()方法不仅可以查看类的方法和属性,还可以查看包的结构,尝试使用dir()方法查看 math 的包结构。

9.11　除了 dir()方法外,help()方法也可以查看一个方法的使用说明。使用 help()方法查看 print()方法的使用说明,并尝试理解 print()方法的使用技巧。

9.12　为示例 9.5 的 s2.count 重新赋值,然后查看它和 Student.count、s1.count 值的区别,理解类变量与实例变量的关系。

视频讲解

9.3　类的方法

方法是与类相关的函数,类中方法的定义与普通的函数大致相同。类中定义的方法大致分为三类：实例方法、类方法和静态方法。

（1）实例方法：至少包含一个对象参数,在内部通过"self.方法()"调用,在外部通过"对象名.方法()"调用,执行时,自动将调用方法的对象作为参数传入。

(2) 类方法:至少包含一个类参数,由类调用,调用类方法时,将自动调用该方法的类作为参数传入。

(3) 静态方法:由对象或类直接调用,对参数没有特殊要求。

下面逐一对这三种方法进行详细说明。

9.3.1 实例方法

实例方法和函数定义类似,但第一个参数必须为实例对象,参数名通常为 self,表示当前调用这个方法的对象。实例方法定义语法如下:

```
def 实例方法名(self, [形参列表]):
    方法体
```

在类的内部通过 self.方法名(参数)来调用实例方法,在类的外部需通过"对象名.方法名(参数)"调用实例方法,这时无须传递 self 参数。

如果定义方法时,方法名以两个下画线开始,即"__方法名",表示该方法属于私有方法,只允许在这个类的内部调用,在外部无法直接调用。

【示例 9.7】 实例方法定义。

```
1    class Student:
2        def __init__(self, name):
3            self.name = name
4
5        def set_major(self, major):
6            self.major = major
7
8        def having_class(self, course_name):
9            print(self.name, "正在上课,课程为:",
10                course_name)
```

9.3.2 类方法

类方法定义前一般添加@classmethod 装饰器,第一个参数必须为类对象,参数通常为 cls,表示当前类。

类方法只能访问类变量,不能访问实例变量。

使用类方法时,既可以通过"对象名.类方法名"来访问,也可以通过"类名.类方法名"来访问。

类方法通常用于定义与该类相关而与具体对象无关的操作。

类方法定义语法如下:

```
def 类方法名(cls, [形参列表]):
    方法体
```

【示例 9.8】 类方法定义。

```
1   class A:
2       name = 'A'
3
4       @classmethod                    #类方法声明
5       def show_name(cls):             #定义类方法
6           print("The name is", cls.name)
7
8
9   A.show_name()                       #调用类方法
10  a = A()
11  a.show_name                         #使用实例调用类方法
```

程序运行结果：

```
The name is A
The name is A
```

9.3.3 静态方法（进阶）

静态方法主要作为一些工具方法使用，通常与类和对象无关。

在声明时，静态方法前需要添加@staticmethod 装饰器，形式上与普通函数无区别。但静态方法只能访问属于类的成员，不能访问属于对象的成员。使用静态方法时，既可以通过"对象名.静态方法名"来访问，也可以通过"类名.静态方法名"来访问。

静态方法定义语法如下：

```
@staticmethod
def 静态方法名([形参列表]):
    方法体
```

【示例 9.9】 静态方法定义。

```
1   class A:
2       name = "A"                      #定义类属性变量
3
4       def __init__(self, name):
5           self.name = name
6
7       @staticmethod                   #定义一个静态方法
8       def show_name():
9           print("The name is", A.name)   #打印类变量 name 的值
```

```
10
11
12   A.show_name()
13   a = A('B')
14   a.show_name()
```

程序运行结果:

```
The name is A
The name is A
```

9.3.4 构造方法和初始化方法

Python 类中有两个特殊的方法:__new__() 和 __init__()。这两个方法用于创建并初始化一个对象。当实例化一个类对象时,最先被调用的是__new__() 方法。__new__()方法创建完对象后,将该对象传递给__init__() 方法中的 self 参数。而__init__()方法是在对象创建完成之后初始化对象状态。这两个方法都是在实例化对象时被自动调用的,不需要程序显式调用。

__new__()方法在 object 类中定义,该方法至少需要一个参数 cls,表示需要实例化的类。__new__()方法必须要有返回值,返回实例化对象。Python 中的类都直接或间接继承自 object 类。如果类定义中没有提供__new__() 方法,则将使用从父类继承而来的__new__() 方法。

__init__()方法有一个参数 self,该参数就是__new__() 方法返回的实例对象。若__new__()方法没有正确返回当前类 cls 的实例对象,那么__init__()方法将无法被调用。__init__()方法在__new__()方法的基础上完成一些初始化工作,不需要返回值。

如果用户在类中未提供__init__()方法,系统将默认调用父类的初始化方法。Python 中所有的类都直接或间接继承于 object 类,该类中提供了__init__() 方法。

【示例 9.10】 构造方法和初始化方法。

```
1   class A:
2       def __new__(cls, * args, **kwargs):        #定义类的构造方法
3           print("调用__new__()方法")
4           return super().__new__(cls)
5
6       def __init__(self):                         #定义类的初始化方法
7           print("调用__init__()方法")
8
9
10  a = A()
```

程序运行结果：

```
调用__new__()方法
调用__init__()方法
```

思考与练习

9.13 类定义的方法大致可以分为三类：类方法、_____和_____。

9.14 请思考实例方法和类方法的区别。

9.15 判断题：调用类方法时，可以通过"类名.类方法名"来访问，但不可以通过"对象名.类方法名"来访问。

9.16 对示例 9.9 进行修改，为 show_name() 方法添加 self 参数或 cls 参数，查看程序运行结果，理解静态方法的作用及含义。

9.17 判断题：Python 类中有两个特殊的方法：__init__()和__new__()，分别为类的初始化方法和构造方法，它们的调用顺序为__init__()和__new__()。

视频讲解

9.4 类的继承

9.4.1 类的继承方式

继承是一种创建新类的方式，在 Python 中，新建的类可以继承一个或多个父类，父类又可称为基类或超类，新建的类称为派生类或子类。

子类可以继承父类的公有成员，但不能继承其私有成员。如果需要在子类中调用父类的方法，可以使用内置函数"super().方法名"或者通过"基类名.方法名()"的方式来实现。

类的多重继承语法格式为：

```
class 子类名(父类 1, 父类 2, ...., 父类 n):
    类体
```

注意小括号中父类的顺序，使用类的实例对象调用一个方法时，若在子类中未找到，则会从左到右查找父类中是否包含该方法。

如果在类定义中没有指定父类，则默认其父类为 object，object 是所有类的基类。此时，可以省去类名后面的小括号。用户可以通过类提供的 __bases__ 属性查看该类的所有直接父类。

9.4.2 object 类

object 类是 Python 中所有类的基类，如果定义一个类时没有指定继承哪个类，则默认继承 object 类。object 类中定义的所有方法名都以两个下画线开始，以两个下画线结束,其中比较重要的方法有__new__()、__init__()、__str__()、__eq__()和__dir__()等。

以下为这些方法的详细解释。

(1) __str__()方法:返回一个描述该对象的字符串。默认情况下,它返回一个由该对象所属的类名以及该对象十六进制形式的内存地址组成的字符串。

(2) __eq__()方法:用于比较两个对象是否相等,默认是比较两个对象是否指向同一引用,可根据业务需求重写该方法,使用"=="判断两个对象是否相等时将会调用该方法。

(3) __dir__()方法:用于显示对象内部所有的属性和方法。

(4) __dict__()方法:以字典的形式显示对象的所有属性名和属性值。

9.4.3 类方法重写

当父类的方法不能满足子类的要求时,可以在子类中重写父类的方法,也就是在子类中写一个和父类的方法名相同的方法。

【示例 9.11】 类方法重写。

```
1   class Person:
2       def __init__(self, name, age, sex):
3           self.name = name
4           self.age = age
5           self.sex = sex
6
7       def working(self):
8           print(self.name, "正在工作!")
9
10      def show(self):
11          print("姓名:", self.name)
12          print("年龄:", self.age)
13          print("性别:", self.sex)
14
15
16  class Student(Person):                    #Student 继承 Person 类
17      def __init__(self, name='张三', age='20', sex='男',
18              major='计算机'):
19          super().__init__(name, age, sex)      #调用父类初始化方法,常规用法
20          self.major = major
21
22      def show(self):                           #重写父类方法
23          Person.show(self)                     #调用父类方法
24          print("专业:", self.major)            #添加额外行为
25
26
```

```
27    student_A = Student(major='软件工程')
28    student_A.working()
29    student_A.show()
```

程序运行结果:

```
张三 正在工作!
姓名:张三
年龄:20
性别:男
专业:软件工程
```

9.4.4 多重继承时的调用顺序

创建子类对象时,将会默认按顺序创建所有父类的对象,即调用父类的__new__()方法,但并不会调用所有父类的__init__()方法。

如果子类没有提供自己的__init__()方法,将会默认调用第一个父类的__init__()方法;如果子类提供了__init__()方法,则默认不会调用父类的__init__(),此时,父类的成员变量将无法初始化,因此,通常会在子类的 __init__() 方法中,显式调用父类的__init__()方法。

【示例 9.12】 类的多重继承时的调用顺序。

```
1    class A:
2        def __new__(cls, * args, **kwargs):
3            print("创建 A 的对象")
4            return super().__new__(cls)
5    
6        def __init__(self):
7            self.count = 5
8            self.num = 15
9            print("A 的初始化")
10   
11       def show(self):
12           print("A 的 show()方法")
13   
14       def test(self):
15           print("A 的 test()方法")
16   
17   
18   class B:
19       def __new__(cls, * args, **kwargs):
20           print("创建 B 的对象")
```

```
21              return super().__new__(cls)
22
23      def __init__(self):
24          self.count = 10
25          self.num = 20
26          print("B 的初始化")
27
28      def show(self):
29          print("B 的 show()方法")
30
31      def test(self):
32          print("B 的 test()方法")
33
34
35  class C(B, A):                          #定义类 C,并顺序继承类 B 和类 A
36      pass
37
38  c = C()
39  c.show()                                #调用 c.show()方法
40  c.test()                                #调用 c.test()方法
41  print("num:", c.num)
42  print("count:", c.count)
```

程序运行结果:

```
创建 B 的对象
创建 A 的对象
B 的初始化
B 的 show()方法
B 的 test()方法
num: 20
count: 10
```

提示:可尝试修改类 C 的父类继承顺序,然后再观察程序运行结果有何不同。

对于支持继承的编程语言来说,其方法(属性)可能定义在当前类,也可能来自于基类,所以在方法调用时就需要对当前类和基类进行搜索以确定方法所在的位置。而搜索的顺序就是所谓的"方法解析顺序"(Method Resolution Order,MRO)。对于只支持单继承的语言来说,MRO 一般比较简单,就是从当前类开始,依次向上搜索它的父类;而对于支持多重继承的语言来说,MRO 就复杂很多。可以通过系统提供的__mro__属性查看类的搜索顺序。

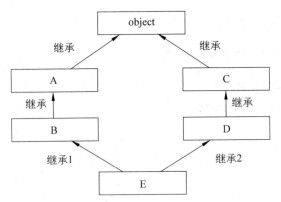

图 9-1 多重继承搜索顺序（E→B→A→D→C→object）

9.4.5 对象的复制

视频讲解

赋值符号"="使得两个对象引用相同,此时一个对象的变化也会影响另一对象。如果想将原对象的内容复制一份,可用 copy 模块的 copy 函数,如 b = copy.copy(a),此时 a 和 b 对象内容相同,但是引用不同。copy 函数是浅复制,只复制当前对象,不会复制对象内部的其他对象。如果要递归复制对象中的其他对象,可用 copy 模块的 deepcopy 进行深复制,如 b = copy.deepcopy(a),此时,b 完全复制了 a 对象及其子对象,a 和 b 是完全独立的。

【示例 9.13】 对象的深复制和浅复制。

```
1   import copy                              #加载 copy 模块
2
3   class Birthday:                          #创建 Birthday 类
4       def __init__(self, year, month, day):
5           self.year = year
6           self.month = month
7           self.day = day
8
9
10  class Person:                            #创建 Person 类
11      def __init__(self, name, birthday):
12          self.name = name
13          self.birthday = birthday
14
15
16  birthday_1 = Birthday(2000, 5, 12)       #生成 Birthday 类的实例
17  p_1 = Person("李四", birthday_1)          #生成 Person 类的实例 p_1
18  birthday_2 = Birthday(2000, 5, 12)
19  p_2 = Person("李四", birthday_2)          #生成 Person 类的实例 p_2
```

```
20    p_3 = p_1                              #将 p_3 指向 p_1 的内容
21    p_4 = copy.copy(p_1)                   #变量 p_4 为 p_1 的浅复制对象
22    p_5 = copy.deepcopy(p_1)               #变量 p_4 为 p_1 的深复制对象
23
24    print(id(birthday_1))                  #打印 birthday_1 对象的 ID
25    print(id(birthday_2))                  #打印 birthday_2 对象的 ID
26
27    print("p_1 ==p_2:", p_1 ==p_2)
28    print("p_1 ==p_3:", p_1 ==p_3)
29    print("p_1 ==p_4:", p_1 ==p_4)
30    print("p_1 ==p_5:", p_1 ==p_5)
31
32    print("p_1.name ==p_2.name:", p_1.name ==p_2.name)
33    print("p_1.name ==p_3.name:", p_1.name ==p_3.name)
34    print("p_1.name ==p_4.name:", p_1.name ==p_4.name)
35    print("p_1.name ==p_5.name:", p_1.name ==p_5.name)
36
37    print("p_1.birthday ==p_2.birthday:", p_1.birthday ==p_2.birthday)
38    print("p_1.birthday ==p_3.birthday:", p_1.birthday ==p_3.birthday)
39    print("p_1.birthday ==p_4.birthday:", p_1.birthday ==p_4.birthday)
40    print("p_1.birthday ==p_5.birthday:", p_1.birthday ==p_5.birthday)
```

程序运行结果：

```
32050288
39949168
p_1 ==p_2: False
p_1 ==p_3: True
p_1 ==p_4: False
p_1 ==p_5: False
p_1.name ==p_2.name: True
p_1.name ==p_3.name: True
p_1.name ==p_4.name: True
p_1.name ==p_5.name: True
p_1.birthday ==p_2.birthday: False
p_1.birthday ==p_3.birthday: True
p_1.birthday ==p_4.birthday: True
p_1.birthday ==p_5.birthday: False
```

在这个程序中，p_1 和 p_3 指向同一对象；p_4 是 p_1 的浅复制，只复制当前对象内容，但不复制引用，birthday 指向同一引用；p_5 是 p_1 的深复制，对内部对象执行递归复制，此时 birthday 指向不同引用。

思考与练习

9.18 判断题：在 Python 中，新建的类可以继承一个或多个父类，父类又可称为基类或超类，新建的类称为派生类或子类。子类可以继承父类的公有成员，但不能继承其私有成员。

9.19 判断题：如果在类定义时没有指定父类，则默认没有父类。

9.20 对示例 9.11 程序 Student 类的 show() 方法重写，使用其他方式调用父类的 show() 方法。要求程序运行结果不变。

9.21 画出示例 9.12 的代码 c = C() 的父类构造方法及初始化方法的调用顺序。

9.22 构建一个 3~4 层嵌套的列表，使用 copy.copy() 及 copy.deepcopy() 复制它，理解类对象浅复制和深复制的异同。

视频讲解

9.5 本章小结

类是一种抽象概念，而对象是类的实例。

类可以拥有不同的变量类型，分别有实例变量、类变量、属性装饰器(@property)。

类的方法可分为实例方法(对象参数)、类方法(类参数、@classmethod 装饰器)、静态方法(@staticmethod 装饰器)、构造方法和初始化方法。

在使用类的继承时，既可以单继承，也可以多重继承，但一般不建议使用多重继承，以免程序不容易理解。

在 Python 中，所有类的基类为 object 类，其包含了 __str__()、__eq__()、__dict__() 等多个内部方法。在继承类时，可以对父类方法进行重写，以实现新的功能和作用。

在进行类对象复制时，如果使用的是赋值运算，则不会产生新的对象，只是将变量指向同一个已有的对象内容。也可以使用 copy 模块的 copy() 方法进行类对象的浅复制，或使用 deepcopy() 方法进行深复制，这时将完整地复制整个类对象的内容。

课后练习

9.1 设计一个表示圆的类：Circle。这个类包含一个实例成员变量：半径。该类包含两个方法：求面积的方法和求周长的方法。利用这个类创建半径为 1~10 的圆，并打印出相应的信息。运行效果如图 9-2 所示，结果保留两位小数。

```
圆的半径为: 1,   面积为: 3.14,    周长为: 6.28
圆的半径为: 2,   面积为: 12.57,   周长为: 12.57
圆的半径为: 3,   面积为: 28.27,   周长为: 18.85
圆的半径为: 4,   面积为: 50.27,   周长为: 25.13
圆的半径为: 5,   面积为: 78.54,   周长为: 31.42
圆的半径为: 6,   面积为: 113.10,  周长为: 37.70
圆的半径为: 7,   面积为: 153.94,  周长为: 43.98
圆的半径为: 8,   面积为: 201.06,  周长为: 50.27
圆的半径为: 9,   面积为: 254.47,  周长为: 56.55
圆的半径为: 10,  面积为: 314.16,  周长为: 62.83
```

图 9-2 练习 9.1 所要求的运行效果图

9.2 阅读下列程序代码,写出代码片段的执行结果。
Test 类的源代码:

```
1    class Test:
2        count = 0
3
4        def __init__(self, num=10):
5            Test.count +=1
6            self.__num = num
7
8        def print(self):
9            print('count =', self.count)
10           print('num = ', self.__num)
```

代码片段①

```
1    t_1 = Test(5)
2    t_2 = Test(8)
3    t_1.print()
4    t_2.print()
```

代码片段②

```
1    t_1 = Test(5)
2    t_2 = Test(8)
3    t_1.count = 12
4    t_1.print()
5    t_2.print()
```

代码片段③

```
1    t_1 = Test(5)
2    t_2 = Test(8)
3    Test.count = 12
4    t_1.print()
5    t_2.print()
```

代码片段④

```
1    t_1 = Test(5)
2    t_2 = Test(8)
3    Test.count = 12
4    t_1.print()
5    t_2.print()
```

代码片段⑤

```
1   t_1 = Test(5)
2   t_2 = Test(8)
3   t_1._Test__num = 15
4   t_1.print()
5   t_2.print()
```

9.3 使用装饰器,实现示例 9.6 的 Person 类的私有实例属性__name 的访问和修改(进阶)。

9.4 设计一个银行账户类:Account。该类包含三个成员变量:账号、用户名、余额。该类提供三个方法:存款、取款、转账。初始化时,账户余额为 0,取款和转账前需判断余额是否充足,余额不足时,操作失败,打印相关提示信息。如果两个账户账号相同,则认为它们是同一个账户。打印账户对象时,会显示账号、用户名、余额等基本信息(提示:可重写__eq__()方法、__str__()方法实现,也可以用其他方式实现)。程序的运行效果如图 9-3 和图 9-4 所示。

```
a = Account("007", "张三")        # 创建账户
a.put(2000)           # 存款2000
a.get(3000)           # 取款2000
a.get(800)            # 取款800
b = Account(num="009", name="李四")   # 创建账户
a.transform(b, 500)      # 转账500
b.transform(a, 1000)     # 转账1000
```

图 9-3 练习 9.4 创建账户及存取款代码举例

```
账户创建成功, 账号为:007, 用户名为:张三, 余额为:0 元
成功存入 2000 , 账号为:007, 用户名为:张三, 余额为:2000 元
余额不足,取款失败,请调整取款金额!
成功取走 800 , 账号为:007, 用户名为:张三, 余额为:1200 元
账户创建成功, 账号为:009, 用户名为:李四, 余额为:0 元
账号 007 向账号 009 成功转了 500
账号为:007, 用户名为:张三, 余额为:700 元
账号为:009, 用户名为:李四, 余额为:500 元
余额不足,转账失败,请调整转账金额!
```

图 9-4 练习 9.4 的运行结果示例

9.5 Python 中推荐使用的类编码风格如下。

(1) 类名应采用驼峰命名法;

(2) 实例名和模块名都采用小写格式,并在单词间加下画线;

(3) 对于每个类,都应在类定义后面添加一个文档字符串,这个字符串应简要描述类的功能;

(4) 在类中,建议使用一个空行来分隔方法;

(5) 在同一模块中,建议使用两个空行来分隔类;

(6) 需要同时导入标准库中的模块和自定义模块时，应先编写导入标准库模块的 import 语句，再添加一个空行，然后编写导入自己编写模块的 import 语句。这种做法让人容易明白程序使用的各个模块来自何处。

查阅 PEP8 的编程规范，看看 Python 还有哪些常见的编码规范。

9.6 创建一个 Restaurant 类，存储在一个 .py 文件（模块）中。在另一个文件中导入 Restaurant 类，创建 Restaurant 实例，并调用 Restaurant 的一个方法，以确认 import 语句导入类正确无误。

9.7 模块 random 包含多种生成随机数的函数，其中 randint()返回一个指定范围内的整数，如 x = randint(1，6)返回一个 1～6 的整数。请创建一个 Die 类，它包含一个 sides 属性，该属性值默认为 6。为该类编写一个 roll_die()方法，它打印位于 1 和骰子面数之间的随机数。创建一个 6 面的骰子，求掷 10 次骰子的点数总和。另外，再创建一个 10 面和 20 面的骰子，分别求掷 10 次骰子的点数总和。

9.8 查阅资料，再次理解 PEP8 编程规范及 Python 之禅，并将其融入自己的 Python 编程习惯中。

课后习题
讲解（一）

课后习题
讲解（二）

第 10 章

数据库操作

本章要点

- 数据库基础
- 查询语言 SQL
- 数据库操作核心 API

本章知识结构图

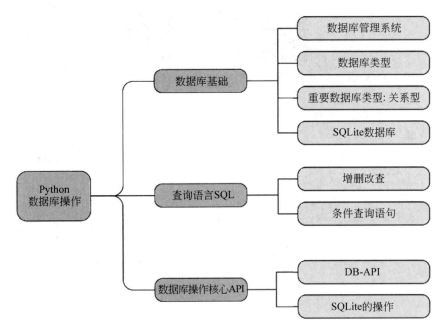

本章示例

school_code	school_name	province	is_985	is_211	is_self_marking	school_type
10695	西藏民族大学	西藏	否	否	否	
10696	西藏藏医学院	西藏	否	否	否	医药类
10694	西藏大学	西藏	否	是	否	综合类

数据库主要用来存储和处理大批量的结构化数据。前面介绍的文件也可以用来存储数据,但是其中的数据往往是非结构化的,在实际应用中存在一定的局限性。例如要从文

件中查询一些符合条件的数据,这时往往需要将整个文件读取出来再逐一筛选。如果文件比较大,那么程序性能将受到较大影响。在实际应用中还会经常涉及多种数据的联合操作,而这将使得程序编写变得更加复杂。如果使用数据库,则可以很方便地解决这些问题。

本章首先介绍了数据库的基础知识,包括什么是数据库,什么是数据库管理系统以及当前常见的数据库类型,重点介绍了应用最广泛的关系型数据库。第二部分介绍了关系型数据库的结构化查询语言 SQL,包含关系表的创建、删除表的内容,各种条件的查询等,还包括内容的更新操作等。第三部分介绍了 Python 操作数据库的一些核心 API,包括如何建立数据库的连接,对数据库里面的内容进行增删查改等。第四部分是 Python 操作数据库的综合示例。

10.1　数据库基础

视频讲解

数据库可简单理解为数据的仓库,它将数据按照一定的方式组织并且存储起来,从而方便用户进行管理和维护。数据库具有以下主要特点:

(1) 以一定的方式组织、存储数据;
(2) 数据能被多个用户共享;
(3) 与应用程序彼此独立。

常见的例子如学生信息数据库,该数据库可被教务系统、选课系统、学生管理系统分别调用,可实现多个系统之间的共享,与应用程序彼此独立。

10.1.1　数据库管理系统

数据库管理系统(DBMS)是操作和管理数据库的管理软件,它可以对数据库进行统一的管理和控制,从而保证数据库的安全性和数据的完整性。用户可以通过数据库管理系统访问数据库里面的数据而不用关心底层数据是如何进行存储的;数据库管理员可以通过数据库管理系统对数据库进行维护。数据库管理系统的主要功能有数据的定义(数据库的创建、表的创建等)、数据的操纵(数据的增删查改等)、数据库的控制(并发控制、权限控制)、数据库的维护(数据的转存、恢复等)等。

10.1.2　数据库类型

当前比较流行的数据库有关系型数据库、键值存储数据库、面向文档的数据库以及图数据库。下面对这些数据库进行简单的介绍。

(1) 关系型数据库:当前应用最为广泛的数据库类型。关系型数据库把复杂的数据结构归结为简单二元关系,类似于 Excel 的表格。常见的关系型数据库有 MySQL、SQL Server、Oracle、SQLite 等。

(2) 键值存储数据库:使用简单的键值存储方式来存储数据,键是唯一标记,它是非关系型数据库。常见的键值存储数据库有 Redis、Amazon DynamoDB 等。

(3) 面向文档的数据库:用来存放获取结构性文档的数据库,主要为 XML、JSON 这样一些具备自我描述特性又能呈现层次结构的文档。常见的面向文档的数据库有 MongoDB 等。

(4) 图数据库：用来存储图关系的数据库，应用图理论来存储实体与实体之间的各种关系信息。常见的图数据库有 Neo4J、FlockDB 等。

10.1.3 关系型数据库

关系型数据库指采用关系模型组织数据的数据库，它以行和列的形式存储数据，多行多列的数据就形成了表，多个表组成了数据库。数据库可以有多个表，一个表相当于一个实体或者实体与实体之间的联系。在关系模型中，实体以及实体与实体之间的联系都会映射成统一的关系：二维表。例如有一个表称作"学生"，学生表里有姓名、年龄、性别、成绩等字段。关系型数据库操作的对象和返回的结果都是二维表，以下是一些术语解释。

(1) 关系：可以理解为一张二维表，每个关系有一个关系名，也就是表名。

(2) 属性：可以理解为二维表里面的一列，在数据库中称为字段，属性名就是表中的列名。

(3) 域：指属性的取值范围。

(4) 元组：二维表中的一行，在数据库中称为记录。

(5) 分量：元组中一个具体的属性值。

(6) 关键字：用来唯一标识元组的属性或者属性组，数据库中称为主键。

10.1.4 SQLite 数据库

SQLite 是一个轻量级关系型数据库，它并没有包含大型客户/服务器数据库的一些重要特性，如事务处理、事务回滚等，但它包含本地数据库的常用功能，简单易用、效率高。Python 标准库中内置了 sqlite3 模块，不需要额外下载安装。

SQLite 本质上就是一个文件，内部只支持 NULL、INTEGER、REAL（浮点数）、TEXT（字符串文本）和 BLOB（二进制对象）这五种数据类型，但实际上 SQLite 也接受 VARCHAR(n) 等数据类型，只不过在运算或保存时会将其转成上面对应的数据类型。

SQLite 最大的特点是可以把各种类型的数据保存到任何字段中，而不用关心字段声明的数据类型是什么。因此，SQLite 在解析建表语句时，会忽略建表语句中跟在字段名后面的数据类型信息。

思考与练习

10.1　什么是数据库？什么是数据库管理系统？

10.2　数据库管理系统与文件系统的主要区别是(　　)。

　　A. 数据库管理系统复杂，而文件系统简单

　　B. 文件系统管理的数据量较少，而数据库管理系统可以管理庞大的数据量

　　C. 文件系统只能管理程序文件，而数据库管理系统能够管理各种类型的文件

D. 文件系统不能解决数据冗余和数据独立性问题,而数据库管理系统可以解决

10.3 当前流行的数据库类型有哪些?应用最广泛是哪种数据库类型?

10.4 查阅资料,简述关系型数据库的优点。

10.5 查阅资料,并结合本节内容的学习,简述 SQLite 数据库的优点。

10.2 结构化查询语言 SQL

视频讲解

关系型数据库的操作一定离不开结构化查询语言 SQL 的支持,本节将介绍结构化查询语言 SQL。

结构化查询语言(Structured Query Language,SQL)是一种特殊的编程语言,用于存取、查询、更新和管理关系型数据库。

SQL 是一种高级的非过程化编程语言,用户使用 SQL 对数据操作时,并不需要知道数据的存储方式和操作细节。不同的关系型数据库底层存储方式不同,但是可以使用相同的 SQL 语句进行操作,对于用户来说,操作方式类似,可以快速在不同的数据库上使用相同的 SQL 语句。

SQL 语言不仅可独立使用,还可嵌入到其他高级语言(如 Java、Python 等)中,且不会改变 SQL 语法结构,为用户提供了极大的灵活性和便利性。

10.2.1 数据库表的基本语句

本节结合 SQLite 数据库,对一些基本 SQL 语句做一些简单的介绍,用到的一个文件是在第 8 章用到的 school.xls 高校招生信息表。另外还有一个文件是 school.db,它是 SQLite 数据库文件,用户不能直接打开查看里面的内容,需要安装一个第三方的 SQLite 图形化界面工具,才可看到其中的内容。

对于 Windows 系统,推荐使用 SQLite Expert Professional 图形化界面操作工具。如果是 macOS 系统,推荐 SQLPro for SQLite 或者是 dbHarbor SQLite,二者都可以在 App Store 里面找到,当然也可以通过网页下载。

本章演示采用的图形化界面是 SQLPro for SQLite,安装完成之后就可以将 school.db 文件打开了。打开方式有两种,第一种是在软件内部打开新文件,第二种方式是直接将文件用鼠标拖到软件中,然后双击 school 表单(图 10-1),就可以查看到文件中的内容,即存放的高校相关信息,如院校代码、所在省份和所属类别等,如图 10-2 所示。

图 10-1 数据库结构示例

成功导入数据库表之后就可以对里面的数据进行操作了,下面通过实际操作来学习数据库表的语句。

(1) 创建数据库表:create table [if not exists] 表名

使用 SQLite 创建学生关系表,包含三个字段的信息:姓名、年龄、学校。一般的数据库需要指定数据库名称和数据类型,但在 SQLite 数据库中可以忽略数据类型。相关语句

school_code	school	province	is_985	is_211	is_self_marking	school_type
10001	北京大学	北京市	是	是	是	综合类
10002	中国人民大学	北京市	是	是	是	综合类
10003	清华大学	北京市	是	是	是	理工类
10004	北京交通大学	北京市	否	是	否	理工类
10005	北京工业大学	北京市	否	是	否	理工类

图 10-2　数据库表内容示例

如下：

```
1   create table if not exists student(
2       name,
3       age,
4       school
5   )
```

执行之后可以看到数据表 student 已经建立好，双击 student 表，可查看刚在里面添加的三个字段，但此时还没有加入数据，所以里面只有表头，没有具体数据。如图 10-3 和图 10-4 所示。

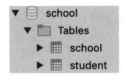

图 10-3　添加 student 表后的数据库结构

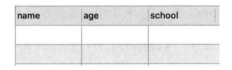

图 10-4　创建后的 student 表结构

（2）删除数据库表：drop table if [exists] 表名
也可以使用 SQL 语句删除建立好的数据库表，使用语句如下：

```
1   drop table if exists student
```

删除之后可以发现之前建立好的数据表 student 已经不见了，只有原来的 school 表还在，如图 10-5 所示。

执行完毕之后继续将 student 表建立好，在后面的学习过程中还会用到。

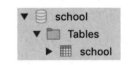

图 10-5　删除 student 表后的数据库结构

注意：建立数据库表需要用 not exists 语句判断数据表之前是否已存在，删除数据库表也需要用 exists 判断数据库表是否还存在。没有判断语句会导致程序报错。

（3）查询语句：select 字段列表 from 表名 where 查询条件 group by 分组字段 orderby 字段 [asc|desc]

需要说明的是字段列表，它用于指定查询结果中所包含的列，可以由一组列名、表达式、"*"等构成。多个列名之间用逗号隔开，如果查询所有列，可直接用"*"号表示。

下面是一些简单的示例。

【示例 10.1】 查询学校的名称以及所在省份。

执行语句：select school, province from school

程序运行结果（部分）：

school	province
北京大学	北京市
中国人民大学	北京市
清华大学	北京市
北京交通大学	北京市
北京工业大学	北京市
北京航空航天大学	北京市
北京理工大学	北京市
北京科技大学	北京市
北方工业大学	北京市
北京化工大学	北京市

【示例 10.2】 查询学校的所有信息。

执行语句：select * from school

程序运行结果（部分）：

school_code	school	province	is_985	is_211	is_self_marking	school_type
10001	北京大学	北京市	是	是	是	综合类
10002	中国人民大学	北京市	是	是	是	综合类
10003	清华大学	北京市	是	是	是	理工类
10004	北京交通大学	北京市	否	是	否	理工类
10005	北京工业大学	北京市	否	是	否	理工类

【示例 10.3】 根据省份进行分组，然后统计各个省份的高校数量。

执行语句：select province, count(*) as 学校数 from school group by province

程序运行结果（部分）：

province	学校数
上海市	49
云南省	14
内蒙古自治区	10
北京市	161
吉林省	22

列"学校数"在原始的列表里并不存在,这里使用的是聚合函数,是一个表达式。

10.2.2　数据库的进阶语句

很多时候在做查询时,需要根据一定的条件进行筛查。例如查询江西省的高校信息,或者是查询所有高校信息中带有"师范"字样的记录,这时就需要用到条件(where)子句。

where 子句用于设置查询条件,过滤掉不需要的记录。常见的条件运算符如下。

(1) 比较运算符:>、>=、=、<、<=、<>等。

【示例 10.4】　查询江西省的所有高校。

执行语句:select * from school where province = "江西省"

程序运行结果(部分):

school_code	school	province	is_985	is_211	is_self_marking	school_type
10403	南昌大学	江西省	否	是	否	
10404	华东交通大学	江西省	否	否	否	理工类
10405	东华理工大学	江西省	否	否	否	理工类
10406	南昌航空大学	江西省	否	否	否	理工类
10407	江西理工大学	江西省	否	否	否	理工类

注意:在判断是否为江西省时,用的语句是 province = "江西省",和 Python 中判断是否相等的符号不同。

(2) 范围运算符:between ... and ...、not between ... and ...。

【示例 10.5】　查询院校代码在 10404~10410 的高校信息。

执行语句:select * from school where school_code between "10404" and "10410"

程序运行结果(部分):

school_code	school	province	is_985	is_211	is_self_marking	school_type
10404	华东交通大学	江西省	否	否	否	理工类
10405	东华理工大学	江西省	否	否	否	理工类
10406	南昌航空大学	江西省	否	否	否	理工类
10407	江西理工大学	江西省	否	否	否	理工类
10408	景德镇陶瓷大学	江西省	否	否	否	理工类
10410	江西农业大学	江西省	否	否	否	农林类

(3) 列表运算符:in(项 1,项 2,...)、not in(项 1,项 2,...)。

该运算符可以让一个属性在多个值之间进行搜索。

【示例 10.6】　查询湖南省和江西省的高校信息。

执行语句:select * from school where province in ("江西省","湖南省")

程序运行结果(部分):

```
select * from school where province in ("江西省","湖南省")
```

school_code	school	province	is_985	is_211	is_self_marking	school_type
10413	赣南医学院	江西省	否	否	否	
10414	江西师范大学	江西省	否	否	否	
10417	宜春学院	江西省	否	否	否	
10418	赣南师范大学	江西省	否	否	否	师范类
10419	井冈山大学	江西省	否	否	否	
10421	江西财经大学	江西省	否	否	否	财经类
10530	湘潭大学	湖南省	否	否	否	综合类
10531	吉首大学	湖南省	否	否	否	综合类
10532	湖南大学	湖南省	是	是	是	综合类
10533	中南大学	湖南省	是	是	是	综合类
10534	湖南科技大学	湖南省	否	否	否	综合类

（4）逻辑运算符（多条件查询）：not、and、or。

【示例 10.7】 查询既是 985，又是 211 的高校。

执行语句：select * from school where is_985 = "是" and is_211 = "是"

程序运行结果（部分）：

```
select * from school where is_985 = "是" and is_211 = "是"
```

school_code	school	province	is_985	is_211	is_self_marking	school_type
10001	北京大学	北京市	是	是	是	综合类
10002	中国人民大学	北京市	是	是	是	综合类
10003	清华大学	北京市	是	是	是	理工类
10006	北京航空航天大学	北京市	是	是	是	理工类
10007	北京理工大学	北京市	是	是	是	理工类
10019	中国农业大学	北京市	是	是	是	农林类
10027	北京师范大学	北京市	是	是	是	师范类
10052	中央民族大学	北京市	是	是	否	民族类
10055	南开大学	天津市	是	是	是	综合类
10056	天津大学	天津市	是	是	是	理工类

（5）模式匹配符（模糊查询）：like、not like。

【示例 10.8】 查询所有的师范类院校。

执行语句：select * from school where school like"% 师范%"

程序运行结果（部分）：

```
select * from school where school like "%师范%"
```

school_code	school	province	is_985	is_211	is_self_marking	school_type
10027	北京师范大学	北京市	是	是	是	师范类
10028	首都师范大学	北京市	否	否	否	师范类
10065	天津师范大学	天津市	否	否	否	师范类
10066	天津职业技术师范大学	天津市	否	否	否	师范类
10094	河北师范大学	河北省	否	否	否	师范类
10118	山西师范大学	山西省	否	否	否	师范类

前面讲到可以对结果进行分组,用的是 group by 子句,它一般会结合聚合函数使用,根据一个或多个列对结果集进行分组。

常见的聚合函数有 sum(列名)、max(列名)、min(列名)、avg(列名)、count(列名)。

另外还有 order by 子句,其作用是用于对查询返回的结果按一列或多列排序。asc 表示升序(默认),desc 为降序。

【示例 10.9】 对示例 10.1 中生成的各省份高校数量进行降序排序。

执行语句:`select province, count(*) as 学校数 from school group by province order by 学校数 desc`

程序运行结果(部分):

province	学校数
北京市	161
陕西省	55
江苏省	52
湖北省	49
上海市	49
辽宁省	45
四川省	36
山东省	35
河北省	31
河南省	30

另外,还可以向数据库中插入新记录。SQL 的插入语句为 insert into 语句,用于向表格中插入新的行。语法格式为:

`insert into 表名(字段1,字段2,字段3,...) values (值1,值2,值3,...)`

注意:这里的字段顺序和值的顺序要一一对应。对于不允许为空的字段必须提供相应的值,否则插入时将会出错。如果插入的内容包含所有字段,则可以省略字段列表,但值的顺序一定要和表中字段的顺序一致。

【示例 10.10】 在学生表 student 中,插入对应的信息。

执行语句:`insert into student(name, age, school) values ("张三", 20, "江西财经大学")`

程序运行结果:

name	age	school
张三	20	江西财经大学

name、age、school 这三个字段的位置可以改变,只要保证 values 中的值对应上就可以。另外,也可只传入两个字段,例如在年龄未知时,只传入姓名和学校也是可行的。

【示例 10.11】 在学生表 student 中,插入对应的信息。

执行语句:`insert into student(name, school) values ("bbb", "江西财经大学")`

程序运行结果：

name	age	school
张三	20	江西财经大学
bbb	NULL	江西财经大学

如果要插入相应的学校信息，也可以使用语句 insert into school values ("10421","江西财经大学","江西省","否","否","否","财经类")

除了查询和插入语句外，SQL还有相应的更新和删除语句。更新语句为 update 语句，用于对表中的某个或某些数据进行修改。

语法格式为：update 表名 set 列名1 = 新值1,列名2 = 新值2 where 子句

【示例10.12】 将"张三"的学校改为"江西师范大学"。

执行语句：update student set school = "江西师范大学" where name = "张三"

程序运行结果：

name	age	school
张三	20	江西师范大学

delete 语句用于对表中的某个或某些数据进行删除。

语法格式为：delete from 表名 where 子句

【示例10.13】 在学生表 student 中，将学校是"江西财经大学"的信息删除。

执行代码：delete from student where school = "江西财经大学"，再打开相应的表，就会发现只有一条记录了。

程序运行结果：

name	age	school
张三	20	江西师范大学

注意：如果删除语句没有使用 where 子句，将会删除表中所有内容。此时，表中没有任何数据，但表结构仍然存在。注意删除语句 delete 和 drop table 的区别。

以上就是 SQL 的一些常见语句，包括增删改查、建表等多种操作，更详细的内容可以查找相关资料学习。

思考与练习

10.6　说明创建数据表时加入"if not exists"语句的作用。

10.7　group by 子句常与聚合函数搭配使用。请列举几个聚合函数，并说明这些聚合函数的作用。

10.8　在使用"insert into 表名(字段1，字段2，字段3，…) values (值1，值2，值3，…)"语句插入字段内容时，需要注意什么问题？

10.9 通过 SQL 语句对本节所建立的数据库文件 school.db 进行操作,统计各省级行政单位的高校数量,并实现从少到多排序。

10.10 查阅资料,简述数据库删除语句 delete 和 drop table 的区别。

视频讲解

10.3 操作数据库核心 API

10.2 节中介绍了结构化查询语言 SQL 的一些常见操作,本节将介绍 Python 操作数据库一些核心的 API。Python 提供了一个标准数据库 API,称为 DB-API,用于处理基于 SQL 的数据库的访问和操作,实现 Python 官方制定的 Python API 规范下的一些数据库操作,如图 10-6 所示。

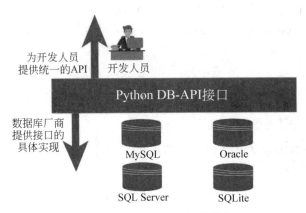

图 10-6 Python API 规范操作

开发人员并不需要知道数据库厂商如何实现这些接口,只需要了解接口的含义以及如何使用这些接口。DB-API 在代码与驱动程序之间提供了一个抽象层,定义了一系列必需的数据库存取方式,使得不同的数据库拥有统一的访问接口,从而可以很方便地在不同的数据库之间移植程序,而无须丢弃现有的代码。

10.3.1 Python DB-API 核心类和方法

Python 官网提供了一些 DB-API 的说明,介绍了 DB-API 的接口和一些核心对象的方法和属性,简单总结如下。

(1) Cursor 类。

- close(),关闭游标;
- execute(sql),执行 SQL 语句;
- executemany(sql, datas),执行多条 SQL 语句;
- fetchall(),获取结果集中所有行;
- fetchone(),获取结果集中一行;
- fetchmany(size),获取结果集中多行;
- description,游标的描述信息;

- rowcount，获取统计的行数；
- arraysize，指定一次获取多少行。

（2）Connection 类。
- close()，关闭连接；
- commit()，提交当前所有事务；
- rollback()，回滚当前事务；
- cursor()，返回一个使用该连接的游标对象；
- row_factory，指定行的类型，默认为空。

（3）Row 类。
- keys()，获取行的所有键。

（4）数据库模块。
- connect()，获取数据库的连接；
- paramstyle，参数样式。

10.3.2　Python 操作数据库 SQLite

10.3.1 节中提到了很多的类和方法，有了这些类和方法之后，按照 Python 操作 SQLite 数据库的流程，就可以编写程序实现对数据库的操作。Python 操作 SQLite 数据库的基本流程如下。

（1）导入模块：`sqlite3`；
（2）连接数据库得到 Connection 对象：`sqlite3.connect(文件名)`；
（3）获取 Cursor 对象：`Connection 对象.cursor`；
（4）执行数据库的增删查改操作：`Cursor 对象.execute(sql 语句)`等；
（5）提交数据库操作：`Connection 对象.commit()`；
（6）关闭 Cursor：`Cursor 对象.close()`；
（7）关闭 Connection：`Connection 对象.close()`。

注意：一定要调用 commit() 方法，否则操作不会执行，数据库的数据不会更新。

上面提及的各个类和方法没有经过实际操作不容易掌握，包括 Python 操作 SQLite 数据库的基本流程，也需要不断地练习。接下来将会通过两个具体示例来讲解相关知识。

思考与练习

10.11　简单说明 API 的概念和作用。

10.12　简述 Python 的 DB-API 的作用。

10.13　简述使用 DB-API 操作 SQLite 数据库的流程。

10.14　使用 Python 连接和操作 SQLite 数据库需要许多步骤。根据你的理解，说明哪一步最为重要，为什么？

10.15　数据库查询结果通常是返回一个游标。查阅资料，说明什么是游标。

视频讲解

10.4 数据库操作案例

通过前面的学习,读者应已初步掌握了 Python 操作数据库的基础知识,为了更好地掌握理解这些知识点,下面对两个 Python 操作数据库的示例进行演示和讲解。

10.4.1 案例一

【示例 10.14】 编写程序,将 Excel 文件中读取的内容保存到数据库中。

程序的基本要求是创建一张数据库表 school,向 school 表中插入记录,执行该段程序后,将会在当前目录生成一个 school.db 文件,该文件即为 sqlite 数据库文件。

(1) 首先是 Excel 文件的读取,在前面的章节已经讲解过。代码如下:

```
1   import xlrd
2
3   def read_excel(file_name):
4       wb = xlrd.open_workbook(file_name)
5       sheet = wb.sheet_by_index(0)
6       schools = []
7       for row in range(1,sheet.nrows):
8           school = []
9           for col in range(sheet.ncols):
10              school.append(sheet.cell_value(row,col))
11          schools.append(school)
12      return schools
13
14  school_datas = read_excel("school.xls")
15  for item in school_datas:
16      print(item)
```

程序运行结果(部分):

```
['10001', '北京大学', '北京市', '是', '是', '是', '综合类']
['10002', '中国人民大学', '北京市', '是', '是', '是', '综合类']
['10003', '清华大学', '北京市', '是', '是', '是', '理工类']
['10004', '北京交通大学', '北京市', '否', '是', '否', '理工类']
['10005', '北京工业大学', '北京市', '否', '是', '否', '理工类']
['10006', '北京航空航天大学', '北京市', '是', '是', '是', '理工类']
['10007', '北京理工大学', '北京市', '是', '是', '是', '理工类']
['10008', '北京科技大学', '北京市', '否', '是', '否', '理工类']
['10009', '北方工业大学', '北京市', '否', '否', '否', '理工类']
```

```
['10010', '北京化工大学', '北京市', '否', '是', '否', '理工类']
['10011', '北京工商大学', '北京市', '否', '否', '否', '']
['10012', '北京服装学院', '北京市', '否', '否', '否', '理工类']
['10013', '北京邮电大学', '北京市', '否', '是', '否', '理工类']
['10015', '北京印刷学院', '北京市', '否', '否', '否', '理工类']
['10016', '北京建筑大学', '北京市', '否', '否', '否', '理工类']
['10017', '北京石油化工学院', '北京市', '否', '否', '否', '']
['10018', '北京电子科技学院', '北京市', '否', '否', '否', '']
['10019', '中国农业大学', '北京市', '是', '是', '是', '农林类']
......
```

（2）创建数据库，在数据库里面新建一张表。

涉及操作 SQlite 数据库，需要先导入 sqlite3 模块，然后创建一个名为 init_db() 的方法，用于新建数据库表。代码参考如下：

```
1   import sqlite3
2
3   def init_db():
4       conn = sqlite3.connect("school_test.db")
5       cursor = conn.cursor()
6       create_table_sql = """
7           create table if not exists school(
8               school_code,
9               school_name,
10              province,
11              is_985,
12              is_211,
13              is_self_marking,
14              school_type
15          )
16      """
17      cursor.execute(create_table_sql)
18      conn.commit()
19      cursor.close()
20      conn.close()
21
22  init_db()
```

然后调用方法 init_db()，直接运行，会看到 school_test.db 文件成功生成，用 SQLPro for SQLite 打开该文件，会看到数据库中的数据表已经建立。

程序运行结果：

双击打开 school 表，里面没有数据，但存在设置好的表头，说明数据表创建成功。

（3）插入数据到数据库表。

具体代码如下：

```
1   def insert_data(schools):
2       conn = sqlite3.connect("school_test.db")
3       cursor = conn.cursor()
4       insert_sql = """
5       insert into school(school_code, school_name, province,
6       is_985, is_211, is_self_marking, school_type) values (?, ?, ?, ?, ?, ?, ?)
7           """
8       for school in schools:
9           cursor.execute(insert_sql,school)
10      conn.commit()
11      cursor.close()
12      conn.close()
13
14  school_datas = read_excel("school.xls")
15  insert_data(school_datas)
```

执行代码之后可以发现，再打开数据表已经有信息了，说明数据已成功插入。

程序运行结果（部分）：

school_code	school_name	province	is_985	is_211	is_self_marking	school_type
10054	华北电力大学	北京市	否	是	否	理工类
10055	南开大学	天津市	是	是	是	综合类
10056	天津大学	天津市	是	是	是	理工类
10057	天津科技大学	天津市	否	否	否	理工类
10058	天津工业大学	天津市	否	否	否	理工类
10059	中国民航大学	天津市	否	否	否	理工类
10060	天津理工大学	天津市	否	否	否	理工类
10061	天津农学院	天津市	否	否	否	农林类
10062	天津医科大学	天津市	否	是	否	医药类
10063	天津中医药大学	天津市	否	否	否	医药类

还有一种方法可以一次性插入数据内容，即去掉原语句中 `for school in schools` 的循环语句，将它改为 `cursor.executemany(insert_sql, schools)`。运行检测，与之前创建好的内容完全一致。

10.4.2 案例二

【示例 10.15】 对数据库进行如下操作。
(1) 查询所有既是 211 又是 985 的学校，并打印出来；
(2) 将高校信息表中的"西藏自治区"改为"西藏"；
(3) 将所有不是以"大学"或"学院"结尾的记录删除。
接下来逐一解决这些问题。
(1) 查询所有既是 211 又是 985 的学校。
具体代码如下：

```
1   def query():
2       conn = sqlite3.connect("school_test.db")
3       cursor = conn.cursor()
4       sql = "select * from school where is_985 = '是' and is_211 = '是'"
5       cursor.execute(sql)
6       temp = cursor.fetchall()
7       cursor.close()
8       conn.close()
9       return temp
10
11  result = query()
12  for item in result:
13      print(item)
14
15  print(len(result))
```

985 大学共有 39 所，运行结果显示共有 39 条记录。
程序运行结果（部分）：

```
('10001', '北京大学', '北京市', '是', '是', '是', '综合类')
('10002', '中国人民大学', '北京市', '是', '是', '是', '综合类')
('10003', '清华大学', '北京市', '是', '是', '是', '理工类')
('10006', '北京航空航天大学', '北京市', '是', '是', '是', '理工类')
('10007', '北京理工大学', '北京市', '是', '是', '是', '理工类')
('10019', '中国农业大学', '北京市', '是', '是', '是', '农林类')
('10027', '北京师范大学', '北京市', '是', '是', '是', '师范类')
('10052', '中央民族大学', '北京市', '是', '是', '否', '民族类')
('10055', '南开大学', '天津市', '是', '是', '是', '综合类')
('10056', '天津大学', '天津市', '是', '是', '是', '理工类')
('10141', '大连理工大学', '辽宁省', '是', '是', '是', '理工类')
('10145', '东北大学', '辽宁省', '是', '是', '是', '理工类')
('10183', '吉林大学', '吉林省', '是', '是', '是', '综合类')
```

(2) 使用 update() 方法,将所有"西藏自治区"改为"西藏"。
具体代码如下:

```
1   def update():
2       conn = sqlite3.connect("school_test.db")
3       cursor = conn.cursor()
4       sql = "update school set province = '西藏' where province = '西藏自治区' "
5       count = cursor.execute(sql).rowcount
6       print("更新了{}条记录".format(count))
7       conn.commit()
8       cursor.close()
9       conn.close()
10
11  update()
```

调用 update() 方法之后,可以看到程序显示更新了三条信息。
此时查数据库,可以看到多了三条信息,说明操作是有效的。

school_code	school_name	province	is_985	is_211	is_self_marking	school_type
10695	西藏民族大学	西藏	否	否	否	
10696	西藏藏医学院	西藏	否	否	否	医药类
10694	西藏大学	西藏	否	是	否	综合类

(3) 创建 delete() 方法,删除所有不是以"大学"或"学院"结尾的记录。
数据库的操作流程和前面基本一致,但此时的 SQL 语句有不同。
具体代码如下:

```
1   def delete():
2       conn = sqlite3.connect("school_test.db")
3       cursor = conn.cursor()
4       sql = "delete from school_name not like '%大学'
5             and school_name not like '%学院' "
6       count = cursor.execute(sql).rowcount
7       print("删除了{}条记录".format(count))
8       conn.commit()
9       cursor.close()
10      conn.close()
11
12  delete()
```

可以先在数据库中用代码 select * from school where school not like '%大学%' and school not like '%学院%' 查询一共有多少所高校符合不是以"大学"或"学院"结尾的条件。在数据库中执行代码之后,一共得到 228 条记录,然后再执行 delete() 方法,执行之后会打印删除的记录总数。

如果这时再在数据表中执行这段查询代码,就已经没有相关的高校信息了。

以上两个案例演示了常见的数据库操作流程和方法,在今后的学习中读者要多加练习,才能将这些知识掌握牢固。

10.5 本章小结

视频讲解

本章首先介绍了数据库的一些基础知识,包括数据库、数据库管理系统(DBMS)的基本概念。常见的数据库管理系统的类型有很多,如关系型数据库、键值存储数据库、面向文档的数据库以及图数据库。

本章对关系型数据库进行了重点介绍,它是目前使用最广泛的数据库类型。本章还介绍了一种免安装的嵌入式型数据库 SQLite,其本质就是一个文件。

关系型数据库离不开结构化查询语言 SQL 的支持。SQL 语言既可以独立使用,也可以嵌入其他高级语言中使用。本章重点介绍了 SQL 语言的建表和删表操作,以及查询语句、插入语句、更新语句和删除语句。需要注意在建表和删表时,最好先判断表是否存在,否则可能会导致程序报错。

介绍 SQL 语句之后,本章还介绍了 Python 操作数据库核心的 API。Python 对数据库的操作提供了统一的 API 接口,对于核心 API,主要讲解了 Connection 类和 Cursor 类。

最后,本章通过两个案例详细地介绍了常见的数据库操作流程和方法。

课后练习

已知某个班级的某次考试成绩结果保存在名为"学生成绩表.xls"的文件中,部分信息如图 10-7 所示,请按要求编写代码完成以下任务。

学号	语文	数学	英语	总分
A001	72	70	69	211
A002	58	86	73	217
A003	91	67	57	215
A004	54	98	65	217
A005	63	64	96	223
A006	84	98	68	250
A007	80	81	58	219
A008	62	100	60	222
A009	82	89	57	228

图 10-7 学生成绩信息展示

(1) 创建数据库表 score,将该学生成绩表中所有信息添加到该数据库表中。

(2) 查询三科都及格(单科不低于 60)的学生信息。

(3) 提供按总分或语文、数学、英语单科从高到低排序的功能。

（4）建立一个打印函数，以规范第(2)题和第(3)题的打印结果。
（5）获取所有存在不及格科目（单科低于 60 分）的学生记录。
（6）获取指定科目的最高分、最低分以及平均分。
（7）将所有学生的数学成绩都加 5 分。
（8）将所有语文不及格的学生记录删除，并打印删除了多少条记录。

课后习题
讲解

第11章 NumPy 入门与实践

本章要点

- 数组对象 ndarray
- 索引和切片
- NumPy 中的通用函数
- 数组运算

本章知识结构图

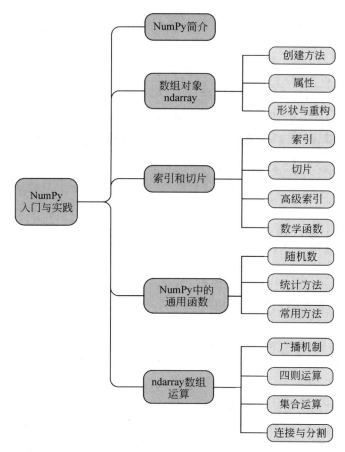

从本章开始将介绍 Python 在数据分析以及科学计算领域中经常会使用到的第三方

库。这些库为用户提供了很多方法,可以大幅降低用户的工作量,提升工作效率。其中大部分数据分析和处理的第三方库都依赖 NumPy 来进行操作,例如在第 12 和第 13 章将要介绍的 pandas、matplotlib 库。接下来正式开始学习 NumPy,了解其中核心的对象和方法。

11.1 NumPy 简介

NumPy(Numerical Python)是高性能科学计算和数据分析的基础包。它极大地简化了多维数组的操作和处理,大部分数据处理软件包都依赖于 NumPy,如 pandas、matplotlib、scikit-learn 等。

NumPy 具有以下特点。

(1) NumPy 提供了对数组和矩阵进行快速运算的标准数学函数;

(2) NumPy 提供了很多矢量运算的接口,比手动用循环实现速度要快很多;

(3) NumPy 开放源代码,由许多协作者共同维护开发。

Python 标准库中默认不包含 NumPy,推荐以下两种方式安装 NumPy。

(1) 优先推荐使用 Anaconda 集成开发平台。它集成了众多常用的 Python 包和模块,能简化包的管理,自带 NumPy、matplotlib 等数据处理包,特别适合于数据分析、数据处理领域的项目开发;

(2) 如果在标准环境下,则可使用 pip 命令安装:`pip install numpy`。如图 11-1 所示。

```
C:\Users\Administrator>pip install numpy
Collecting numpy
  Downloading https://files.pythonhosted.org/packages/fd/9f/61cf1b4519753579a85d901dfa
f0e5742c46c9d08d625eec5f00387c95c5/numpy-1.18.2-cp38-cp38-win_amd64.whl (12.8MB)
                                                                    12.8MB 66kB/s
Installing collected packages: numpy
Successfully installed numpy-1.18.2
```

图 11-1 标准环境下安装 NumPy 示例

视频讲解

11.2 数组对象 ndarray

数组对象 ndarray 是 NumPy 的灵魂所在,代表一种特殊的数据结构——N 维数组。它是用于存放同类型元素的多维数组,ndarray 中的每个元素在内存中占有相同大小的区域。

那么有读者可能会问,为何要用数组对象,之前学过的列表和元组不是也可以实现存储多维数据的功能吗?

在学习 ndarray 之前,关于 Python 中的"数组",读者需要了解以下背景知识。

(1) Python 基础语法中没有像其他语言一样提供数组数据类型,因此要使用数组时可以选择列表和元组代替;

(2) 由于在 Python 中,列表和元组中的每个元素都是按"对象"来进行处理的,因此相比

于 C 或者 Java 语言的数组,用列表或者元组来实现的数组会导致时间和空间的代价过大;

(3) 基于上述缺点,Python 生态中出现了"优化列表和元组,进而实现强大高效的数组功能"的第三方拓展包,NumPy 就是其中之一,ndarray 就是 NumPy 中最常用的数据结构;

(4) NumPy 是由 C 语言实现的,因而相比 Python 本身的数据结构列表和元组,ndarray 更节省内存、更节约运行时间,且更方便使用。

调用 ndarray 对象之前需要先导入 NumPy 模块,方法如下:

```
1   import numpy as np                    #导入 numpy 包并重命名为 np
```

11.2.1 ndarray 对象的创建方法

(1) 使用 np.array()或 np.asarray()创建 ndarray 对象。

np.array()的作用是将传递的序列类型数据(如列表、元组、ndarray 等)转换为 ndarray,并返回一个新的 ndarray 对象。

【示例 11.1】 使用 np.array()创建数组。

```
1   import numpy as np                    #导入 numpy 包并重命名为 np
2
3   myArray1 = np.array([1, 3, 6, 9, 4, 10])   #将传递的列表转换为数组对象
4   myArray2 = np.array([1, 3.3, 6, 9])        #将转换为数组对象的元素统一为 float
                                                类型
5   myArray3 = np.array([1, 3.3, 6, 9], dtype = 'int64')
                                                #将转换为数组对象的元素统一为 int64
                                                类型
6   print(myArray1)                       #打印 myArray1 对象
7   print(myArray1.dtype)                 #打印 myArray1 对象类型
8   print(myArray2)
9   print(myArray2.dtype)
10  print(myArray3)
11  print(myArray3.dtype)
```

程序运行结果:

```
[ 1  3  6  9  4 10]
int32
[1.  3.3 6.  9. ]
float64
[1 3 6 9]
int64
```

观察结果可得知,当创建 ndarray 对象时,可以通过 dtype 指定数据类型,如果没有指定,则会根据元素内容自动确定。另外,ndarray 对象输出时,小数点后的 0 会自动舍弃。

【示例 11.2】 使用 np.array() 将嵌套型序列转换为多维数组。

```
1    import numpy as np              #导入numpy包并重命名为np
2
3    myArray4 = np.array([[1,4,8,10],[2,6,9,10]])
                                      #array参数为嵌套了两个小列表的大列表
4    print(myArray4)
```

程序运行结果:

```
[[ 1  4  8 10]
 [ 2  6  9 10]]
```

np.asarray() 的作用和 np.array() 基本一致,可将传递的序列类型数据(列表、元组等)转换为 ndarray,只是当参数传递类型为 ndarray 时不会生成新的对象。

【示例 11.3】 使用 np.asarray() 创建数组,通过查看地址判断是否生成新的对象。

```
1    import numpy as np                        #导入numpy包并重命名为np
2
3    myArray5 = np.array([1, 3, 6, 9, 4, 10])  #将传递的列表转换为数组对象
4    myArray6 = np.array(myArray5)             #将ndarray类型的a继续传递为array
                                                的参数
5    myArray7 = np.asarray(myArray5)           #将ndarray类型的a继续传递为asarray
                                                的参数
6    print(myArray5)                           #打印myArray5对象
7    print(myArray6)                           #打印myArray6对象
8    print(myArray7)                           #打印myArray7对象
9    print(id(myArray5)==id(myArray6))         #查看并比较内存地址
10   print(id(myArray5)==id(myArray7))         #判断是否有新对象生成
```

程序运行结果:

```
[ 1  3  6  9  4 10]
[ 1  3  6  9  4 10]
[ 1  3  6  9  4 10]
False
True
```

(2) 使用 np.arange()、np.linspace() 和 np.logspace() 方法创建 ndarray 对象。

np.arange() 的作用是根据传递的参数,返回等间隔的数据组成的 ndarray,用法为 np.arange(start,end,step),与 range() 方法类似。但需要注意的是,arange() 的步长还可以为小数。

【示例 11.4】 使用 np.arange()创建数组。

```
1    import numpy as np                    #导入 numpy 包并重命名为 np
2
3    myArray8 = np.arange(10)              #返回一个大于等于 0,且小于 10 的自然数数组
4    myArray9 = np.arange(1, 10, 0.5)      #步长为 0.5,起始为 1,小于 10 的等差数组
5    print(myArray8)
6    print(myArray9)
```

程序运行结果：

```
[0 1 2 3 4 5 6 7 8 9]
[1.  1.5 2.  2.5 3.  3.5 4.  4.5 5.  5.5 6.  6.5 7.  7.5 8.  8.5 9.  9.5]
```

注意：虽然 range()与 np.arange()功能基本相同,但后者是 NumPy 的方法,运行速度更快,占用内存更小。

在数据科学项目中,同一个功能的实现方法可能有很多种,但是不同方法的时间复杂度、空间复杂度和灵活性会不一样,通常第三方包会对原有的 Python 基础语法做优化处理。

np.linspace()方法用于创建等差数组,np.logspace()方法用于创建等比数组,用法为 np.linspace(start, stop, num) 和 np.logspace(start, stop, num),都是指定开始元素、结束元素以及元素个数,程序自动计算,num 值默认为 50。

【示例 11.5】 使用 np.linspace()与 np.logspace()分别创建等差、等比数组。

```
1    import numpy as np                              #导入 numpy 包并重命名为 np
2
3    myArray10 = np.linspace(1, 10)                  #返回[1,10]区间内 50 等分的等差数组
4    myArray11 = np.linspace(1, 10, num = 20)        #返回[1,10]区间内 20 等分的等差数组
5    myArray12 = np.logspace(1, 10, num = 20)        #返回[1.0e+01,1.0e+10)区间内 20 等
                                                      分的等比数组
6    print(myArray10)
7    print(myArray11)
8    print(myArray12)
```

程序运行结果：

```
[ 1.          1.18367347  1.36734694  1.55102041  1.73469388  1.91836735
  2.10204082  2.28571429  2.46938776  2.65306122  2.83673469  3.02040816
  3.20408163  3.3877551   3.57142857  3.75510204  3.93877551  4.12244898
  4.30612245  4.48979592  4.67346939  4.85714286  5.04081633  5.2244898
  5.40816327  5.59183673  5.7755102   5.95918367  6.14285714  6.32653061
  6.51020408  6.69387755  6.87755102  7.06122449  7.24489796  7.42857143
```

```
  7.6122449   7.79591837   7.97959184   8.16326531   8.34693878   8.53061224
  8.71428571  8.89795918   9.08163265   9.26530612   9.44897959   9.63265306
  9.81632653 10.         ]
 [ 1.          1.47368421   1.94736842   2.42105263   2.89473684   3.36842105
   3.84210526  4.31578947   4.78947368   5.26315789   5.73684211   6.21052632
   6.68421053  7.15789474   7.63157895   8.10526316   8.57894737   9.05263158
   9.52631579 10.         ]
[1.00000000e+01 2.97635144e+01 8.85866790e+01 2.63665090e+02 7.84759970e+02
 2.33572147e+03 6.95192796e+03 2.06913808e+04 6.15848211e+04 1.83298071e+05
 5.45559478e+05 1.62377674e+06 4.83293024e+06 1.43844989e+07 4.28133240e+07
 1.27427499e+08 3.79269019e+08 1.12883789e+09 3.35981829e+09 1.00000000e+10]
```

（3）使用 np.zeros()、np.ones()、np.empty() 等函数创建 ndarray 对象。

zeros() 的用法为 np.zeros(shape, dtype=float, order='C')，作用是创建一个指定形状（shape）、指定数据类型（dtype）且元素全为 0 的数组，其中 order 有 C 和 F 两个选项，分别代表行存储优先和列存储优先。

ones() 的用法为 np.ones(shape, dtype=float, order='C')，作用是创建一个指定形状（shape）、指定数据类型（dtype）且元素全为 1 的数组，参数 order 与 zeros() 方法中的 order 作用一致。

empty() 用法为 np.empty(shape, dtype=float, order='C')，作用是创建一个指定形状（shape）、指定数据类型（dtype）且未初始化的数组，参数 order 与 zeros() 方法中的 order 作用一致。

对于这一系列的函数，读者可以仔细体会下面的示例。

【示例 11.6】 使用 np.empty() 创建空数组。

```
1    import numpy as np                    #导入 numpy 包并重命名为 np
2
3    myArray13 = np.empty(5)               #创建 5 个元素的空数组
4    myArray14 = np.empty([5, 5])          #创建元素为 5×5 的空矩阵
5    print(myArray13)
6    print(myArray14)
```

程序运行结果：

```
[2.47032823e-323 2.04583888e-316 2.01025351e-316 2.01021873e-316
 2.01025667e-316]
[[3.56043053e-307 1.60219306e-306 2.44763557e-307 1.69119330e-306
  1.78022342e-306]
 [1.05700345e-307 1.11261027e-306 1.11261502e-306 1.42410839e-306
  7.56597770e-307]
```

```
[6.23059726e-307 1.42419530e-306 7.56602523e-307 1.29061821e-306
  9.34600963e-307]
 [7.56602523e-307 8.34451079e-308 1.33508761e-307 1.33511562e-306
  8.90103560e-307]
 [1.42410974e-306 1.00132228e-307 1.33511018e-306 1.69119330e-306
  3.81187198e+180]]
```

注意：虽然创建的是空数组，但实际上数组的每个元素都以随机值的形式占位。

【示例 11.7】 使用 np.zeros() 创建 0 数组和矩阵。

```
1    import numpy as np                   #导入 numpy 包并重命名为 np
2
3    myArray15 = np.zeros(5)              #创建 5 个元素全部为 0 的一维数组
4    myArray16 = np.zeros([5, 5])         #创建 5×5 的元素全部为 0 的二维数组(矩阵)
5    print(myArray15)
6    print(myArray16)
```

程序运行结果：

```
[0. 0. 0. 0. 0.]
[[0. 0. 0. 0. 0.]
 [0. 0. 0. 0. 0.]
 [0. 0. 0. 0. 0.]
 [0. 0. 0. 0. 0.]
 [0. 0. 0. 0. 0.]]
```

0 矩阵中每个元素的类型均为 float64，下述的 1 矩阵也是一样。

【示例 11.8】 使用 np.ones() 生成 1 矩阵。

```
1    import numpy as np                   #导入 numpy 包并重命名为 np
2
3    myArray17 = np.ones(5)               #创建 5 个元素全部为 1 的一维数组
4    myArray18 = np.ones([5, 5])          #创建 5×5 的元素全部为 1 的二维数组(矩阵)
5    print(myArray17)
6    print(myArray18)
```

程序运行结果：

```
[1. 1. 1. 1. 1.]
[[1. 1. 1. 1. 1.]
 [1. 1. 1. 1. 1.]
 [1. 1. 1. 1. 1.]
```

```
 [1. 1. 1. 1. 1.]
 [1. 1. 1. 1. 1.]]
```

还有一些其他的函数可以用于生成不同形式的数组，如 np.full()、np.identity()、np.eye()。

【示例 11.9】 练习 np.full()、np.identity()、np.eye()的使用方法。

```
1    import numpy as np              #导入 numpy 包并重命名为 np
2
3    myArray19 = np.full((3, 6), 2)  #创建 3×6(3 行 6 列)的矩阵,其中的元素均为 2
4    myArray20 = np.identity(3)      #创建 3×3 的单位方阵,对角线元素为 1,其余为 0
5    myArray21 = np.eye(3, 4)        #创建 3×4 的单位矩阵,对角线元素为 1,其余为 0
6    print(myArray19)
7    print(myArray20)
8    print(myArray21)
```

程序运行结果：

```
[[2 2 2 2 2]
 [2 2 2 2 2]
 [2 2 2 2 2]]
[[1. 0. 0.]
 [0. 1. 0.]
 [0. 0. 1.]]
[[1. 0. 0. 0.]
 [0. 1. 0. 0.]
 [0. 0. 1. 0.]]
```

表 11-1 为数组对象 ndarray 的创建方法小结。

表 11-1 ndarray 的创建方法

方 法 名 称	说　　明
np.array(array_like)	将传递的序列类型数据(如列表、元组、ndarray 等)转换为 ndarray,返回一个新的 ndarray 对象
np.asarray(array_like)	将传递的序列类型数据(列表、元组等)转换为 ndarray,返回一个新的 ndarray 对象,但当传递 ndarray 时不会生成新的对象
np.arange(start,stop,step)	根据传递的参数返回等间隔的数据组成的 ndarray,与 range()方法类似,但这里步长可以是小数
np.empty(shape)	用于创建指定形状的空数组,数组元素为随机值
np.zeros(shape)	用于创建指定形状的数组,数组元素都为 0
np.zeros_like(ndarray 对象)	创建一个形状与 ndarray 对象相同,元素都为 0 的数组

续表

方法名称	说明
np.ones(shape)	用于创建指定形状的数组,数组元素都为 1
np.ones_like(ndarray 对象)	创建一个形状与 ndarray 对象相同,元素都为 1 的数组
np.full(形状,值)	创建指定形状的数组,数组中所有元素相同且为指定值
np.linspace(start,stop,num)	创建等差数组,指定开始元素、结束元素以及元素个数,程序自动计算,num 默认为 50
np.logspace(start,stop,num)	创建等比数组,指定开始元素、结束元素以及元素个数,程序自动计算,num 默认为 50
np.eye(n,m)	创建 n×m 的单位矩阵,对角线为 1,其余为 0
np.identity(n)	创建 n×n 的单位方阵,对角线为 1,其余为 0

注意:指定数组形状时,只能是整数如 8、12,或整数序列如[3,5]、(4,6)等。

11.2.2 ndarray 对象的属性

创建 ndarray 数组对象之后,还需要了解它具有哪些属性,以便在进行数据分析和处理时使用。ndarray 数组对象的常用属性如表 11-2 所示。

表 11-2 ndarray 数组对象的常用属性与含义

属性	说明
shape	代表数组形状,返回一个元组,表示数组各个维度的长度,元组的长度为数组的维度(与 ndim 相同),元组的每个元素的值代表了数组每个维度的长度
ndim	ndarray 对象的维度
size	ndarray 中元素的个数,相当于各个维度长度的乘积
dtype	ndarray 中存储元素的数据类型
itemsize	ndarray 中每个元素的字节数
nbytes	ndarray 中所有元素所占字节数

【示例 11.10】 ndarray 数组对象的属性展示。

```
1    import numpy as np                    #导入 numpy 包并重命名为 np
2
3    myArray1 = np.ones([2, 3, 4])         #创建 3 维数组,内部包括两个 3×4 的矩阵
4    print(myArray1)                        #打印数组对象
5    print(myArray1.shape)                  #打印数组的形状(2,3,4)
6    print(myArray1.ndim)                   #打印数组的维数(3)
7    print(myArray1.size)                   #打印数组元素的个数(2×3×4=24)
8    print(myArray1.dtype)                  #打印其中存放元素的数据类型(float64)
```

```
9    print(myArray1.itemsize)         #打印每个元素的字节数(8)
10   print(myArray1.nbytes)           #打印所有元素所占字节数(192)
```

程序运行结果:

```
[[[1. 1. 1. 1.]
  [1. 1. 1. 1.]
  [1. 1. 1. 1.]]

 [[1. 1. 1. 1.]
  [1. 1. 1. 1.]
  [1. 1. 1. 1.]]]
(2, 3, 4)
3
24
float64
8
192
```

11.2.3 ndarray 对象的形状与重构

数组本身具有一定的形状,在进行矩阵运算时,会常用到矩阵的变换,这就是重构。重构的作用是返回一个符合新形状要求的数组。

常用的重构方法如下。

(1) reshape()和 resize()。

reshape()用于将原来数组的数据重新按照维度划分,结束后返回一个新的数组,原数组本身不发生改变。需要注意的是,如果转换的维度和数组元素数目不匹配,则会抛出异常。

【示例 11.11】 使用 reshape()重构数组形状,原数组对象不变。

```
1  import numpy as np                      #导入 numpy 包并重命名为 np
2
3  myArray1 = np.arange(24)                #创建一维数组
4  myArray2 = myArray1.reshape(6, 4)       #利用 reshape()方法将数组重构为 6×4 的二
                                            维矩阵
5  print(myArray1)                         #打印 myArray1,可以发现 myArray1 没有发
                                            生变化
6  print(myArray2)                         #打印 myArray2
7  print(myArray1.shape)                   #打印 myArray1 的形状
8  print(myArray2.shape)                   #打印 myArray2 的形状
```

程序运行结果:

```
[ 0  1  2  3  4  5  6  7  8  9 10 11 12 13 14 15 16 17 18 19 20 21 22 23]
[[ 0  1  2  3]
 [ 4  5  6  7]
 [ 8  9 10 11]
 [12 13 14 15]
 [16 17 18 19]
 [20 21 22 23]]
(24,)
(6, 4)
```

resize()用于将原来数组的数据重新按照维度划分,结束后不返回新的数组,直接原地修改。

【示例11.12】 使用resize()重构数组形状,原地修改。

```
1    import numpy as np                      # 导入numpy包并重命名为np
2
3    myArray3 = np.arange(24)                # 创建一维数组
4    print(myArray3)                         # 打印myArray3
5    print(myArray3.shape)                   # 打印myArray3的形状
6    myArray4 = myArray3.resize(6, 4)        # 利用resize()方法将数组重构为6×4的
7                                              二维矩阵并尝试返回对象
8    print(myArray4)                         # 输出为None,说明没有返回值
9    print(myArray3)                         # 此时myArray3的输出形式发生改变
10   print(myArray3.shape)                   # 打印myArray3的形状也发生改变
```

程序运行结果:

```
[ 0  1  2  3  4  5  6  7  8  9 10 11 12 13 14 15 16 17 18 19 20 21 22 23]
(24,)
None
[[ 0  1  2  3]
 [ 4  5  6  7]
 [ 8  9 10 11]
 [12 13 14 15]
 [16 17 18 19]
 [20 21 22 23]]
(6, 4)
```

(2) flatten()和tolist()。

flatten()方法可以将多维数组转换为一维数组,结束后返回新的数组;tolist()方法将一个数组对象转换为列表(多维的情况下转换为嵌套列表),结束后返回新列表。

【示例 11.13】 flatten()与 tolist()方法的使用。

```
1    import numpy as np                          #导入 numpy 包并重命名为 np
2
3    myArray5 = myArray6 = np.zeros([3, 3])      #创建 3×3 的 0 矩阵,返回 myArray5 和
                                                  myArray6
4    print(myArray5)                             #打印 myArray5
5    print(myArray6)                             #打印 myArray6
6    myArray7 = myArray5.flatten()               #flatten()方法将高维数组解压变为一
                                                  维数组
7    myArray8 = myArray6.tolist()                #tolist()方法将一个数组对象转换为列表
8    print(myArray7,type(myArray7))              #打印 myArray7 和 myArray7 的类型
9    print(myArray8,type(myArray8))              #打印 myArray8 和 myArray8 的类型
```

程序运行结果:

```
[[0. 0. 0.]
 [0. 0. 0.]
 [0. 0. 0.]]
[[0. 0. 0.]
 [0. 0. 0.]
 [0. 0. 0.]]
[0. 0. 0. 0. 0. 0. 0. 0. 0.] <class 'numpy.ndarray'>
[[0.0, 0.0, 0.0], [0.0, 0.0, 0.0], [0.0, 0.0, 0.0]] <class 'list'>
```

(3) T、transpoes()和 swapaxes()。

这三种方法均属于数组的转置方法,利用数组转置,可以大大方便用户进行矩阵运算。

数组转置(T)可用于对数组做矩阵的转置。

【示例 11.14】 假设有一个矩阵 X,那么可以利用 $X^T \times X$ 计算矩阵的内积。

```
1    import numpy as np                          #导入 numpy 包并重命名为 np
2
3    mat1 = np.arange(10).reshape(2,5)           #创建 2×5 的矩阵,用 mat1 接收这个矩阵
4    print(mat1)                                 #打印 mat1 数组本身
5    print()                                     #空参数的 print()可以换行,使输出更美观
6    print(mat1.T)                               #打印矩阵 mat1 的转置
7    print()
8    print(np.dot(mat1.T, mat1))                 #打印矩阵的内积
```

程序运行结果：

```
[[0 1 2 3 4]
 [5 6 7 8 9]]

[[0 5]
 [1 6]
 [2 7]
 [3 8]
 [4 9]]

[[25 30 35 40 45]
 [30 37 44 51 58]
 [35 44 53 62 71]
 [40 51 62 73 84]
 [45 58 71 84 97]]
```

使用 swapaxes()与 transpose()方法进行的是轴的变换。

对于一个高维数组来说，从最外一层往内依次为第一维、第二维、……。为了能够在数组中表述清楚维度这个抽象概念，引入轴与轴编号，以 0 轴代表第一维，1 轴代表第二维，以此类推。

三维数组维度与轴的示意图如下，最外层括号包含的元素属于 0 轴，次外层为 1 轴，第三层为 2 轴。

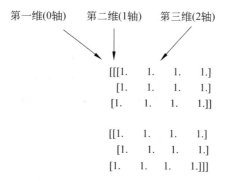

图 11-2　三维数组的维度和轴

所谓轴的变换实际上就是将各个维度进行重置。

transpose()方法通过轴对换可以操作多维数组进行多个维度的变换，内部参数为原数组轴编号，排列顺序为变换的方式。

【示例 11.15】　使用 transpose()重置数组的维度。

```
1    import numpy as np                          #导入 numpy 包并重命名为 np
2
3    myArray9 = np.arange(24).reshape(2, 3, 4)   #创建 24 个元素的数组，并转换为三维数组
```

```
4   print(myArray9)                          #打印myArray9数组本身
5   print("\n 轴转换后 \n")
6   print(myArray9.transpose(1, 0, 2))       #通过transpose()对数组维度进行重置
```

程序运行结果：

```
[[[ 0  1  2  3]
  [ 4  5  6  7]
  [ 8  9 10 11]]

 [[12 13 14 15]
  [16 17 18 19]
  [20 21 22 23]]]

轴转换后

[[[ 0  1  2  3]
  [12 13 14 15]]

 [[ 4  5  6  7]
  [16 17 18 19]]

 [[ 8  9 10 11]
  [20 21 22 23]]]
```

此处通过 reshape(2,3,4) 对数组的形状进行了重构，其中参数(2,3,4)实际上对应轴(0,1,2)，那么 transpose(1,0,2) 操作实际上就是将 0 轴和 1 轴进行了对换，原来的各维度大小就由(2,3,4)变为了(3,2,4)。

swapaxes()方法通过轴对换操作多维数组，可以指定两个维度的变换，内部参数为轴编号，被指定的轴编号将直接对换。

【示例 11.16】 使用 swapaxes()进行多维数组中两个维度的调换。

```
1   import numpy as np                              #导入numpy包并重命名为np
2
3   myArray10 = np.arange(24).reshape(2, 3, 4)      #创建24个元素的数组，并转换为三
                                                     维数组
4   print(myArray10)                                #打印myArray10数组本身
5   print("\n 轴转换后 \n")
6   print(myArray10.swapaxes(1, 2))                 #通过swapaxes()对指定的1轴和
                                                     2轴进行对换
```

程序运行结果:

```
[[[ 0  1  2  3]
  [ 4  5  6  7]
  [ 8  9 10 11]]

 [[12 13 14 15]
  [16 17 18 19]
  [20 21 22 23]]]

轴转换后

[[[ 0  4  8]
  [ 1  5  9]
  [ 2  6 10]
  [ 3  7 11]]

 [[12 16 20]
  [13 17 21]
  [14 18 22]
  [15 19 23]]]
```

此处指定1轴和2轴对换,则原数组的维度大小就由(2,3,4)变为了(2,4,3),得到上述结果。通常情况下,swapaxes()也可以用来进行矩阵的转置,二维数组只需要调换0轴和1轴即可。

【示例11.17】 使用swapaxes()进行二维数组中两个维度的对换。

```
1   import numpy as np              #导入numpy包并重命名为np
2
3   mat2 = np.arange(10).reshape(2,5) #创建10个元素的数组,并转换为2×5的矩阵
4   print(mat2)                     #打印mat2数组本身
5   print(mat2.swapaxes(0, 1))      #通过swapaxes()对指定的0轴和1轴进行对换
```

程序运行结果:

```
[[0 1 2 3 4]
 [5 6 7 8 9]]
[[0 5]
 [1 6]
 [2 7]
 [3 8]
 [4 9]]
```

思考与练习

11.1 创建 ndarray 数组的方法有哪些？这些方法的作用分别是什么？

11.2 如何查看数组所占用的内存大小？

11.3 编写代码，创建一个二维 0 数组，该数组只包含了长度为 8 的一维数组，一维数组的第 4 个元素值为 1。

11.4 编写代码，创建一个 5 行 10 列、元素值全部为 4 的数组，并将它转换成 10 行 5 列的数组。

11.5 思考重置数组维度的作用。

11.3 索引和切片

视频讲解

11.2 节中介绍了 NumPy 中多维数组对象 ndarray 的使用，包括 ndarray 的创建、属性、相应的形状以及重构方式。本节将对数组内部的元素进行讨论，主要涉及索引和切片。

ndarray 对象的索引和切片操作与 Python 序列的索引和切片操作类似。

11.3.1 ndarray 对象的索引

ndarray 对象的索引支持正向索引（从左到右，下标从 0 开始不断增大）和反向索引（从右到左，下标从 −1 开始不断减小）。下面两个例子分别演示一维和二维数组的索引方式。

【示例 11.18】 一维数组索引方式。

```
1   import numpy as np                      #导入 numpy 包并重命名为 np
2
3   myArray1 = np.arange(1, 11)             #创建一维数组对象，包含 10 个元素
4   print(myArray1)                         #打印 myArray1 数组本身
5   print(myArray1[7])                      #通过正向索引对数组进行取值
6   print(myArray1[-3])                     #通过反向索引对数组进行取值
```

程序运行结果：

```
[ 1  2  3  4  5  6  7  8  9 10]
8
8
```

【示例 11.19】 二维数组索引方式。

```
1   import numpy as np                      #导入 numpy 包并重命名为 np
2
3   myArray2 = np.arange(1, 13).reshape(3, 4)   #创建一维数组对象，包含 12 个元素
```

```
4    print(myArray2)                        #打印 myArray2 数组本身
5    print(myArray2[1])                     #通过一维(行)索引找到编号为 1 的行并输出
6    print(myArray2[1][3])                  #找到一维索引的行,并找当前列编号为 3 的数
7    print(myArray2[1, 3])                  #上述的二维数组查找可以简化为[1, 3]的形式
8    print(myArray2[1, -1])                 #同理可以使用反向索引值
```

程序运行结果:

```
[[ 1  2  3  4]
 [ 5  6  7  8]
 [ 9 10 11 12]]
[5 6 7 8]
8
8
8
```

11.3.2 ndarray 对象的切片

ndarray 对象的切片操作可通过对 slice()函数设置 start、stop 和 step 三个参数进行;也可以通过冒号分隔切片参数 start:stop:step 进行。此处将数组切片分为一维和多维进行介绍。

(1) 一维数组切片。

【示例 11.20】 一维数组的切片操作。

一维数组的切片和 Python 序列切片操作类似,示例代码如下。

```
1    import numpy as np                                    #导入 numpy 包并重命名为 np
2
3    myArray1 = np.arange(0,10)                            #创建一维数组对象
4    print("myArray1 =", myArray1)                         #打印 myArray1 数组本身
5    print("myArray1[slice(1,9,2)] =", myArray1[slice(1, 9, 2)])
                                                           #打印切片内指定的内容
6    print("myArray1[1:9:2] =", myArray1[1:9:2])           #1、9、2 代表 start、stop、step
7    print("myArray1[:9:2] =", myArray1[:9:2])             #可以省略 start
8    print("myArray1[::2] =", myArray1[::2])               #可以省略 start 和 stop
9    print("myArray1[::] =", myArray1[::])                 #三者都可以省略,全部取默认值
10   print("myArray1[:8:] =", myArray1[:8:])               #可以省略 start 和 step
11   print("myArray1[:8] =", myArray1[:8])                 #省略 step 时后一个冒号可以省略
12   print("myArray1[4::] =", myArray1[4::])               #可以省略 stop 和 step
13   print("myArray1[9:1:-2] =", myArray1[9:1:-2])         #step 的值可以为负数
14   print("myArray1[::-2] =", myArray1[::-2])             #step 的值为负数
15   print("myArray1[[2,5,6]] =", myArray1[[2,5,6]])
16   print("myArray1[myArray1>5] =",                       #通过填入过滤条件来进行读取
17         myArray1[myArray1>5])
```

程序运行结果：

```
myArray1 = [0 1 2 3 4 5 6 7 8 9]
myArray1[slice(1,9,2)] = [1 3 5 7]
myArray1[1:9:2] = [1 3 5 7]
myArray1[:9:2] = [0 2 4 6 8]
myArray1[::2] = [0 2 4 6 8]
myArray1[::] = [0 1 2 3 4 5 6 7 8 9]
myArray1[:8:] = [0 1 2 3 4 5 6 7]
myArray1[:8] = [0 1 2 3 4 5 6 7]
myArray1[4::] = [4 5 6 7 8 9]
myArray1[9:1:-2] = [9 7 5 3]
myArray1[::-2] = [9 7 5 3 1]
myArray1[[2,5,6]] = [2 5 6]
myArray1[myArray1>5] = [6 7 8 9]
```

【示例 11.21】 slice()函数切割。

```
1  import numpy as np                          #导入numpy包并重命名为np
2
3  myArray1 = np.arange(0,10)                  #创建一维数组对象
4  print("myArray1 =", myArray1)               #打印myArray1数组本身
5  print("myArray1[slice(1,9,2)] =", myArray1[slice(1,9,2)])
                                               #1、9、2代表start、stop、step
```

程序运行结果：

```
myArray1 = [0 1 2 3 4 5 6 7 8 9]
myArray1[slice(1,9,2)] = [1 3 5 7]
```

(2) 多维数组切片。

对于多维数组的切片，可以对其中的每一维分别进行处理。

【示例 11.22】 多维数组的切片。

```
1  import numpy as np                          #导入numpy包并重命名为np
2
3  myArray2 = np.arange(1, 13).reshape(3, 4)
                                               #创建一维数组对象，包含1~12共12个元素
4  print(myArray2)                             #打印myArray2数组本身
5  print(myArray2[0:2, 0:2])                   #同时对第一维和第二维进行切片
6  print(myArray2[0, 1:3])                     #通过索引查找一维的行，再对列进行切片
7  print(myArray2[1:3, 0])                     #对第一维切片后，取所有二维下标为0的值
```

程序运行结果:

```
[[ 1  2  3  4]
 [ 5  6  7  8]
 [ 9 10 11 12]]
[[1 2]
 [5 6]]
[2 3]
[5 9]
```

多维数组切片时维度的分割和索引一致,由逗号分割为[第一维,第二维,第三维……],切片过程中的每一维切片方式和所列出的一维数组切片方式一致。

多维数组切片可以在需要的维度上进行切片处理,不需要的部分可以使用索引方式进行查找,也可以同时对多个维度进行切片,结合实际情况具体使用。

(3) 数组切片和序列切片的区别

数组的索引和切片和序列的索引切片类似,但是要注意,序列进行切片操作后,会生成一个新的序列,相当于将相应的元素复制出来组成了一个新的序列。而 ndarray 切片结果并不会单独生成一个新的 ndarray,访问的仍然是原始的 ndarray 中的数据,因此对切片结果的修改会影响到原始数据。

【示例 11.23】 数组切片和序列切片的区别。

首先是序列(以列表为例),修改切片结果中的某一个元素可以发现,原列表并没有发生改变。

```
1  import numpy as np              #导入numpy包并重命名为np
2
3  list1 = list(range(10))         #创建列表,元素为0~9
4  list2 = list1[2:8]              #对列表进行切片
5  print(list1)                    #打印列表list1
6  print(list2)                    #打印列表list2
7  list2[1] = 100                  #对切片的结果list2中下标为1的值进行修改
8  print(list1)                    #再打印列表list1
9  print(list2)                    #再打印列表list2
```

程序运行结果:

```
[0, 1, 2, 3, 4, 5, 6, 7, 8, 9]
[2, 3, 4, 5, 6, 7]
[0, 1, 2, 3, 4, 5, 6, 7, 8, 9]
[2, 100, 4, 5, 6, 7]
```

现在将序列换成数组(以一维数组举例),修改切片结果中的某一个元素可以发现,修改完毕后的切片结果也影响到了原数组。

```
1    import numpy as np              #导入numpy包并重命名为np
2
3    myArray1 = np.arange(10)        #创建0~9元素的ndarray数组
4    myArray2 = myArray1[2:8]        #对数组进行切片
5    print(myArray1)                 #打印数组myArray1
6    print(myArray2)                 #打印数组myArray2
7    myArray2[1] = 100               #对切片的结果数组中下标为1的值进行修改
8    print(myArray1)                 #再打印这两个数组
9    print(myArray2)
```

程序运行结果：

```
[0 1 2 3 4 5 6 7 8 9]
[2 3 4 5 6 7]
[  0   1   2 100   4   5   6   7   8   9]
[  2 100   4   5   6   7]
```

这也就意味着，序列切片操作为复制，也就是将切片的结果进行了复制；而数组切片操作分割出了原数组的引用，操作的是同一片内存区域。

数组本身的切片操作并不会影响到原数组，但由于操作的是同一块内存区域，所以无论对原数组还是切片结果做修改，都会影响另一个数组的值。如果想要让数组的切片操作变为深复制，可以使用copy()方法。

【示例11.24】 使用copy()方法进行复制。

```
1    import numpy as np                    #导入numpy包并重命名为np
2
3    myArray1 = np.arange(10)              #创建0~9元素的ndarray数组
4    myArray2 = myArray1[2:8].copy()       #对数组进行切片,并使用copy()方法
5    print(myArray1)                       #打印数组myArray1
6    print(myArray2)                       #打印数组myArray2
7    myArray2[1] = 100                     #对切片的结果list2中下标为1的值进行修改
8    print(myArray1)                       #再打印这两个数组
9    print(myArray2)
```

程序运行结果：

```
[0 1 2 3 4 5 6 7 8 9]
[2 3 4 5 6 7]
[0 1 2 3 4 5 6 7 8 9]
[  2 100   4   5   6   7]
```

11.3.3 ndarray 对象的索引和切片的实例

本节将通过一个具体的例子总结并进一步帮助读者理解索引和切片的使用。以下例子将使用连续的行号，代表同一份代码。

【示例 11.25】 创建一个数组 array_1,其中有 0~23 的整数,共 24 个元素,是一个 2×3×4 的三维数组。对数组进行操作。

```
1   import numpy as np                          #导入 numpy 包并重命名为 np
2
3   array_1 = np.arange(24).reshape(2,3,4)      #创建一个数组 array_1,形状为 2×3×4
4   print(array_1)
```

程序运行结果：

```
[[[ 0  1  2  3]
  [ 4  5  6  7]
  [ 8  9 10 11]]

 [[12 13 14 15]
  [16 17 18 19]
  [20 21 22 23]]]
```

可以形象地把它看成一个两层楼建筑,每层楼有 12 个房间,并排列成 3 行 4 列。接下来对这个数组(两层楼建筑)进行操作。

(1) 对于单个值的索引,可以用三维坐标(楼层、行号、列号)来选定任意一个房间,例如：array_1[1, 1, 1]。

```
5  print(array_1[1, 1, 1])
```

程序运行结果：

```
17
```

(2) 如果只关心房间位置,不关心楼层,可将不关心的部分用冒号替换,代表这个维度上的值进行完全遍历,例如：array_1[:, 1, 1]。

```
6  print(array_1[:, 1, 1])
```

程序运行结果：

```
[5, 17]
```

（3）如果只关心楼层，不关心房间，则可写成：`array_1[1, :, :]`；这里出现了多个冒号，可以用省略号替换，即还可写成：`array_1[1, ...]`。

```
7  print(array_1[:, 1, 1])
8  print(array_1[1, ...])
```

程序运行结果：

```
[ 5 17]
[[12 13 14 15]
 [16 17 18 19]
 [20 21 22 23]]
```

（4）同时，还可以通过切片，间隔地选定元素，例如：`array_1[1, 0, ::2]`。

```
9  print(array_1[1, 0, ::2])
```

程序运行结果：

```
[12, 14]
```

（5）与之类似，还可以用省略形式选取所有位于第二列的房间：`array_1[..., 1]`。

```
10  print(array_1[..., 1])
```

程序运行结果：

```
[[ 1  5  9]
 [13 17 21]]
```

（6）选取所有位于第二行的房间：`array_1[:, 1, :]`或`array_1[:, 1]`。

```
11  print(array_1[:, 1, :])
12  print(array_1[:, 1])
```

程序运行结果：

```
[[ 4  5  6  7]
 [16 17 18 19]]
[[ 4  5  6  7]
 [16 17 18 19]]
```

（7）选取所有位于第二列和最后一列的房间：`array_1[..., [1, -1]]`。关于后一个的嵌套写法,其实就是单个维度上出现用户要选取多个不连续的值时的一种写法,具体参考 11.3.4 节。

```
13  print(array_1[..., [1, -1]])
```

程序运行结果:

```
[[[ 1  3]
  [ 5  7]
  [ 9 11]]

 [[13 15]
  [17 19]
  [21 23]]]
```

注意:所有维度下标从 0 开始,维度之间用逗号隔开。

11.3.4　ndarray 对象的高级索引

除了之前看到的用整数索引和切片外,ndarray 还支持整数数组索引、布尔索引及花式索引。

【**示例 11.26**】　以 11.3.3 节的数组为例,进行高级索引操作。

```
1   import numpy as np                        #导入 numpy 包并重命名为 np
2
3   array_1 = np.arange(24).reshape(2,3,4)    #创建一个数组 array_1,形状为 2×3×4
4   print(array_1)
```

程序运行结果:

```
[[[ 0  1  2  3]
  [ 4  5  6  7]
  [ 8  9 10 11]]

 [[12 13 14 15]
  [16 17 18 19]
  [20 21 22 23]]]
```

(1) 整数数组索引。

如果用户想同时访问第 1 层第 2 行第 2 列、第 1 层第 3 行第 1 列、第 2 层第 1 行第 1 列、第 2 层第 3 行第 2 列的房间,可以使用整数数组索引,分别用序列表示层的序号、行的序号、列的序号,则可写成 array_1[[0, 0, 1, 1], [1, 2, 0, 2], [1, 0, 0, 1]],这里每部分索引都是一个整数数组。

```
5    print(array_1[[0,0,1,1], [1,2,0,2], [1,0,0,1]])
```

程序运行结果:

```
[ 5  8 12 21]
```

(2) 布尔索引。

布尔索引通过布尔运算来获取符合指定条件元素的数组,例如获取所有能被 3 整除的元素,则可写成:array_1[array_1%3==0],当有多个条件时,使用布尔运算符 &(与)、|(或)即可,Python 中的 and、or 在布尔索引中无效。例如获取所有能被 3 整除或尾数为 3 的元素,则可写成:(array_1%3==0)|(array_1%10==3)。

```
6    print(array_1[array_1%3==0])
7    print(array_1[(array_1%3==0)|(array_1%10==3)])
```

程序运行结果:

```
[ 0  3  6  9 12 15 18 21]
[ 0  3  6  9 12 13 15 18 21 23]
```

(3) 花式索引。

花式索引是将索引数组的值作为目标数组的某个轴的下标来取值。对于使用一维整型数组作为索引,如果目标是一维数组,那么索引的结果就是对应位置的元素;如果目标是二维数组,那么就是对应下标的行。

【示例 11.27】 一维数组花式索引。

```
1    import numpy as np
2
3    array_2 = np.arange(12)            #创建包含 12 个元素的一维数组
4    print(array_2)
5    print(array_2[[5, 2, 1]])          #[5, 2, 1]代表在一维上分别取下标为 5,2,1 的值
```

程序运行结果:

```
[ 0  1  2  3  4  5  6  7  8  9 10 11]
[5 2 1]
```

【示例 11.28】 二维数组花式索引。

```
1    import numpy as np
```

```
2
3    array_3 = np.arange(24).reshape((6,4))    #创建 6×4 的二维数组
4    print(array_3)
5    print(array_3[[5, 2, 1]])                 #[5, 2, 1]代表在一维上分别取下标为 5、
                                                 2、1 的行
6    print(array_3[[5, 2, 1], [1, 3, 2]])      #[1, 3, 2]代表在一维结果上取相应二维
                                                 下标的值
```

程序运行结果：

```
[[ 0  1  2  3]
 [ 4  5  6  7]
 [ 8  9 10 11]
 [12 13 14 15]
 [16 17 18 19]
 [20 21 22 23]]
[[20 21 22 23]
 [ 8  9 10 11]
 [ 4  5  6  7]]
[21 11  6]
```

事实上，花式索引和整数数组索引非常类似，按顺序首先取一维上的值，其他维度如果不指定，就默认取在一维结果的基础上的全部值；如果有指定下标，就依照行顺序取相应下标的值。

如果需要获取某些行某些列的数据，这些行和列之间存在一定规律时，可使用 np.ix_()方法，用法为：a[np.ix_([行序], [列序])]。

【示例 11.29】 np.ix_()方法的使用。

```
1    import numpy as np
2
3    array_3 = np.arange(24).reshape((6,4))    #创建 6×4 的二维数组
4    print(array_3)
5    print(array_3[[5, 2, 1], [1, 3, 2]])      #取(5,1)(2,3)(1,2)三个值
6    print(array_3[np.ix_([5, 2, 1], [1, 3, 2])])
                                                 #取(5,1)(5,3)(5,2)(2,1)…等 9 个值
```

程序运行结果：

```
[[ 0  1  2  3]
 [ 4  5  6  7]
 [ 8  9 10 11]
 [12 13 14 15]
 [16 17 18 19]
```

```
  [20 21 22 23]]
  [21 11  6]
[[21 23 22]
 [ 9 11 10]
 [ 5  7  6]]
```

注意：上述两种取值方式结果不同。

思考与练习

11.6 说明数组的切片和序列的切片的不同之处，并进一步说明复制和引用的区别。

11.7 定义一个一维数组对象 array_1，大小为 9，打印 array_1[：2] 的值，并理解其含义。

11.8 定义一个一维数组对象 array_2，大小为 10，打印 array_2[[1, 6]] 的值，并理解其含义。

11.9 定义一个二维数组对象 array_3，大小为 (4, 4)，打印 array_3[：：2] 的值，并理解其含义。

11.10 定义一个二维数组对象 array_4，大小为 (6, 6)，打印 array_4[[1, 3], 3：6] 的值，并理解其含义。

视频讲解

11.4 NumPy 的通用函数

NumPy 中多维数组的索引和切片操作，为取出 ndarray 对象中的值提供了方便。那么如何对取出的值进行进一步操作，是接下来要介绍的内容，主要涉及 NumPy 提供的一些通用函数，通过调用这些函数，可以快速高效地实现一些数据操作。

11.4.1 NumPy 的数学函数

NumPy 提供的数学函数和 Python 的 math 库中的数学函数含义大致相同。不同之处在于 NumPy 中的数学函数主要是对多维数组进行操作，且会对数组里面的每个元素执行相同的函数运算，并将结果保存在相应的位置上。而传统的 math 库中的一些数学函数，结合循环或列表，也可以实现相似的一个效果，但缺点是效率不高，特别是当数据量比较大时效率更为低下。

接下来以求解平方为例对传统方法和使用 NumPy 函数的方法做一个对比。

【示例 11.30】 使用传统方法和 NumPy 函数来求一维数组平方。

```
1    import numpy as np
2
```

```
3    myArray1 = np.arange(10)                    #创建一维数组
4    print(myArray1)
5    print(np.square(myArray1))                  #调用 NumPy 中的 square()方法来求平方
6    print(np.array([x * x for x in myArray1]))  #用传统的方法来求平方
```

程序运行结果:

```
[0 1 2 3 4 5 6 7 8 9]
[ 0  1  4  9 16 25 36 49 64 81]
[ 0  1  4  9 16 25 36 49 64 81]
```

注意:从第 4 和第 5 行代码可以看出,对于一维数组,用传统的方法使用列表的推导式来达到和 NumPy 中函数相同的一个效果,相对来说并不麻烦。

但是对于二维数组,就会复杂许多。

【示例 11.31】 使用传统方法和 NumPy 函数来求二维数组平方。

```
1    import numpy as np
2
3    myArray2 = np.arange(12).reshape(3,4)
4    print(myArray2)
5    print(np.square(myArray2))              #调用 square()方法来求二维平方
6    myArray3 = np.ones_like(myArray2)       #用传统方法来求二维平方
7    for x in range(3):
8        for y in range(4):
9            myArray3[x][y] =
10               myArray2[x][y] * myArray2[x][y]
11   print(myArray3)
```

程序运行结果:

```
[[ 0  1  2  3]
 [ 4  5  6  7]
 [ 8  9 10 11]]
[[  0   1   4   9]
 [ 16  25  36  49]
 [ 64  81 100 121]]
[[  0   1   4   9]
 [ 16  25  36  49]
 [ 64  81 100 121]]
```

可以看出,在求二维数组元素平方时,传统方法使用了嵌套循环操作,较为烦琐,效率低下;相比之下,NumPy 的 square()方法则简单高效很多,而 NumPy 中提供了一些对

ndarray 数组的数据执行元素级运算的函数，不需要用户自己写复杂的循环语句。

NumPy 中的常用方法如表 11-3 所示。

表 11-3　NumPy 中的常用方法

方 法 名 称	说　　明
np.abs()、np.fabs()	计算整数、浮点数的绝对值
np.sqrt()	计算各元素的平方根
np.square()	计算各元素的平方
np.exp()	计算各元素的指数
np.log()、np.log10()、np.log2()	计算各元素的自然对数、底数为 10 的对数、底数为 2 的对数
np.sign()	计算各元素的符号，1（正数）、0（零）、−1（负数）
np.ceil()、np.floor()、np.rint()	对各元素分别向上取整、向下取整、四舍五入
np.modf()	将各元素的小数部分和整数部分以两个独立的数组返回
np.cos()、np.sin()、np.tan()	对各元素求对应的三角函数
np.add()、np.subtract()、np.multiply()	对两个数组的各元素执行加法、减法、乘法等操作

这里选取部分方法为读者进行演示。

【示例 11.32】　用 np.sign() 方法计算各元素的符号，1（正数）、0（零）、−1（负数）。

```
1    import numpy as np
2
3    myArray3 = np.arange(-5,5).reshape(2,-1)
                                          #创建二维数组,-1代表由程序自己计算
4    print(myArray3)                      #打印数组
5    print(np.sign(myArray3))             #打印符号计算结果
```

程序运行结果：

```
[[-5 -4 -3 -2 -1]
 [ 0  1  2  3  4]]
[[-1 -1 -1 -1 -1]
 [ 0  1  1  1  1]]
```

【示例 11.33】　使用方法 np.ceil()、np.floor()、np.rint() 分别对数组中每个元素进行向上取整、向下取整和四舍五入。

```
1    import numpy as np
2
3    myArray4 = np.arange(-1,1,0.3)
```

```
4    print(myArray4)
5    print(np.ceil(myArray4))              #向上取整
6    print(np.floor(myArray4))             #向下取整
7    print(np.rint(myArray4))              #四舍五入
```

程序运行结果：

```
[-1.  -0.7 -0.4 -0.1  0.2  0.5  0.8]
[-1. -0. -0. -0.  1.  1.  1.]
[-1. -1. -1. -1.  0.  0.  0.]
[-1. -1. -0. -0.  0.  1.  1.]
```

【示例 11.34】 使用方法 np.modf() 将数组各元素的小数部分和整数部分以两个独立数组的方式返回。

```
1    import numpy as np
2
3    myArray5 = np.arange(-3,3).reshape(2,-1)
4    print(myArray5)
5    print(np.modf(myArray5))              #小数和整数分开,元素都是整数,所以小数为 0
```

程序运行结果：

```
[[-3 -2 -1]
 [ 0  1  2]]
(array([[-0., -0., -0.],
       [ 0.,  0.,  0.]]), array([[-3., -2., -1.],
       [ 0.,  1.,  2.]]))
```

11.4.2 NumPy 生成随机数

numpy.random 模块对 Python 内置的 random 模块进行了扩展，增加了一些用于高效生成服从多种概率分布样本值的函数。random 模块常用的方法如表 11-4 所示。

表 11-4 NumPy 生成随机数的常用方法

方 法 名 称	说　　明
np.random.rand(4,5)	随机生成 4 行 5 列数组，每个元素都是[0,1)之间的小数
np.random.randint(a,b,(3,4))	随机生成 3 行 4 列数组，每个元素都是[a,b)之间的整数
np.random.randn(4,5)	随机生成 4 行 5 列数组，元素的值符合标准正态分布
np.random.shuffle(数组)	随机打乱数组的顺序

续表

方法名称	说明
np.random.uniform(a,b,15)	均匀分布,随机生成 15 个在[a,b]之间的小数
np.random.choice(一维数组,size=(3,4))	随机从一维数组中抽取指定数量的元素
np.random.binomial()	随机生成符合二项分布的样本
np.random.normal()	随机生成符合正态分布的样本
np.random.beta()	随机生成符合 Beta 分布的样本
np.random.gamma()	随机生成符合 Gamma 分布的样本

这里选取部分方法为读者进行演示。

【示例 11.35】 熟悉 np.random.rand()、np.random.randint()的用法。

```
1  import numpy as np
2
3  print(np.random.rand(2,3))         #随机生成 2×3 数组,每个元素为[0,1]之间的小数
4  print(np.random.randint(10, 30, size=(3,4)))
```

程序运行结果:

```
[[0.87815251 0.6484805  0.89161972]
 [0.21140278 0.89851624 0.85600942]]
[[21 22 23 28]
 [10 28 17 21]
 [10 26 18 28]]
```

【示例 11.36】 使用 np.random.shuffle()方法随机打乱数组的顺序。

```
1  import numpy as np
2
3  myArray1 = np.arange(10)
4  print(myArray1)
5  np.random.shuffle(myArray1)
6  print(myArray1)
```

程序运行结果:

```
[0 1 2 3 4 5 6 7 8 9]
[2 6 8 1 4 7 0 5 3 9]
```

11.4.3 NumPy 的统计方法

接下来了解 NumPy 提供的一些常见统计方法，例如对数组求和、求平均值、求标准差等。NumPy 中常用的统计方法如表 11-5 所示。

表 11-5 NumPy 中常用的统计方法

方法名称	说明
np.sum()	对数组中的元素进行求和，空数组的和为 0
np.mean()、np.median()	获取数组的平均数和中位数，空数组的平均值为 NaN
np.std()、np.var()	获取数组的标准差和方差
np.min()、np.max()	获取数组的最大值和最小值，可以指定轴
np.argmin()、np.argmax()	获取最大、最小元素的索引
np.cumsum()	对数组中的元素累积求和，可指定轴
np.cumprod()	对数组中的元素累积求积，可指定轴
np.ptp()	计算数组中最大值与最小值的差，可指定轴
np.unique()	删除数组中的重复数据，并对数据进行排序
np.nonzero()	返回数组中非零元素的索引

以下选取部分方法为读者进行演示。

【示例 11.37】 NumPy 中常用统计方法的使用。

```
1    import numpy as np
2
3    myArray1 = np.random.randint(10, 50, size=10)
4    print(myArray1)
5    print(np.sum(myArray1))         #求和
6    print(np.max(myArray1))         #求最大值
7    print(np.min(myArray1))         #求最小值
8    print(np.ptp(myArray1))         #求最大值与最小值的差
9    print(np.mean(myArray1))        #求平均数
10   print(np.unique(myArray1))      #去除重复值并排序
```

程序运行结果：

```
[24 14 14 21 16 10 23 24 21 17]
184
24
10
14
```

```
18.4
[10 14 16 17 21 23 24]
```

对于多维数组,部分统计方法可以指定轴。

【示例 11.38】 了解 np.sum() 方法和 np.max() 方法指定轴的方式。

```
1    import numpy as np
2
3    myArray2 = np.random.randint(1, 10, (3, 4))
4    print(myArray2)
5    print(np.sum(myArray2, axis=0))      #指定 0 轴求和
6    print(np.max(myArray2, axis=1))      #指定 1 轴求最大值
```

程序运行结果:

```
[[2 2 9 5]
 [4 3 2 1]
 [3 6 3 1]]
[ 9 11 14  7]
[9 4 6]
```

回顾前面关于轴的介绍,可知这里提到的 0 轴和 1 轴实际上指的是维度。对于二维数组来说,可以将列方向想象成 0 轴,将行方向想象为 1 轴,然后逐行或逐列进行计算,如图 11-3 所示。

注意:在 NumPy 中,大部分的方法都可以使用 axis=0/1/2/…… 参数方式来指定需要计算的维度方向(轴方向)。

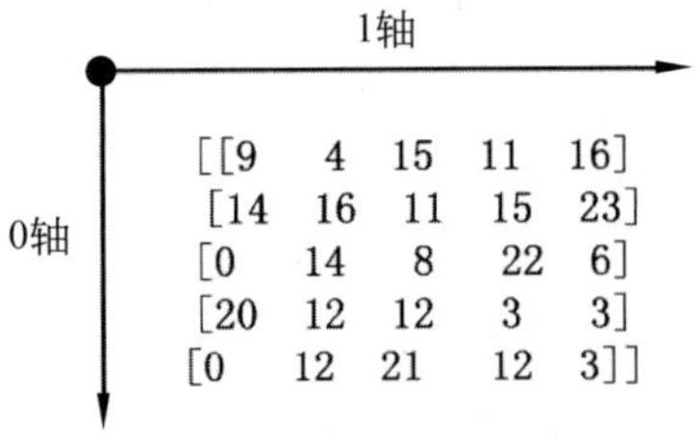

图 11-3 二维数组轴的抽象化

11.4.4 NumPy 的其他常用方法

除了前文介绍的三类方法,NumPy 中还有很多其他的常用方法。

【示例 11.39】 np.tile() 方法与 np.repeat() 方法的使用。

这两个方法比较类似,都用于复制数组中的数据。np.tile() 方法用于将数组的数据按照行列复制扩展,np.repeat() 方法用于将数组中的每个元素重复若干次。

```
1    import numpy as np
2
3    myArray1 = np.arange(5)
4    print(myArray1)
```

```
5    print(np.tile(myArray1,(4,2)))        #将原数组在一维上拓展为原来的 4 倍,二
                                            维上拓展为 2 倍
6    print(np.repeat(myArray1,2))          #将数组中的所有元素重复两次
```

程序运行结果:

```
[0 1 2 3 4]
[[0 1 2 3 4 0 1 2 3 4]
 [0 1 2 3 4 0 1 2 3 4]
 [0 1 2 3 4 0 1 2 3 4]
 [0 1 2 3 4 0 1 2 3 4]]
[0 0 1 1 2 2 3 3 4 4]
```

【示例 11.40】 使用方法 np.savetxt(),将数据保存到.txt 文件中。

```
1    import numpy as np
2
3    myArray2 = np.random.randint(10, 30, size=100)
4    print(myArray2)
5    print(np.savetxt("test.txt", myArray2, fmt="%d"))
```

程序运行结果(部分):

```
[15 24 15 12 17 14 16 11 25 17 24 29 25 15 23 26 21 11 15 19 14 19 18 18 28 16 18 21 22
 13 12 13 14 25 28 19 27 12 16 20 15 28 11 27 20 11 29 21 23 11 24 14 11 18 16 26 22 11 12
 28 16 18 11 29 25 13 20 11 21 27 16 12 29 28 12 20 15 20 15 23 23 16 27 22 16 22 16 16 27
 19 22 23 24 27 11 23 15 29 28 15]
None
```

.txt 文件如图 11-4 所示:

图 11-4 np.savetxt()方法执行后的部分结果展示

【示例 11.41】 使用方法 np.loadtxt(),从文件中加载数据。

```
1    import numpy as np
2
3    myArray3 = np.loadtxt("test.txt")
4    print(myArray3)
5    print(myArray3.dtype)              #打印元素类型
6    print(myArray3.shape)              #打印形状
```

程序运行结果:

```
[15. 24. 15. 12. 17. 14. 16. 11. 25. 17. 24. 29. 25. 15. 23. 26. 21. 11. 15. 19. 14.
 19. 18. 18. 28. 16. 18. 21. 22. 13. 12. 13. 14. 25. 28. 19. 27. 12. 16. 20. 15. 28.
 11. 27. 20. 11. 29. 21. 23. 11. 24. 14. 11. 18. 16. 26. 22. 11. 12. 28. 16. 18. 11.
 29. 25. 13. 20. 11. 21. 27. 16. 12. 29. 28. 12. 20. 15. 20. 15. 23. 23. 16. 27. 22.
 16. 22. 16. 16. 27. 19. 22. 23. 24. 27. 11. 23. 15. 29. 28. 15.]
float64
(100,)
```

【示例 11.42】 使用 np.any()、np.all()、np.where()方法。

对于 np.any()方法,如果数组中存在一个为 True 的元素(或者能转为 True 的元素),则返回 True;而 np.all()方法是如果数组中所有元素都为 True(或者能转为 True 的元素),则返回 True;np.where(条件,x,y)方法是如果条件为 True,对应值为 x,否则对应值为 y。

```
1    import numpy as np
2
3    myArray4 = np.array([1, 3, 5, 0, 0, 2])
4    print(np.any(myArray4))
5    print(np.all(myArray4))
6    print(np.where(myArray4%2==1, 1, -1))
```

程序运行结果:

```
True
False
[ 1  1  1 -1 -1 -1]
```

表 11-6 对 NumPy 中的其他常用方法做了一个汇总,供读者参考。

表 11-6　NumPy 的其他常用方法

方法名称	说明
np.tile()	将数组的数据按照行列复制扩展
np.repeat()	将数组中的每个元素重复若干次
np.savetxt()	将数据保存到 .txt 文件中
np.loadtxt()	从 .txt 文件中加载数据
np.genfromtxt()	根据 .txt 文件内容生成数据,可以指定缺失值的处理等
np.any()	如果数组中存在一个为 True 的元素(或者能转为 True 的元素),则返回 True
np.all()	如果数组中所有元素都为 True(或者能转为 True 的元素),则返回 True
np.where(条件,x,y)	如果条件为 True,对应值为 x,否则对应值为 y
np.sort()	对数组进行排序,返回一个新的排好序的数组,原数组不变
np.argsort()	返回的是数组值从小到大排序后元素对应的索引值
np.mat()	将一个数组转换成矩阵,此矩阵可以直接用运算符进行矩阵的运算
np.transpose()	数组行列转置,只是改变元素访问顺序,并未生成新的数组

思考与练习

11.11　创建一个长度为 10 的随机数组,并将其中的最小值替换为 0。

11.12　随机生成一个长度为 20 的数组,要求其元素取值在 10～30 之间。在此基础上,再生成一个同样长度的数组,使其元素的取值为先前数组元素的平方。

11.13　随机生成一个长度为 10 的数组,要求其元素全为浮点数。在此基础上,对数组的元素进行取整输出。

11.14　创建一个 4×4 的矩阵,要求每行取值为[0,1,2,3]。

11.5　ndarray 的数组运算

11.4 节中介绍了 NumPy 的一些常用函数,包括各种数学函数、用于生成随机数的函数、生成服从特定概率分布的函数和在统计分析中经常用到的函数等。通过这些函数的调用,可以快速地实现某一特定功能。从本节开始将介绍 NumPy 的数组运算。

11.5.1　NumPy 的广播机制

NumPy 中两个数组的相加、相减以及相乘都是对应元素之间的操作。当两个数组的形状不相同时,可以通过扩展数组的方法来实现相加、相减、相乘等操作,这种机制称为广播。但并不是任意两个数组之间都可以执行算术运算,广播是有一定的原则的。

视频讲解

广播的原则：如果两个数组的后缘维度（trailing dimension，即从末尾开始算起的维度）的轴长度相符，或其中的一方长度为 1，则认为它们是广播兼容的。广播会在缺失或长度为 1 的维度上进行。

图 11-5 和图 11-6 对 NumPy 的数组相加的广播机制进行了演示。

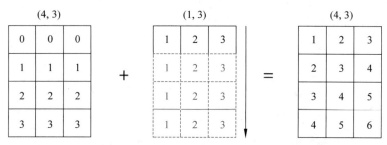

图 11-5　形状为(4,3)的数组和形状为(1,3)的数组相加的过程

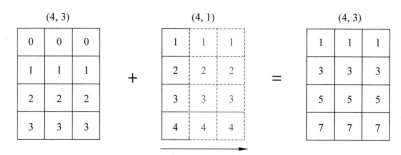

图 11-6　形状为(4,3)的数组和形状为(4,1)的数组相加的过程

11.5.2　ndarray 数组的四则运算

由于数组的形状不一，数组的四则运算要分为几种情况进行讨论。
（1）数组形状相同。

【示例 11.43】　对形状相同的数组，直接按照对应的位置进行相应元素的运算。

```
1   import numpy as np
2
3   myArray1 = np.random.randint(1, 10, (2, 3))    #形状为 2×3 的数组
4   myArray2 = np.random.randint(2, 8, (2, 3))
5   print(myArray1)
6   print(myArray2)
7   print()                                         #换行(空行隔断,为了输出美观一些)
8   print(myArray1 + myArray2)                      #加法
9   print(myArray1 - myArray2)                      #减法
10  print(myArray1 * myArray2)                      #乘法
```

程序运行结果：

```
[[7 8 2]
 [8 4 3]]
[[6 4 3]
 [5 4 5]]

[[13 12  5]
 [13  8  8]]
[[ 1  4 -1]
 [ 3  0 -2]]
[[42 32  6]
 [40 16 15]]
```

（2）数组形状不同。

【示例 11.44】 形状不同的数组运算，按照 11.5.1 节的广播机制进行运算。

```
1    import numpy as np
2
3    myArray3 = np.random.randint(1, 10, (2, 3))    #形状为 2×3 的数组
4    myArray4 = np.random.randint(2, 8, (2, 1))     #形状为 2×1 的数组
5    print(myArray3)
6    print(myArray4)
7    print()                                         #换行（空行隔断）
8    print(myArray3 + myArray4)                      #加法
9    print(myArray3 - myArray4)                      #减法
10   print(myArray3 * myArray4)                      #乘法
```

程序运行结果：

```
[[8 4 5]
 [1 9 7]]
[[4]
 [6]]

[[12  8  9]
 [ 7 15 13]]
[[ 4  0  1]
 [-5  3  1]]
[[32 16 20]
 [ 6 54 42]]
```

(3)数组和标量的运算。

数组不仅可以和数组进行运算,还可以和标量进行运算,运算的机制为:数组中的每一个元素分别与标量进行相应运算,结果依然为数组。

【示例 11.45】 数组和标量的四则运算。

```
1    import numpy as np
2
3    myArray5 = np.random.randint(1, 10, (2, 3))    #形状为 2×3 的数组
4    scal = 5                                       #标量值为 5
5    print(myArray5)
6    print()                                        #换行(空行隔断)
7    print(myArray5 + scal)                         #加法
8    print(myArray5 - scal)                         #减法
9    print(myArray5 * scal)                         #乘法
10   print(myArray5 / scal)                         #除法
```

程序运行结果:

```
[[1 6 4]
 [5 2 2]]

[[ 6 11  9]
 [10  7  7]]
[[-4  1 -1]
 [ 0 -3 -3]]
[[ 5 30 20]
 [25 10 10]]
[[0.2 1.2 0.8]
 [1.  0.4 0.4]]
```

11.5.3 ndarray 数组的集合运算

ndarray 数组的常见集合运算方法如表 11-7 所示。

表 11-7 ndarray 数组的常见集合运算方法

方 法 名 称	说　　明
np.intersect1d(a,b)	交集,结果为同时在 a 和 b 中的元素组成的数组
np.setdiff1d(a,b)	差集,结果为在 a 中不在 b 中的元素组成的数组
np.union1d(a,b)	并集,结果为在 a 或 b 中的元素组成的数组
np.setxor1d(a,b)	异或集,结果为在 a 或 b 中,但不同时在 a 和 b 中的元素组成的数组
np.in1d(a,b)	判断 a 中的元素是否在 b 中,结果为布尔型数组

【示例 11.46】 集合方法的使用。

```
1    import numpy as np
2
3    set_a = np.array([5, 4, 2, 5, 7, 8])
4    set_b = np.array([3, 6, 4, 8, 9, 4, 1])
5    print(np.intersect1d(set_a, set_b))      #set_a 和 set_b 的交集
6    print(np.setdiff1d(set_a, set_b))        #差集,在 set_a 中不在 set_b 中的元素
7    print(np.setdiff1d(set_b, set_a))        #差集,在 set_b 中不在 set_a 中的元素
8    print(np.union1d(set_a, set_b))          #set_a 和 set_b 的并集
9    print(np.setxor1d(set_a, set_b))         #异或集
10   print(np.in1d(set_a, set_b))             #判断 set_a 中的元素是否在 set_b 中
11   print(np.in1d(set_b, set_a))             #判断 set_b 中的元素是否在 set_a 中
```

程序运行结果:

```
[4 8]
[2 5 7]
[1 3 6 9]
[1 2 3 4 5 6 7 8 9]
[1 2 3 5 6 7 9]
[False  True False False False  True]
[False False  True  True False  True False]
```

11.5.4 ndarray 数组的连接与分割

1. 数组的连接

在做数据处理时,有以下几个常用方法用于数组的连接,详见表 11-8。

表 11-8 常用的数组连接方法

方法名称	说明
np.concatenate((a,b))	沿指定轴连接两个或多个数组,要求指定轴上的元素个数相同
np.stack((a,b))	沿新轴连接数组序列,数组 a 和 b 形状必须相同
np.hstack((a,b))	通过水平堆叠来生成数组
np.vstack((a,b))	通过垂直堆叠来生成数组

接下来详细介绍各个方法的使用。

【示例 11.47】 使用 np.concatenate((a,b)),这个方法用于对数组按照指定轴方向进行连接,此处以两个二维数组为例,第一个数组的形状为 2×3,第二个数组的形状为 3×3。

```
1    import numpy as np
```

```
2
3   myArray1 = np.array([[2, 3, 4], [5, 6, 7]])              #2×3 数组
4   myArray2 = np.array([[9, 8, 7], [6, 4, 2], [2, 5, 8]])   #3×3 数组
5   print(np.concatenate((myArray1, myArray2), axis=0))
                                                             #指定沿 0 轴方向进行连接
```

程序运行结果：

```
[[2 3 4]
 [5 6 7]
 [9 8 7]
 [6 4 2]
 [2 5 8]]
```

这里可以看出，指定轴为 0，也就是 1 维，在一维方向上的所有元素的个数都是 3，所以可以直接进行连接。

对于二维数组来说，axis = 0 的本质含义如下：

(1) 计算之后列数不变；

(2) 以列为单位进行计算；

(3) 逐列计算。

如果指定轴为 1，因为二维方向上的元素个数分别为 2 和 3，则会报错。

```
1   import numpy as np
2
3   myArray1 = np.array([[2, 3, 4], [5, 6, 7]])              #2×3 数组
4   myArray2 = np.array([[9, 8, 7], [6, 4, 2], [2, 5, 8]])   #3×3 数组
5   print(np.concatenate((myArray1, myArray2), axis=1))
                                                             #指定沿 1 轴方向进行连接
```

程序运行结果：

```
ValueError: all the input array dimensions for the concatenation axis must
match exactly, but along dimension 0, the array at index 0 has size 2 and the
array at index 1 has size 3
```

【示例 11.48】 使用 np.stack((a,b))方法，这个方法用于在新轴上连接数组序列，会创建出一个新的维度。

```
1   import numpy as np
2
3   myArray3 = np.array([[2, 3, 4], [5, 6, 7]])     #2×3 数组
4   myArray4 = np.array([[9, 8, 7], [6, 4, 2]])     #2×3 数组
5   print(np.stack((myArray3, myArray4)))           #使用 stack()方法进行连接
```

程序运行结果:

```
[[[2 3 4]
  [5 6 7]]

 [[9 8 7]
  [6 4 2]]]
```

myArray3 和 myArray4 均为二维数组,因此在使用 stack()方法进行连接时,是将这两个二维数组进行打包,再往最外层添加一个新的维度,变成了 2×2×3 的三维数组。需要注意的是,对于 np.stack()方法,作为参数的数组必须是相同的形状,否则会报错。

【示例 11.49】 了解 np.vstack()与 np.hstack(),这两个方法分别支持横向合并与纵向合并。

```
1    import numpy as np
2
3    myArray5 = np.array([[2, 3, 4], [5, 6, 7]])#2×3数组
4    myArray6 = np.array([[9, 8, 7], [6, 4, 2]])#2×3数组
5    print(np.vstack((myArray5, myArray6)))  #使用 vstack()方法进行 0 轴方向连接
6    print(np.hstack((myArray5, myArray6)))  #使用 hstack()方法进行 1 轴方向连接
```

程序运行结果:

```
[[2 3 4]
 [5 6 7]
 [9 8 7]
 [6 4 2]]
[[2 3 4 9 8 7]
 [5 6 7 6 4 2]]
```

调用这两个方法的前提是相应连接轴方向上的元素个数要相同,和 np.concatenate()指定轴连接的原则基本一致。可简单理解为:

调用 np.vstack()的前提——列的数量一致;

调用 np.hstack()的前提——行的数量一致。

2. 数组的分割

既然有了数组连接,相应的,NumPy 也有数组的分割方法。常用的数组分割方法如表 11-9 所示。

表 11-9 常用的数组分割方法

方 法 名 称	说　　明
np.split()	沿特定的轴将数组分割为子数组,如果是整数,就用该数平均切分;如果是序列,则沿轴对应位置切分(左开右闭)

续表

方法名称	说明
np.hsplit()	用于水平分割数组,通过指定要返回的相同形状数组数量来拆分原数组
np.vsplit()	沿着垂直轴分割,其分割方式与 hsplit()用法相同

【示例 11.50】 使用 np.split()方法,沿特定的轴对数组进行切分,轴可以指定,不指定就默认是 0 轴,也就是在最外层 1 维上进行切分,以二维数组为例。

```
1    import numpy as np
2
3    myArray7 = np.arange(24).reshape((4, 6))
4    print(myArray7)
5    print(np.split(myArray7, 2))              #将数组在默认轴方向上均分为 2 份
6    print(np.split(myArray7, [2, 5], axis=1))
                                  #将数组在 1 轴方向上沿 2,5 下标进行分割
```

程序运行结果:

```
[[ 0  1  2  3  4  5]
 [ 6  7  8  9 10 11]
 [12 13 14 15 16 17]
 [18 19 20 21 22 23]]
[array([[ 0,  1,  2,  3,  4,  5],
       [ 6,  7,  8,  9, 10, 11]]), array([[12, 13, 14, 15, 16, 17],
       [18, 19, 20, 21, 22, 23]])]
[array([[ 0,  1],
       [ 6,  7],
       [12, 13],
       [18, 19]]), array([[ 2,  3,  4],
       [ 8,  9, 10],
       [14, 15, 16],
       [20, 21, 22]]), array([[ 5],
       [11],
       [17],
       [23]])]
```

注意:当参数中第二个值为整数时,则以此整数为基准在指定轴(维度)上均分数组,如果是一个序列,则在指定轴(维度)上沿指定的轴位置切分,且为左开右闭,例如值为 [2],则是在下标为 1 和下标为 2 的元素之间进行分割。

【示例 11.51】 使用 np.hsplit()、np.vsplit()方法,这两个方法主要是为二维数组提供方便,分别为水平分割数组和垂直分割数组,具体的使用方式和 np.split()基本一致。

```
1    import numpy as np
2
3    myArray8 = np.arange(24).reshape((4, 6))
4    print(myArray8)
5    print(np.hsplit(myArray8, 2))          #将数组在水平方向上均分为2份
6    print(np.vsplit(myArray8, [1, 3]))     #将数组在垂直方向沿1和3下标进行分割
```

程序运行结果:

```
[[ 0  1  2  3  4  5]
 [ 6  7  8  9 10 11]
 [12 13 14 15 16 17]
 [18 19 20 21 22 23]]
[array([[ 0,  1,  2],
       [ 6,  7,  8],
       [12, 13, 14],
       [18, 19, 20]]), array([[ 3,  4,  5],
       [ 9, 10, 11],
       [15, 16, 17],
       [21, 22, 23]])]
[array([[0, 1, 2, 3, 4, 5]]), array([[ 6,  7,  8,  9, 10, 11],
       [12, 13, 14, 15, 16, 17]]), array([[18, 19, 20, 21, 22, 23]])]
```

思考与练习

11.15 通过 PyCharm 编辑器内的"查看源码"功能,理解 NumPy 中四则运算的本质。

11.16 连接两个数组有哪些方式?有哪些限制要求?

11.17 随机生成三个长度为10,且元素取值在 0~20 之间的数组。使用方法求三个数组的交集。

11.6 本章小结

视频讲解

NumPy 库的出现为人们开展数据科学工作提供了极大的便利。本章详细介绍了 NumPy 的各种用法,包括以下四部分内容。

(1) 数组对象 ndarray。

涵盖数组的创建(array、asarray、arange、ones、empty、zeros、等差数组、等比数组等)、数组的属性(形状、维度、类型、元素个数、所占空间等)、数组的形状与重构(多种改变形状、重构、转置方法等)。

(2) 索引和切片。

涵盖普通索引和切片(针对单个维度进行设置,维度之间用逗号隔开)、整数数组索引(访问无规律的多个元素、用整数数组指定维度下标)、布尔索引(获取符合逻辑关系的元素)、花式索引(获取特定顺序行和特定顺序列的数据)。

(3) 通用函数。

涵盖数学函数、生成随机数函数(随机整数、正态分布、二项分布等)、统计函数(方差和标准差、平均数和中位数、最大值和最小值)、其他常用方法(排序、重复、保存等)。

(4) 数组运算。

涵盖广播机制、数组集合运算、数组分割和连接等。

课后练习

11.1 已知 array_1 为 4 行 5 列的二维数组,如图 11-7 所示。请回答以下问题。

(1) array_1[2,3]、array_1[2]、array_1[2][3]、array_1[2][:3]、array_1[:][:3]、array_1[:,:3]各自表示什么含义?

```
[[ 1  2  3  4  5]
 [ 6  7  8  9 10]
 [11 12 13 14 15]
 [16 17 18 19 20]]
```

图 11-7 4 行 5 列的数组 array_1

(2) 如果只想获取第 2 行和第 4 行数据,如何获取?
(3) 如果只想获取第 3 列和第 5 列数据,如何获取?
(4) 如果想获取大于 10 且能被 3 整除的数据,如何获取?
(5) 如何通过一个表达式获取第 3 行第 4 列、第 2 行第 5 列、第 4 行第 1 列的数据?
(6) 将该数组垂直平均分割成 2 个子数组。
(7) 将该数组水平分割为 3 个子数组:第 1 列,第 2~4 列,第 5 列。

11.2 编写代码计算 5×4 和 4×2 随机矩阵的内积。

11.3 随机生成一个 4 行的数组,交换其中的第 2 和第 3 行。

11.4 生成一个数组,其内容为[1,2,3,4,5,6,7,8,9,10]。在此基础上生成一个新的数组,要求其内容为[[1,2,3,4],[2,3,4,5],[3,4,5,6],…,[7,8,9,10]]。

11.5 随机生成一个 100×100 的矩阵,计算该矩阵的秩。

11.6 创建一个 10×10 的随机矩阵,然后使其矩阵四周的元素值均为 0(即第一列、最后一列、第一行、最后一行的值全为 0)。

11.7 生成一个数组,其内容为[1,2,3,4,5,6,7,8,9,10]。请在该数组的每两个元素中间插入 3 个 0,形成新的数组并输出。

课后习题
讲解

第12章

数据分析之 pandas 入门与实践

本章要点

- Series 数据访问和常用方法
- DataFrame 创建与数据访问
- DataFrame 中的属性和方法
- DataFrame 的合并
- pandas 加载数据和缺失值处理
- pandas 中分组操作
- pandas 中数据合并操作

本章知识结构图

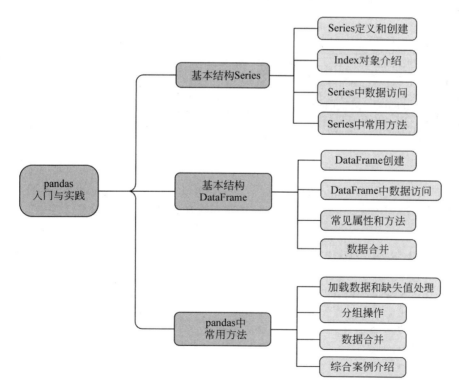

第 11 章中介绍了科学计算和数据分析中经常要使用到的基础库 NumPy。通过学习

NumPy，读者可以快速方便高效地执行多维数据计算，但 NumPy 里面并没有提供太多关于数据分析和数据处理的方法，而 pandas 库正好就弥补了这一点。

pandas 是 Python 生态中用于进行数据处理的第三方库，它在 NumPy 的基础上进一步提供了很多数据分析和数据处理的方法，例如从各种各样的数据文件中加载数据，进行缺失值的处理，数据的分组和合并等。

本章主要讲述 pandas 库，包括以下三部分。首先介绍 pandas 的一种基本的数据结构 Series，可以简单地把它理解为带有标签的一维数组。然后介绍另一种非常实用的数据结构 DataFrame，也可以通俗地把它类比为带有行和列索引的二维数组。最后讲解 pandas 中的一些常用方法。

pandas 是一种基于 NumPy 的开源数据分析工具包，提供了高性能、简单易用的数据结构和数据分析函数。pandas 提供了方便的类表格和类 SQL 操作，同时提供了强大的缺失值处理方法，可以方便地进行数据导入、选取、清洗、处理、合并、统计分析等操作。

由于 Python 标准库中默认不包含 pandas 库，需要用户自己下载安装。具体安装方法如下。

（1）命令行安装 pip install pandas，如图 12-1 所示。

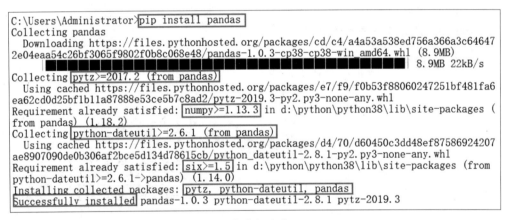

图 12-1　命令行安装 pandas

（2）推荐通过 Anaconda 集成开发环境来使用 pandas，它本身已经安装了 pandas 库及各种数据分析相关库，在数据分析方面具有强大的优势。

12.1　Series 和 Index 介绍

12.1.1　Series 的定义和创建

视频讲解

pandas 的 Series 对象是一种带有标签数据的一维数组。标签在 pandas 中有对应的数据类型 index，因此 Series 类似于一维数组与字典的结合。

【示例 12.1】　创建 Series 对象，并通过 index 参数指定索引，未指定索引时采用默认索引。

```
1    import pandas as pd              #导入pandas库,这是常见的pandas导入方式
2
3    s_1 = pd.Series([2, 4, 6])
4    s_2 = pd.Series((1, 3, 5),index=["A", "C", "D"])
5    print(s_1)
6    print(s_2)
```

程序输出结果:

```
0    2
1    4
2    6
dtype: int64
A    1
C    3
D    5
dtype: int64
```

通过列表、元组创建 Series 时,索引大小必须和列表大小一致。通过 NumPy 的 ndarray 创建,则必须是一维数组,且数组大小和索引大小要一致。

通过字典创建,默认索引为字典的键,指定索引时,会以索引为键获取值,没有值时,默认为 NaN;通过标量创建 Series,会重复填充标量到每个索引上。

【示例 12.2】 通过字典创建 Series 对象。

```
1    import pandas as pd              #导入pandas库
2    import numpy as np
3
4    s_3 = pd.Series({"D": "d", "B": "b"},index=["B", "C"])
5    s_4 = pd.Series(8, index=[6, 4, 8, 1])
6    print(s_3)
7    print(s_4)
```

程序输出结果:

```
B    b
C    NaN
dtype: object
6    8
4    8
8    8
1    8
dtype: int64
```

Series 有两个关键的属性，分别是 values 和 index。values 属性获取具体值，类型为一维 ndarray；index 属性获取相应索引，类型为 Index。

【示例 12.3】 读取 Series 对象的两种属性。

```
1   print(s_2.values)
2   print(s_2.index)
```

程序输出结果：

```
[1 3 5]
Index(['A', 'C', 'D'], dtype='object')
```

12.1.2　Index 对象

pandas 的 Index 对象可以看作是一个不可变数组，它可以包含重复值。可直接通过 pandas 的 Index 类创建 Index 对象，也可以通过 Series 或 DataFrame 中的 index 属性获取对应的 Index 对象。Index 对象可以在多个数据间共享。

【示例 12.4】 通过 index 属性获取对应的 Index 对象。

```
1   import pandas as pd                    #导入 pandas 库
2   import numpy as np
3
4   s_2 = pd.Series((1, 3, 5),index=["A", "C", "A"])
5   s_5 = pd.Series(["AAA", "BBB", "CCC"], index=s_2.index)
6   print(s_2)
7   print(s_5)
```

程序输出结果：

```
A    1
C    3
A    5
dtype: int64
A    AAA
C    BBB
A    CCC
dtype: object
```

Index 对象的很多操作都与 NumPy 中的数组操作类似，例如支持索引和切片操作，支持 NumPy 中的一些常见函数，拥有 size、shape、ndim 等属性。

【示例 12.5】 Index 对象的常见操作。

```
1    index = pd.Index(["A", "B", "E", "A"])
2    print(index[2])                          #索引操作
3    print(index[1:3])                        #切片操作
4    print(np.unique(index))                  #常见函数操作
5    print(index.shape)
```

程序输出结果：

```
E
Index(['B', 'E'], dtype='object')
['A' 'B' 'E']
(4,)
```

注意：Index 对象的值是不可变的。Index 对象的不可变特征使得在多个数据之间进行索引共享时更加安全，可避免修改索引导致的副作用。

Index 对象也支持集合操作，例如并集、交集、差集等，这些操作也可以通过调用对象的方法来实现。操作结果中可能会存在重复的元素。

【示例 12.6】 Index 对象的集合操作。

```
1    index_1 = pd.Index([2, 4, 5, 2, 3, 5])
2    index_2 = pd.Index([3, 5, 7, 8])
3    print(np.intersect1d(index_1, index_2))        #交集操作
4    print(index_1.intersection(index_2))           #交集操作
5    print(index_1.union(index_2))                  #并集操作
6    print(index_2.union(index_1))
```

程序输出结果：

```
[3 5]
Int64Index([5, 3, 5], dtype='int64')
Int64Index([2, 2, 3, 4, 5, 5, 7, 8], dtype='int64')
Int64Index([2, 2, 3, 4, 5, 7, 8], dtype='int64')
```

思考与练习

12.1 简述 Series 对象的定义。
12.2 简述创建 Series 对象的常见方式有哪些。
12.3 编写代码，随机创建一个 Series 对象，并读取它的两种常用属性。
12.4 简述 Index 对象的定义。
12.5 创建两个 Index 对象，并对它们进行集合操作。

12.2　Series 的数据访问和常用方法

视频讲解

12.1 节简单介绍了 Series 对象的创建和 Index 对象的使用，接下来继续介绍 Series 对象的数据访问。Series 对象与 NumPy 中的一维数组及 Python 的字典 dict 在很多方面都是类似的。Series 对象的数据访问可与它们进行类比学习。

12.2.1　Series 的数据访问

字典中的键不允许重复，但 Series 的索引允许有重复值。以索引为键，可访问对应的值，如果值有多个，则结果为 Series 类型。

【示例 12.7】　通过索引访问 Series 对象。

```
1   s_1 = pd.Series([2, 4, 6, 8, 10],index=list(["ABCDC"]))
2   print(s_1)
3   print(s_1["A"])                         #通过索引访问数据
4   print(s_1["C"])
```

程序输出结果：

```
A    2
B    4
C    6
D    8
C    10
dtype: int64
2
C    6
C    10
dtype: int64
```

【示例 12.8】　调用字典的一些常见方法，如 keys()、items() 等，判断是否包含指定的索引。

```
1   print(s_1.keys())                       #获取所有的索引
2   print(s_1.index)                        #获取所有的索引
3   print(list(s_1.items()))                #获取索引和值对
4   print("D" in s_1)                       #判断是否包含某个索引
```

程序输出结果：

```
Index(['A', 'B', 'C', 'D', 'C'], dtype='object')
Index(['A', 'B', 'C', 'D', 'C'], dtype='object')
```

```
[('A', 2), ('B', 4), ('C', 6), ('D', 8), ('C', 10)]
True
```

【示例12.9】 用类似字典的语法更新数据,对一个不存在的索引进行赋值,可添加一个索引及相应的值。

```
1  s_1["D"] = 20              #修改某个索引对应的值
2  s_1["W"] = 50              #索引不存在时添加索引
3  print(s_1)
```

程序输出结果:

```
A     2
B     4
C     6
D    20
C    10
W    50
dtype: int64
```

可以通过索引、切片、布尔表达式访问 Series 数据,通过切片访问时,显式索引结果包含最后一个索引,隐式索引结果不包含最后一个索引。

【示例12.10】 通过索引、切片等操作访问 Series 对象。

```
1  s_1 = pd.Series([2, 4, 6, 8, 10],index=list("ACBDE"))
2  print(s_1[2])              #第三个值 6
3  print(s_1["A":"D"])        #包括 A 至 D 对应的值
4  print(s_1[1:3])            #包括 1 不包括 3
5  print(s_1[s_1>6])          #所有大于 6 的值
```

程序输出结果:

```
6
A    2
C    4
B    6
D    8
dtype: int64
C    4
B    6
dtype: int64
```

```
D    8
E    10
dtype: int64
```

注意：pandas 一般会为 Series 对象默认分配一个从 0 开始，步长为 1，不断增大的索引，称为隐式索引；而用户通过 index 指定的索引称为显式索引。通过键访问的是显式索引，而通过切片访问的是隐式索引。

索引器：loc、iloc

（1）loc：显式索引访问，即根据用户指定的索引访问；

（2）iloc：隐式索引访问，即根据位置序号访问。

【示例 12.11】 使用索引器访问 Series 对象。

```
1    s_1 = pd.Series(range(2, 12, 2),index=range(1, 6))
2    print(s_1.iloc[2])                    #隐式索引
3    print(s_1.loc[2])                     #显式索引
4    print(s_1.iloc[2:4])                  #包括 2 不包括 4
5    print(s_1.loc[2:4])                   #包括 2 且包括 4
```

程序输出结果：

```
6
4
3    6
4    8
dtype: int64
2    4
3    6
4    8
dtype: int64
```

12.2.2　Series 的常用方法

Series 对象的排序方法。

（1）sort_index()：对 Series 按照索引排序，生成一个新的 Series 对象；

（2）sort_values()：对 Series 按照值排序，生成一个新的 Series 对象；

（3）rank()：对值进行排名，从 1 开始，对于相同的值默认采用原地排序。

【示例 12.12】 对 Series 对象进行排序。

```
1    s_1 = pd.Series([4, 8, 5, 1], index=["A", "C", "D", "B"])
2    print(s_1)                            #原始 Series
```

```
3    print(s_1.sort_index())              #根据索引排序
4    print(s_1.sort_values())             #根据值排序
5    print(s_1.rank())                    #取索引对应值的排名
```

程序输出结果：

```
A    4
C    8
D    5
B    1
dtype: int64
A    4
B    1
C    8
D    5
dtype: int64
B    1
A    4
D    5
C    8
dtype: int64
A    2.0
C    4.0
D    3.0
B    1.0
dtype: float64
```

程序输出结果从上至下分别是对 Series 对象按原始、索引、值、索引对应值进行排序。

reindex()方法可以重新设置索引，生成一个新的 Series 对象。新的索引长度和原始索引长度可以不同，如果新的索引不在原始数据中，则对应的值为 NaN；如果在原始数据中，则值保持不变，可通过 method 参数指定值的填充方案（要求原始索引是递增的），还可通过 fill_value 参数指定填充值。

【示例 12.13】 对 Series 对象重新设置索引。

```
1    s_1 = pd.Series([4, 8, 5, 1], index=["A", "C", "D", "B"])
2    print(s_1.reindex(list("ABCDE")))          #重新设置索引
3    print(s_1.reindex(list("ABCDE"), fill_value=0))
```

程序输出结果：

```
A    4.0
B    1.0
```

```
C    8.0
D    5.0
E    NaN
dtype: float64
A    4
B    1
C    8
D    5
E    0
dtype: int64
```

Series 对象也可执行 NumPy 的一些运算，此时只对值进行操作，索引和值之间的对应关系不变。Series 对象之间执行运算时，会自动进行对齐，相同索引之间执行相应运算，不同索引对应的值为 NaN。

【示例 12.14】 对 Series 对象执行运算。

```
1  s_1 = pd.Series([4,8,5,1],index=["A", "C", "D", "B"])
2  print(np.square(s_1))              #求平方
3  s_2 = pd.Series([1, 3, 5], index=list("ABC"))
4  print(s_1+s_2)                     #两个 Series 对象间的运算
```

程序输出结果：

```
A    16
C    64
D    25
B    1
dtype: int64
A    5.0
B    4.0
C    13.0
D    NaN
dtype: float64
```

unique() 方法用于去除值中重复的数据，即每个值只保留一个。value_counts() 方法用于统计数据出现的次数，并按次数从多到少排序。

【示例 12.15】 Series 对象 unique() 方法和 value_counts() 方法的使用。

```
1  s_1 = pd.Series([3, 6, 8, 3, 2, 6, 7, 6])
2  print(s_1.unique())                #去除值中的重复数据
3  print(s_1.value_counts())          #统计值中各数据出现的次数
```

程序输出结果:

```
[3 6 8 2 7]
6    3
3    2
7    1
2    1
8    1
dtype: int64
```

思考与练习

12.6 简述 Series 对象常用的几种方法。

12.7 将 Series 对象与字典对象的数据访问方法进行对比,简述它们的异同。

12.8 创建一个 Series 对象,通过索引对它进行访问。

12.9 对 12.8 题创建的 Series 对象的索引进行重置运算。

12.10 简述隐式索引和显式索引的区别。

12.3 DataFrame 的创建与数据访问

视频讲解

12.2 节中介绍了 pandas 的基本数据结构 Series,可以把它简单理解为带有索引的一维数组。这一节学习 pandas 中另一个非常重要的基本结构 DataFrame。

DataFrame 可以看作一种既有行索引,又有列索引的二维数组,类似于 Excel 表或关系型数据库中的二维表,是 pandas 中最常用的基本结构。

12.3.1 DataFrame 的创建

DataFrame 可通过一维 ndarray、list、dict、Series 的字典或列表、二维 ndarray、单个 Series、一维数组及其他的 DataFrame 等创建。

【示例 12.16】 DataFrame 对象的创建。

```
1    names = ["张三","李四","王五"]
2    ages = [20, 18, 19]
3    d_1 = pd.DataFrame({"姓名":names, "年龄":ages})
4    print(d_1)
```

程序输出结果:

```
     姓名   年龄
0    张三   20
```

```
1  李四  18
2  王五  19
```

创建 DataFrame 时,可通过 index 和 columns 参数指定行索引和列索引,若没有指定索引,则默认索引为从 0 开始的连续数字。

【示例 12.17】 为 DataFrame 对象指定索引。

```
1  names = ["张三", "李四", "王五"]
2  ages = [20, 18, 19]
3  d_2 = pd.DataFrame({"姓名":names, "年龄":ages}, index=["A", "B", "C"])
4  print(d_2)
```

程序输出结果:

```
   姓名  年龄
A  张三  20
B  李四  18
C  王五  19
```

通过多个 Series 创建 DataFrame 时,多个 Series 对象会自动对齐。若指定了 index,则会丢弃所有未和 index 匹配的数据。如果指定的索引不存在,则对应的值默认为 NaN。

【示例 12.18】 DataFrame 对象中含有未匹配值的情况。

```
1  names = ["张三", "李四", "王五"]
2  ages = [20, 18, 19]
3  s_names = pd.Series(names, index=["A", "C", "B"])
4  s_ages = pd.Series(ages, index=["D", "B", "A"])
5  d_3 = pd.DataFrame({"姓名":s_names, "年龄":s_ages})
6  print(d_3)
```

程序输出结果:

```
   姓名   年龄
A  张三   19.0
B  王五   18.0
C  李四   NaN
D  NaN   20.0
```

12.3.2 DataFrame 的数据访问

DataFrame 对象与二维 NumPy 数组共享索引的由若干个 Series 对象构成的字典有很多相似之处,DataFrame 的数据访问可与它们进行类比学习。

(1) 以列索引为关键字,获取某一列数据。例如 d_1[列索引],结果为 Series 对象。还可进一步获取某个数据,例如 d_1[列索引][行索引],这里需要使用两个中括号,不能合并。

(2) 如果列索引为字符串,则可以列名为属性名,获取某一列数据。例如 d_1.属性名,前提是列名符合标识符的命名规范。如果列名不符合规范或与 DataFrame 中属性相同,例如 shape、index 等,则不能使用属性形式。

【示例 12.19】 对创建的 DataFrame 对象进行读取。

```
1    s_names = pd.Series(["张三", "李四", "王五"], index=list("ABC"))
2    s_ages = pd.Series([18, 20, 18], index=list("ABC"))
3    d_4 = pd.DataFrame({"姓名": s_names, "年龄":s_ages})
4    print(d_4)
5    print(d_4["姓名"])
6    print(d_4.姓名)
7    print(d_4["姓名"] is d_4.姓名)           #是否为同一对象
8    print(d_4["姓名"]["A"])
```

程序输出结果:

```
    姓名   年龄
A   张三   18
B   李四   20
C   王五   18
A    张三
B    李四
C    王五
Name: 姓名, dtype: object
A    张三
B    李四
C    王五
Name: 姓名, dtype: object
True
张三
```

将 DataFrame 看作二维数组,它支持以下操作。

(1) 行列转置、布尔表达式等;

(2) 行切片操作,但不支持列切片。若想访问多列数据,可将多个列索引放在一个列表中,例如 d_1[[列1,列2]]。

【示例 12.20】 将 DataFrame 看作二维数组,对其进行操作。

```
1    print(d_4.T)                           #行列转置
2    print(d_4[d_4.年龄==18])                #布尔表达式
3    print(d_4[1:3])                        #行切片,隐式索引
4    print(d_4[["年龄", "姓名"]])             #同时获取多列信息
```

程序输出结果：

```
      A   B   C
姓名  张三 李四 王五
年龄  18  20  18
    姓名  年龄
A   张三   18
C   王五   18
    姓名  年龄
B   李四   20
C   王五   18
    年龄  姓名
A   18   张三
B   20   李四
C   18   王五
```

注意：与 Series 类似，DataFrame 也存在隐式索引和显式索引。显式索引主要是根据对应的标签访问数据，而隐式索引主要是根据位置序号访问数据。DataFrame 也支持索引器访问数据，其中 loc[行索引,列索引] 通过显式索引访问数据，iloc[行索引,列索引] 通过隐式索引访问数据。

【示例 12.21】 通过 DataFrame 中的隐式索引和显式索引访问数据。

```
1    print(d_4.iloc[2, 1])              #根据位置取值
2    print(d_4.iloc[1:2, 0:1])          #根据位置切片
3    print(d_4.loc["C", "姓名"])         #根据显式索引取值
```

程序输出结果：

```
18
    姓名
B  李四
王五
```

思考与练习

12.11 简述 DataFrame 对象的定义。

12.12 介绍创建 DataFrame 对象的常用方法。

12.13 创建一个 DataFrame 对象，并对其进行行列转置。

12.14 在 12.13 题的基础上，为 DataFrame 对象重新指定索引。

12.15 查阅资料，深入理解 DataFrame 对象中的隐式索引操作和显式索引操作。

12.4 DataFrame 中的属性和方法

12.3 节中介绍了 pandas 中 DataFrame 对象的创建，以及对其数据的访问。用户既可以按照字典的形式来访问其中的数据，也可以以数组的形式进行访问。本节进一步学习 DataFrame 中一些常用属性和方法。

12.4.1 DataFrame 的常用属性

DataFrame 的常用属性如表 12-1 所示。

表 12-1 DataFrame 的常用属性

属 性	说 明
shape	获取形状信息，结果为一个元组
dtypes	获取各字段的数据类型，结果为 Series
values	获取数据内容，结果通常为二维数组
columns	获取列索引，即字段名称，结果为 Index
index	行索引，即行的标签，结果为 Index
axes	同时获取行和列索引，结果为 Index 列表

【示例 12.22】 创建 DataFrame 结构数据，要求：20 行 10 列，数据值为 [10,30) 之间的随机数，行索引为逆序的小写字母，列索引为大写字母。获取其形状、行、列索引信息。

```
1    d_1 = pd.DataFrame(np.random.randint(10, 30, (20, 10)),
2                      index=[chr(x) for x in range(116, 96 , -1)],
3                      columns=[chr(x) for x in range(65, 75)])
4    print(d_1)
5    print(d_1.shape)              #形状:(20, 10)
6    print(d_1.index)              #行索引信息
7    print(d_1.columns)            #列索引信息
```

程序输出结果：

```
     A   B   C   D   E   F   G   H   I   J
t   17  17  23  14  25  11  18  16  23  19
s   21  26  22  26  17  22  17  12  10  21
r   26  24  21  26  20  24  24  21  16  24
q   12  12  26  23  16  21  10  16  15  19
p   13  20  19  25  15  17  16  29  21  21
o   26  18  22  11  15  29  23  24  14  28
```

```
n   27  23  10  13  10  25  14  21  18  21
m   11  28  27  20  29  12  27  12  25  19
l   27  18  27  19  24  17  24  20  12  23
k   24  23  27  21  16  16  28  10  11  18
j   17  19  23  28  21  10  20  20  19  26
i   10  20  11  10  27  21  28  16  14  16
h   17  25  28  12  21  10  26  29  29  22
g   12  12  14  15  11  12  25  11  27  19
f   26  28  15  26  20  12  23  22  21  18
e   27  19  16  10  12  24  27  14  13  13
d   19  25  15  24  22  16  28  13  26  25
c   28  21  19  25  24  21  13  17  27  20
b   22  16  25  29  23  20  25  11  10  23
a   20  26  10  24  24  20  16  14  26  10
(20, 10)
Index(['t', 's', 'r', 'q', 'p', 'o', 'n', 'm', 'l', 'k', 'j', 'i', 'h', 'g', 'f',
       'e', 'd', 'c', 'b', 'a'],dtype='object')
Index(['A', 'B', 'C', 'D', 'E', 'F', 'G', 'H', 'I', 'J'], dtype='object')
```

12.4.2 DataFrame 的常见方法

pandas 为 DataFrame 提供了如表 12-2 所示的一些操作方法，用于描述 DataFrame 的数据基本信息，对数据进行分组，对每一列数据进行求和、求平均数等操作。

表 12-2 DataFrame 的常用方法及作用

方法	说明
info()	显示基本信息，包括行列索引信息、每列非空元素数量、每列数据的类型、DataFrame 整体所占内存大小等
head(n)	获取前 n 行数据，n 默认为 5，结果为 DataFrame
tail(n)	获取后 n 行数据，n 默认为 5，结果为 DataFrame
describe()	数据的整体描述信息，包括非空值数量、平均值、标准差、最小值、最大值等，结果为 DataFrame
count()	统计各列中非空值的数量，结果为 Series
sample(n, axis)	随机从数据中按行或列抽取 n 行或 n 列
apply(fun, axis)	对每一行或每一列元素执行函数
applymap(fun)	对每一个数据执行函数
to_dict()	转化为 dict 类型对象，可指定字典中值的类型，如 list
to_excel(文件名)	将数据保存到 Excel 文件中

续表

方　　法	说　　明
sort_values(by)	根据值进行排序，可以指定一列或多列，返回新的对象
sort_index()	根据索引进行排序，原始索引不一定有序，返回新的对象
rank()	对每一列的值进行排名，从小到大，从 1 开始
isna()、isnull()	对每一个元素判断是否为缺失值
dropna()	删除缺失值，可指定删除行或列、缺失值满足的条件等
fillna(value)	用 value 值填充空值，返回新的对象
rename()	重命名，通过 columns 对列索引重命名，index 对行索引重命名
set_index()	设置索引列，可以用一个已有列名作为索引，返回新的对象
groupby()	对数据进行分组，例如根据某列或多列进行分组
d_1.append(d_2)	将 d_2 中的行添加到 d_1 的后面，会自动对齐，没有内容的部分默认为 NaN
sum()、mean()、max()、min()、median()、std()、var()	对每一列数据求和、求平均数、求最大值、求最小值、求中位数、求标准差、求方差
nunique()	统计每一列中不重复的元素个数

下面选取 DataFrme 的几种常用方法进行演示。

(1) info() 显示基本信息，包括行列索引信息、每列非空元素数量、每列数据的类型、整体所占内存大小等；

(2) sort_values(by) 根据值进行排序，可以指定一列或多列，返回新的对象。

【示例 12.23】 DataFrme 对象的常用方法演示。

```
1   d_2 = pd.DataFrame(np.random.randint(10, 30, (20, 10)),
2                     index=[chr(x) for x in range(116, 96 , -1)],
3                     columns=[chr(x) for x in range(65, 75)])
4   print(d_2.info())
5   print(d_2.sort_values(["C", "D"]))
```

程序输出结果：

```
<class 'pandas.core.frame.DataFrame'>
Index: 20 entries, t to a
Data columns (total 10 columns):
 #   Column  Non-Null Count  Dtype
---  ------  --------------  -----
 0   A       20 non-null     int32
```

```
 1   B         20 non-null     int32
 2   C         20 non-null     int32
 3   D         20 non-null     int32
 4   E         20 non-null     int32
 5   F         20 non-null     int32
 6   G         20 non-null     int32
 7   H         20 non-null     int32
 8   I         20 non-null     int32
 9   J         20 non-null     int32
dtypes: int32(10)
memory usage: 960.0+ bytes
None
    A   B   C   D   E   F   G   H   I   J
c  13  12  11  22  14  24  24  20  22  26
n  23  22  14  16  16  10  24  11  21  24
e  15  13  14  28  17  14  10  10  28  21
q  25  20  15  23  28  29  24  15  14  28
l  11  28  15  27  27  16  12  12  28  19
p  20  22  16  23  17  16  25  11  23  28
d  27  21  16  24  12  20  26  24  25  22
i  27  14  16  25  10  18  25  23  13  20
a  22  25  17  11  28  26  26  13  27  29
b  10  10  19  19  15  26  27  17  18  12
g  25  18  19  28  18  17  22  24  18  12
h  16  29  20  20  14  19  27  10  15  24
s  25  11  23  10  24  18  22  11  21  13
o  15  19  23  13  15  25  25  14  29  11
r  16  25  24  26  23  11  18  14  11  26
m  10  23  25  15  29  29  13  12  14  22
j  20  17  25  17  18  20  28  15  28  27
k  20  14  25  19  11  17  18  24  14  23
t  23  20  25  24  13  21  15  16  21  29
f  24  23  28  20  13  15  20  24  12  29
```

思考与练习

12.16 简述 DataFrame 对象的常用方法。

12.17 使用 axes 属性可以同时获取 DataFrame 对象行和列的索引吗?

12.18 创建一个 DataFrame 结构数据,它包括 10 行 5 列,数据值为 [20,40] 之间的随机数。

12.19 对12.18题中的DataFrame对象进行操作，随机抽取其5行数据内容。

12.20 使用info()方法读取12.18题中DataFrame对象的基本信息。

12.5 DataFrame的数据合并

视频讲解

12.4节中介绍了DataFrame的一些常用方法和属性的含义，并通过具体的例子进行了演示。本节将进一步介绍DataFrame的一个关键操作——数据合并。

DataFrame提供了一个join()方法，用于将其他DataFrame中的列合并到当前DataFrame中，类似于数据库中的连接。join()方法支持内连接、外连接、左连接和右连接等，默认情况采用左连接。在数据连接时，根据两个对象的索引进行匹配连接，如果有相同列名，则需指定后缀，也可通过on参数指定关联的列，但需将该列作为其他对象的索引。

例如，一个DataFrame中包含三列信息：姓名、班级和性别。另外一个DataFrame中也包含三列信息，分别是姓名、专业和成绩。现在希望这两个DataFrame根据姓名这一列数据关联起来，形成一套完整的信息，得到学生的姓名、班级、性别、专业以及成绩，则可以通过使用join()方法来实现。下面直接通过一个具体的例子来演示。

【示例12.24】 创建两个DataFrame对象d_1和d_2。

```
1   s_names = pd.Series(["张三", "李四", "王五", "赵六", "钱七"], index=
    list("ADBCE"))
2   s_ages = pd.Series([18, 20, 18, 19], index=list("ADBC"))
3   s_nums = pd.Series(["001", "003", "006", "008"], index=list("ADCE"))
4   s_names_2 = pd.Series(["张三", "李四", "孙五", "周六"], index=
    list("ADCE"))
5   d_1 = pd.DataFrame({"姓名":s_names, "年龄":s_ages})
6   d_2 = pd.DataFrame({"姓名": s_names_2, "学号": s_nums})
7   print(d_1)
8   print(d_2)
```

程序输出结果：

```
   姓名    年龄
A  张三   18.0
B  王五   18.0
C  赵六   19.0
D  李四   20.0
E  钱七   NaN
   姓名    学号
A  张三   001
D  李四   003
C  孙五   006
E  周六   008
```

【示例 12.25】 通过 join()方法合并 d_1 和 d_2。

```
1  print(d_1.join(d_2, rsuffix="_r"))
```

程序输出结果：

```
    姓名   年龄  姓名_r  学号
A   张三   18.0  张三    001
B   王五   18.0  NaN     NaN
C   赵六   19.0  孙五    006
D   李四   20.0  李四    003
E   钱七   NaN   周六    008
```

默认情况下，join()方法是根据索引合并的，只要索引相同，数据就会被放置在同一行。很明显，上述运行结果并不符合期望，现在需要根据姓名进行合并。

【示例 12.26】 对 join()方法的有关参数进行重新设置。

```
1  print(d_1.join(d_2.set_index("姓名"), on="姓名"))
```

程序输出结果：

```
    姓名   年龄   学号
A   张三   18.0   001
B   王五   18.0   NaN
C   赵六   19.0   NaN
D   李四   20.0   003
E   钱七   NaN    NaN
```

【示例 12.27】 join()方法的右连接、内连接和外连接。

```
1  print(d_1.join(d_2.set_index("姓名"), on="姓名", how="right"))  #右连接
2  print(d_1.join(d_2.set_index("姓名"), on="姓名", how="inner"))  #内连接
3  print(d_1.join(d_2.set_index("姓名"), on="姓名", how="outer"))  #外连接
```

程序输出结果：

```
      姓名   年龄   学号
A     张三   18.0   001
D     李四   20.0   003
NaN   孙五   NaN    006
NaN   周六   NaN    008
```

```
    姓名    年龄    学号
A   张三    18.0    001
D   李四    20.0    003

    姓名    年龄    学号
A   张三    18.0    001
B   王五    18.0    NaN
C   赵六    19.0    NaN
D   李四    20.0    003
E   钱七    NaN     NaN
NaN 孙五    NaN     006
NaN 周六    NaN     008
```

内连接会对两个 DataFrame 对象 d_1 和 d_2 的索引进行完全的匹配，如有一方有数据缺失，则抛弃该行数据；外连接是 DataFrame 对象 d_1 和 d_2 两列出现的数据都要展现出来，示例运行结果如上所示。

思考与练习

12.21　分别说明 join() 方法的右连接、内连接和外连接三种方式的作用。

12.22　对于两个 DataFrame 对象，如何指定一个相互关联的列？

12.23　一个 DataFrame 对象 d_1 包含两列信息，分别是七大洲名称和各洲人口数量。另一个 DataFrame 对象 d_2 也包含两列信息，分别是七大洲名称和各大洲 GDP，使用 join() 方法将其合并。

12.6　pandas 加载数据和缺失值处理

视频讲解

本章前面的内容介绍了 pandas 中两个最基本的数据结构，Series 和 DataFrame。Series 可以理解为带有索引的一维数组，而 DataFrame 可以理解为带有行索引和列索引的二维数组。本节将介绍 pandas 提供的一些常用方法，实现数据的加载和缺失数据处理。

12.6.1　pandas 加载数据

pandas 提供了很多加载数据的方法，主要是为了支持各种各样的文件格式。常用方法如表 12-3 所示。

表 12-3　pandas 加载数据常用方法

方法	说明
read_excel()	从 Excel 文件中读取数据
read_csv()	从 CSV 文件中读取数据

续表

方法	说明
read_clipboard()	从剪切板中读取数据
read_html()	从网页中读取数据
read_json()	从 JSON 格式文件中读取数据
read_pickle()	从 pickle 文件中读取数据

读取 Excel 文件的 read_excel() 方法较为常用,其常用参数及说明如表 12-4 所示。

表 12-4　read_excel() 的常用参数说明

参数	说明
io	文件路径,可以是本地文件也可以是网络文件,支持.xls、.xlsx、.xlsm 等格式;sheet_name:表单序号或名称,可以是一个列表,同时读取多个表单,默认为第一个表单
header	表头,可以是整数或整数列表
names	指定列名
index_col	索引列,可以是整数或整数列表
usecols	使用到的列
dtype	指定每一列的数据类型
skiprows	跳过多少行
nrows	解析多少行
na_values	指定哪些值被看作缺失值

下面以某省份老年人的调查数据 Excel 文件为例,学习各种参数的用法。

【示例 12.28】　加载数据。(其中 old_man.xlsx 在课程资源"源代码\chapter 12"目录下)

```
1   data_1 = pd.read_excel("old_man.xlsx")
2   print(data_1)
```

程序输出结果(部分):

```
     性别   年龄    教育程度  婚姻状况  子女数目  是否退休
0    女    80-100  小学    丧偶      3      是
1    女    70-79   高中    已婚      3      是
2    男    70-79   高中    已婚      3      是
3    男    60-69   初中    NaN      2      是
4    女    70-79   高中    丧偶      3      是
```

```
     ...   ...    ...   ...    ...     ...   ...
193    女   70-79  高中   已婚     1     是
194    男   70-79  初中   已婚     3     是
195    男   70-79  大专   已婚     1     是
196    女   60-69  初中   丧偶     1     是
197    女   50-59  NaN   已婚     1     是

[198 rows x 6 columns]
```

可以看到,该 Excel 文件一共具有 198 行,6 列数据。通过使用 usecols 参数,可以读取到特定的列,names 参数可以重新指定列名。

【示例 12.29】 读取特定列,并重新指定列名。

```
1  data_2 = pd.read_excel("old_man.xlsx", usecols=[1,3,5], names=[1, 2, 3])
2  print(data_2)
```

程序输出结果:

```
           1       2    3
0      80-100    丧偶    是
1      70-79    已婚    是
2      70-79    已婚    是
3      60-69    NaN    是
4      70-79    丧偶    是
...     ...     ...   ...
193    70-79    已婚    是
194    70-79    已婚    是
195    70-79    已婚    是
196    60-69    丧偶    是
197    50-59    已婚    是

[198 rows x 3 columns]
```

数据显示的一些设置方法如表 12-5 所示。

表 12-5 数据显示的常用设置方法

方　　法	说　　明
get_option()	获取相应的选项值
set_option()	设置相应的选项值
reset_option()	重置相应的选项值
describe_option()	获取相应的选项描述信息
option_context()	设置临时的选项值

数据显示设置中的常用属性如表 12-6 所示。

表 12-6 显示设置中的常用属性

属 性	说 明
display.max_rows	显示的最大行数,默认为 60 行,None 表示不限制,显示所有
display.max_columns	显示的最大列数,默认为 0,根据宽度自动确定,None 表示不限制,显示所有
display.expand_frame_repr	是否换行打印超过宽度的数据,默认为 True
display_max_colwidth	显示的最大列宽,默认为 50 个字符,超出以省略号表示,None 表示不限制
display.precision	设置小数显示精度,默认为 6 位

创建一个随机生成 50 行 10 列数据的 DataFrame 对象 d_1,因为行数和列数都相对较多,因此数据展示时会自动省略部分数据。

【示例 12.30】 创建 DataFrame 对象 d_1。

```
1   d_1 = pd.DataFrame(np.random.rand(50, 10))
2   print(d_1)
```

程序输出结果:

```
           0         1         2    ...         7         8         9
0   0.662519  0.773318  0.686135   ...  0.370463  0.803414  0.856947
1   0.560421  0.546907  0.952538   ...  0.055253  0.198825  0.034686
2   0.244197  0.932439  0.107030   ...  0.782262  0.966865  0.433465
3   0.122674  0.547151  0.977947   ...  0.323460  0.296700  0.395167
4   0.334348  0.355971  0.414423   ...  0.123210  0.513790  0.733978
5   0.175520  0.479206  0.396860   ...  0.028687  0.772317  0.019249
6   0.233964  0.926671  0.409065   ...  0.616563  0.029771  0.708342
7   0.567481  0.809739  0.481142   ...  0.465866  0.475423  0.540457
8   0.746419  0.302221  0.395605   ...  0.390876  0.469799  0.068971
9   0.564830  0.947452  0.023409   ...  0.741184  0.574735  0.152905
10  0.853779  0.126278  0.331411   ...  0.530305  0.250286  0.284899
..       ...       ...       ...   ...       ...       ...       ...
41  0.494375  0.501993  0.955900   ...  0.509909  0.610806  0.130187
42  0.918944  0.086898  0.809312   ...  0.775698  0.944821  0.306328
43  0.488026  0.571928  0.587050   ...  0.171705  0.427205  0.822834
44  0.491907  0.832906  0.225208   ...  0.849994  0.781000  0.277676
45  0.736530  0.287297  0.385391   ...  0.644851  0.528031  0.710255
46  0.863614  0.877951  0.320123   ...  0.416973  0.800189  0.577380
47  0.021454  0.412560  0.382617   ...  0.662532  0.062123  0.280848
48  0.184148  0.171044  0.835724   ...  0.618771  0.103526  0.370962
```

```
49  0.819213  0.845050  0.429200  ...  0.690543  0.907122  0.057748

[50 rows x 10 columns]
```

【示例 12.31】 对 d_1 重新进行设置,使其显示最多的列数和行数。

```
1  pd.set_option("display.max_rows", None)
2  pd.set_option("display.max_columns", None)
3  pd.set_option("display.expand_frame_repr", False)
4  pd.set_option("display.precision", 2)
5  d_1 = pd.DataFrame(np.random.rand(50, 10))
6  print(d_1)
```

程序输出结果:

```
       0     1         2     3     4     5     6     7     8         9
0   0.72  2.48e-01  0.45  0.20  0.16  0.86  0.74  0.67  7.09e-03  7.59e-01
1   0.70  7.87e-01  0.20  0.05  0.22  0.75  0.45  0.94  4.89e-01  7.42e-01
2   0.06  3.68e-01  0.12  0.76  0.79  0.24  0.67  0.48  1.45e-01  6.63e-01
3   0.32  2.10e-01  0.60  0.66  0.76  0.02  0.68  0.29  3.93e-01  3.77e-02
4   0.44  9.19e-01  0.41  0.17  0.82  0.30  0.52  0.54  3.41e-01  1.75e-01
5   0.72  4.76e-02  0.79  0.08  0.76  0.34  1.00  0.50  2.42e-01  9.22e-01
6   0.36  3.14e-01  0.29  0.24  0.86  0.91  0.15  0.04  3.89e-01  8.45e-01
7   0.73  2.05e-02  0.80  0.15  0.99  0.25  0.16  0.76  8.57e-01  8.66e-01
8   0.58  9.51e-01  0.79  0.71  0.25  0.87  0.90  1.00  7.50e-01  2.77e-01
9   0.22  1.08e-01  0.73  0.77  0.02  0.92  0.28  0.22  8.96e-01  3.42e-01
10  0.09  8.86e-01  0.15  0.09  0.35  0.81  0.13  0.20  5.61e-01  4.09e-01
...  ...      ...   ...   ...   ...   ...   ...   ...      ...       ...
41  0.99  9.31e-04  0.78  0.17  0.70  0.34  0.02  0.62  3.39e-01  4.24e-03
42  0.70  7.87e-01  0.69  0.83  0.77  0.45  0.64  0.65  8.15e-01  8.53e-01
43  0.37  5.42e-01  0.66  0.12  0.52  0.17  0.09  0.26  5.90e-02  2.69e-01
44  0.40  6.41e-01  0.72  0.94  0.87  0.32  0.65  0.06  8.80e-01  9.91e-01
45  0.38  9.70e-01  0.16  0.16  0.70  0.75  0.35  0.49  8.15e-01  2.75e-01
46  0.69  7.97e-01  0.94  0.50  0.09  0.75  0.47  0.11  1.66e-01  2.63e-01
47  0.34  6.01e-01  0.84  0.09  0.03  0.37  0.63  0.03  6.54e-01  3.60e-01
48  0.40  4.20e-01  0.21  0.36  0.74  0.46  0.71  0.76  9.98e-01  5.03e-01
49  0.14  6.32e-01  0.70  0.55  0.67  0.85  0.52  0.01  4.02e-01  6.26e-01
```

注意:因为篇幅限制,这里只截取了部分运行结果进行展示。

12.6.2 pandas 的缺失值处理

缺失值指数据集中的某些值为空。常见的处理方法有删除法、替换法和插补法。删除法是直接将包含缺失值的记录删除，常用于缺失值比例非常低的情况，如 5% 以内。替换法是用某种值替换缺失值，例如使用连续变量的均值或中位数、离散变量的众数替换缺失数据等。而插补法是根据其他已观测值进行预测，例如 K 近邻、回归插补法等。

【示例 12.32】 创建一个 DataFrame 数据对象，包含姓名、年龄、学号三类特征。

```
1  s_1 = pd.Series(["aa","bb","cc","dd","ee"],index=list("ABCEF"))
2  s_2 = pd.Series([20, 18, 19, 20], index=list("ACEG"))
3  s_3 = pd.Series(["01", "02", "03", "04", "05", "06", "07"], index=list("ABCDEFG"))
4  d_1 = pd.DataFrame({"姓名":s_1, "年龄":s_2, "学号":s_3})
5  print(d_1)
```

程序输出结果：

```
   姓名    年龄   学号
A  aa    20.0   01
B  bb    NaN    02
C  cc    18.0   03
D  NaN   NaN    04
E  dd    19.0   05
F  ee    NaN    06
G  NaN   20.0   07
```

dropna() 方法用于删除包含缺失值的行，可通过 axis 参数设置删除所在列，通过 thresh 参数指定阈值，只有非空值个数大于该阈值的行或列才保留。

【示例 12.33】 缺失值处理。

```
1  print(d_1.dropna())
2  print(d_1.dropna(axis=1, thresh=5))
```

程序输出结果：

```
   姓名    年龄   学号
A  aa    20.0   01
C  cc    18.0   03
E  dd    19.0   05
   姓名    学号
A  aa    01
B  bb    02
C  cc    03
D  NaN   04
E  dd    05
F  ee    06
G  NaN   07
```

fillna()方法可使用指定值填充缺失值,可为不同的列指定不同的填充值,可通过method参数指定填充方式,通过limit参数限定填充的数量。

【示例12.34】 使用fillna()方法填充缺失值。

```
1    print(d_1.fillna("未知", limit=2))
2    print(d_1.fillna(method="ffill"))
```

程序输出结果:

```
    姓名   年龄   学号
A   aa    20    01
B   bb    未知    02
C   cc    18    03
D   未知    未知    04
E   dd    19    05
F   ee    NaN   06
G   未知    20    07
    姓名   年龄    学号
A   aa    20.0   01
B   bb    20.0   02
C   cc    18.0   03
D   cc    18.0   04
E   dd    19.0   05
F   ee    19.0   06
G   ee    20.0   07
```

【示例12.35】 使用isna()或isnull()方法判断元素是否为缺失值。

```
print(d_1.isnull())
```

程序输出结果:

```
    姓名      年龄     学号
A   False   False   False
B   False   True    False
C   False   False   False
D   True    True    False
E   False   False   False
F   False   True    False
G   True    False   False
```

思考与练习

12.24　简述 pandas 对缺失值的常见处理方法。

12.25　简述如何判断一个 DataFrame 数据对象的某些值为空。

12.26　简述 pandas 提供的常见数据加载方法。

12.27　编写代码,创建一个随机生成 100 行 10 列数据的 DataFrame 对象 d_1,并使其显示最多的列数和行数。

12.28　创建一个 Excel 文件,并输入部分数据内容,然后从中加载数据(也可以从已有的 Excel 文件加载)。

视频讲解

12.7　pandas 的分组操作

本节介绍 pandas 中的分组操作,分组(groupby)操作主要是根据某个或某些特征对原始数据进行分割,然后在子集上应用一些函数操作,例如聚合、转换、过滤等。Series 和 DataFrame 都支持分组操作。

【示例 12.36】　创建一个 DataFrame 类的数据,它包含姓名、性别、班级和分数四个类别。

```
1    s_names = ["aa", "bb", "cc", "dd", "ee", "ff", "gg", "hh", "mm", "nn"]
2    s_sex = random.choices(["男", "女"], k=len(s_names))
3    s_class = random.choices(["A", "B", "C"], k=len(s_names))
4    score = random.choices(range(50, 100), k=len(s_names))
5    d_1 = pd.DataFrame({"班级": s_class, "姓名": s_names, "性别": s_sex, "成绩": score})
6    print(d_1)
```

程序输出结果:

	班级	姓名	性别	成绩
0	C	aa	女	86
1	A	bb	女	85
2	A	cc	男	80
3	A	dd	女	89
4	C	ee	女	94
5	A	ff	男	80
6	A	gg	女	71
7	B	hh	男	95
8	B	mm	女	93
9	C	nn	女	75

现在通过 groupby()方法按照班级进行分组,得到一个分组后的对象 group,通过 groups 属性可查看分组信息。

【示例 12.37】 通过 groupby()方法分组。

```
1  group = d_1.groupby("班级")
2  print(group.groups)              #获取分组信息
```

程序输出结果:

```
{'A': Int64Index([1, 2, 3, 5, 6], dtype='int64'), 'B': Int64Index([7, 8],
dtype='int64'), 'C': Int64Index([0, 4, 9], dtype='int64')}
```

可以进一步通过 get_group()获取某个组详情,此处获取"A"班级的信息。通过 agg() 可对组执行聚合函数,分别获取各班级的最高分、最低分和平均值(此处对示例 12.36 的代码重新执行了一次,因此结果与示例 12.36 中不同)。

【示例 12.38】 get_group()和 agg()两种方法的操作演示。

```
1  print(group.get_group("A"))
2  print(group.agg([np.max, np.min, np.mean]))
```

程序输出结果:

```
   班级  姓名 性别  成绩
1  A   bb  女  57
6  A   gg  男  97
9  A   nn  男  67
        成绩
     amax amin      mean
班级
A     97   57  73.666667
B     90   58  71.000000
C     87   54  72.666667
```

【示例 12.39】 通过 transform()方法对组进行转换,通过 filter()方法对某些组进行过滤。

```
1  print(group.transform(lambda x: x - np.min(x)))    #减去班级最低分
2  print(group.filter(lambda x: np.mean(x) >80))      #保留平均成绩大于 80 的班级
```

程序输出结果:

```
   成绩
0  23
1  0
2  19
```

```
3    33
4     1
5     0
6    40
7     0
8    32
9    10
Empty DataFrame
Columns: [班级, 姓名, 性别, 成绩]
Index: []
```

除了根据某一个特征进行分组外,还可以根据多个特征进行分组。

【示例 12.40】 根据班级和性别两个特征对 d_1 分组,并求平均值。

```
1  print(d_1.groupby(["班级", "性别"]).mean())
```

程序输出结果:

```
              成绩
班级 性别
A   女     57.0
    男     82.0
B   女     74.0
    男     68.0
C   女     87.0
    男     65.5
```

思考与练习

12.29 创建一个 DataFrame 类的数据对象,该数据对象包含国家名称、大洲名称、上一年的 GDP 三列数据。

12.30 将 12.29 题创建的 DataFrame 对象根据各个大洲进行分组。

12.31 Series 和 DataFrame 两个对象是否都支持分组操作?

12.32 简述 transform() 方法和 filter() 方法的作用。

视频讲解

12.8　pandas 的数据合并操作

本节介绍 pandas 的数据合并操作。所谓数据的合并是指将多个对象中的数据合并在一起,它在实际数据处理中有着广泛的应用。pandas 中提供了一些数据合并的方法,例如 merge()、contact() 等。下面具体介绍这两种方法的使用。

12.8.1 merge()方法

前面介绍了 DataFrame 对象的一种合并方法——join()方法。merge()方法与 join()方法有很多相似之处,区别在于 join()方法通过索引将数据合并在一起,而 merge()方法可以指定相应列的名称进行关联。表 12-7 是 merge()方法的一些关键参数介绍。

表 12-7　merge()方法的关键参数介绍

参　　数	说　　明
left	左边的数据对象
right	右边的数据对象
how	连接方式,默认为 inner,此外还有 left、right、outer 等
on	连接的列名称,必须在两个对象中,默认以两个对象的列名交集作为连接键
left_on	左边对象中用于连接的键的列名
right_on	右边对象中用于连接的键的列名
left_index	使用左边的行索引作为连接键
right_index	使用右边的行索引作为连接键
sort	是否将合并的数据排序,默认为 False
suffixes	列名相同时指定的后缀

【示例 12.41】 创建两个 DataFrame 对象。

```
1   s_names = pd.Series(["张三", "李四", "王五", "赵六", "钱七"], index=list("ADBCE"))
2   s_ages = pd.Series([18, 20, 18, 19], index=list("ADBC"))
3   s_nums = pd.Series(["001", "003", "006", "008"], index=list("ADCE"))
4   s_names_2 = pd.Series(["张三", "李四", "孙五", "周六"], index=list("ADCE"))
5   d_1 = pd.DataFrame({"姓名": s_names, "年龄": s_ages})
6   d_2 = pd.DataFrame({"姓名": s_names_2, "学号": s_nums})
7   print(d_1)
8   print(d_2)
```

程序输出结果:

```
    姓名    年龄
A   张三    18.0
B   王五    18.0
C   赵六    19.0
D   李四    20.0
E   钱七    NaN
```

```
     姓名   学号
A    张三   001
D    李四   003
C    孙五   006
E    周六   008
```

接下来使用 merge()方法合并 d_1 和 d_2。默认情况是内连接,使用共同的列进行关联,也可手动更改为左连接、右连接或外连接。

【示例 12.42】 使用 merge()方法合并 d_1 和 d_2。

```
1    print(pd.merge(d_1, d_2))
2    print(pd.merge(d_1, d_2, how="left"))        #左连接
```

程序输出结果:

```
     姓名   年龄    学号
0    张三   18.0   001
1    李四   20.0   003

     姓名   年龄    学号
0    张三   18.0   001
1    王五   18.0   NaN
2    赵六   19.0   NaN
3    李四   20.0   003
4    钱七   NaN    NaN
```

12.8.2 concat()方法

concat()方法是沿着一条轴,将多个对象堆叠起来。表 12-8 介绍了 concat()方法中关键的参数。

表 12-8 concat()方法的关键参数介绍

参数	说明
objs	需合并的对象序列
axis	指定合并的轴,0/'index',1/'columns',默认为 0
join	连接方式,只有 inner 和 outer,默认为 outer
ignore_index	是否忽略索引,默认为 False
verify_integrity	验证完整性,较为耗时,默认为 False

【示例 12.43】 创建两个 DataFrame 类的数据，使用 concat( )方法默认参数将其合并。

```
1  s_names = pd.Series(["张三", "李四", "王五","赵六", "钱七"], index=list("ADBCE"))
2  s_ages = pd.Series([18, 20, 18, 19], index=list("ADBC"))
3  s_nums = pd.Series(["001", "003", "006","008"], index=list("ADCE"))
4  s_names_2 = pd.Series(["张三", "李四", "孙五", "周六"], index=list("ADCE"))
5  d_1 = pd.DataFrame({"姓名": s_names, "年龄": s_ages})
6  d_2 = pd.DataFrame({"姓名": s_names_2, "学号": s_nums})
7  print(pd.concat([d_1, d_2]))
```

程序输出结果：

```
    姓名    年龄   学号
A   张三   18.0   NaN
B   王五   18.0   NaN
C   赵六   19.0   NaN
D   李四   20.0   NaN
E   钱七   NaN    NaN
A   张三   NaN    001
D   李四   NaN    003
C   孙五   NaN    006
E   周六   NaN    008
```

join 参数的取值只有 inner 和 outer，默认为 outer。当设置为 inner 时，合并的是两个对象公共的列。

【示例 12.44】 使用 inner 方式将 d_1 和 d_2 合并。

```
1  print(pd.concat([d_1, d_2], join="inner"))
```

程序输出结果：

```
    姓名
A   张三
B   王五
C   赵六
D   李四
E   钱七
A   张三
D   李四
C   孙五
E   周六
```

需要注意的是,当 axis=0 时,pd.concat([d_1,d_2])等价于 d_1.append(d_2)。当 axis=1 时,pd.concat([d_1,d_2],axis=1)等价于 pd.merge(d_1,d_2,left_index=True, right_index=True,how='outer')。

【示例 12.45】 水平方式合并 d_1 和 d_2。

```
1   print(pd.concat([d_1, d_2], axis=1))
2   print(pd.concat([d_1, d_2], axis=1, join="inner"))
```

程序输出结果:

```
     姓名   年龄   姓名   学号
A    张三   18.0   张三   001
B    王五   18.0   NaN    NaN
C    赵六   19.0   孙五   006
D    李四   20.0   李四   003
E    钱七   NaN    周六   008

     姓名   年龄   姓名   学号
A    张三   18.0   张三   001
C    赵六   19.0   孙五   006
D    李四   20.0   李四   003
E    钱七   NaN    周六   008
```

思考与练习

12.33 merge()方法与 join()方法有很多相似之处,它们的区别是什么?

12.34 merge()方法默认的连接方式是(　　)。
　　　A. 内连接　　　　　　B. 左连接　　　　　　C. 右连接

12.35 简单介绍 concat()方法的作用。

12.36 创建两个有关联的 DataFrame 对象,使用 concat()方法以水平方式将其合并。

视频讲解

12.9　pandas 综合案例

下面以某省份老年人退休生活信息表 old_man.xlsx 为例。使用 pandas 中的 read_excel()读取数据,完成下列操作。

【示例 12.46】 显示 old_man.xlsx 中所有行列的数据内容。(其中 old_man.xlsx 在课程资源"源代码\chapter12"目录下)

```
1   import numpy as np
2
3   pd.set_option("display.max_rows", None)
4   data_1 = pd.read_excel("old_man.xlsx")
5   print(data_1)
```

程序输出结果（部分）：

	性别	年龄	教育程度	婚姻状况	子女数目	是否退休
0	女	80-100	小学	丧偶	3	是
1	女	70-79	高中	已婚	3	是
2	男	70-79	高中	已婚	3	是
3	男	60-69	初中	NaN	2	是
4	女	70-79	高中	丧偶	3	是
5	男	50-59	初中	丧偶	1	是
6	女	60-69	初中	离异	1	是
7	男	80-100	高中	丧偶	3	是
8	男	70-79	初中	已婚	3	是
9	女	70-79	高中	已婚	3	是
10	男	70-79	小学	丧偶	3	是
11	男	70-79	初中	丧偶	2	是
12	女	80-100	初中	丧偶	3	是
13	男	80-100	初中	丧偶	2	是
14	女	80-100	初中	丧偶	3	是
15	男	70-79	初中	丧偶	2	是
16	女	70-79	高中	丧偶	2	是
17	男	80-100	高中	已婚	2	是
18	女	80-100	NaN	丧偶	3	是
19	男	50-59	初中	丧偶	1	是
20	男	70-79	初中	丧偶	2	是

……

【示例 12.47】 只显示教育程度和是否退休信息。

```
1   print(data_1[["教育程度", "是否退休"]])
```

程序输出结果（部分）：

	教育程度	是否退休
0	小学	是
1	高中	是
2	高中	是
3	初中	是

```
4      高中     是
5      初中     是
6      初中     是
7      高中     是
8      初中     是
9      高中     是
10     小学     是
11     初中     是
12     初中     是
13     初中     是
14     初中     是
15     初中     是
16     高中     是
17     高中     是
18     NaN      是
19     初中     是
……
```

【示例 12.48】 只显示教育程度为"初中"的成员信息。

```
1  print(data_1[data_1["教育程度"]=="初中"])
```

程序输出结果(部分):

```
      性别   年龄    教育程度  婚姻状况  子女数目  是否退休
3     男    60-69   初中    NaN      2       是
5     男    50-59   初中    丧偶      1       是
6     女    60-69   初中    离异      1       是
8     男    70-79   初中    已婚      3       是
11    男    70-79   初中    丧偶      2       是
12    女    80-100  初中    丧偶      3       是
13    男    80-100  初中    丧偶      2       是
14    女    80-100  初中    丧偶      3       是
15    男    70-79   初中    丧偶      2       是
19    男    50-59   初中    丧偶      1       是
20    男    70-79   初中    丧偶      2       是
24    女    60-69   初中    已婚      2       是
25    男    60-69   初中    已婚      3       是
26    女    60-69   初中    丧偶      2       是
27    女    80-100  初中    丧偶      3       是
28    男    70-79   初中    丧偶      3       是
……
```

【示例 12.49】 只显示教育程度为"初中"或"高中"的成员信息。

```
1 print(data_1[(data_1["教育程度"]=="初中")|(data_1["教育程度"]=="高中")])
```

程序输出结果（部分）：

	性别	年龄	教育程度	婚姻状况	子女数目	是否退休
1	女	70-79	高中	已婚	3	是
2	男	70-79	高中	已婚	3	是
3	男	60-69	初中	NaN	2	是
4	女	70-79	高中	丧偶	3	是
5	男	50-59	初中	丧偶	1	是
6	女	60-69	初中	离异	1	是
7	男	80-100	高中	丧偶	3	是
8	男	70-79	初中	已婚	3	是
9	女	70-79	高中	已婚	3	是
11	男	70-79	初中	丧偶	2	是
12	女	80-100	初中	丧偶	3	是
13	男	80-100	初中	丧偶	2	是
14	女	80-100	初中	丧偶	3	是
15	男	70-79	初中	丧偶	2	是
16	女	70-79	高中	丧偶	2	是
17	男	80-100	高中	已婚	2	是
19	男	50-59	初中	丧偶	1	是
……						

【示例 12.50】 将所有的空值填充为"未知"。

```
1 print(data_1.fillna("未知"))
```

程序输出结果（部分）：

	性别	年龄	教育程度	婚姻状况	子女数目	是否退休
……						
180	女	50-59	初中	已婚	2	是
181	男	70-79	高中	已婚	2	是
182	女	50-59	高中	丧偶	1	是
183	女	50-59	大专	已婚	1	是
184	女	50-59	初中	已婚	1	是
185	女	50-59	初中	已婚	2	是
186	女	50-59	高中	已婚	1	是
187	女	50-59	初中	已婚	1	是

188	女	70-79	初中	丧偶	3	是
189	女	50-59	高中	已婚	1	是
190	男	60-69	高中	已婚	2	是
191	男	70-79	初中	已婚	3	是
192	女	70-79	未知	丧偶	3	是
193	女	70-79	高中	已婚	1	是
194	男	70-79	初中	已婚	3	是
195	男	70-79	大专	已婚	1	是
196	女	60-69	初中	丧偶	1	是
197	女	50-59	未知	已婚	1	是

【示例 12.51】 只显示性别为男且已婚的成员信息。

```
1  print(data_1[(data_1["性别"]=="男") &(data_1["婚姻状况"]=="已婚")])
```

程序输出结果（部分）：

	性别	年龄	教育程度	婚姻状况	子女数目	是否退休
2	男	70-79	高中	已婚	3	是
8	男	70-79	初中	已婚	3	是
17	男	80-100	高中	已婚	2	是
25	男	60-69	初中	已婚	3	是
34	男	70-79	初中	已婚	2	是
36	男	60-69	大专	已婚	2	是
37	男	60-69	初中	已婚	1	是
42	男	80-100	大专	已婚	3	是
44	男	70-79	大专	已婚	3	是
46	男	70-79	大专	已婚	1	是
49	男	60-69	高中	已婚	1	是
50	男	50-59	小学	已婚	2	是
54	男	60-69	小学	已婚	1	是
55	男	60-69	初中	已婚	2	是

……

视频讲解

12.10 本章小结

本章介绍了 pandas 中两个最为流行的基本结构——Series 和 DataFrame，还介绍了 pandas 中的一些常用方法，例如数据加载、缺失值处理、分组合并等。

首先介绍了 Series 对象。可以把它简单地理解为带有索引的一维数组。在 Series 对象创建时，通常会传递一个列表、元组、一维数组、字典或者标量等。当没有指定索引时，它会默认生成一个从零开始不断增大的索引。Series 对象有两个关键的属性，values 和

index。values 可以获取到 Series 所有的值,通常是一个一维数组。index 用来获取 Series 的索引。Series 中也提供了一些常用的方法,可以对里面的数据进行排序、去重等。

然后介绍了 pandas 的另一个基本结构 DataFrame。可以把它简单地理解为带有行和列两个索引的二维数组。DataFrame 的数据访问和 Series 的数据访问是类似的,既可以通过字典的形式进行访问,也可以通过二维数组的形式访问。

最后介绍了 pandas 中常用的方法。如加载数据的方法(Excel 文件、CSV 文件等)、进行设置的方法(最大行数、最大列数、小数精度等)、缺失值处理方法(删除、填充)、分组操作方法(groupby、聚合、转换、过滤等)、合并操作方法(merge()、concat())等。

课后练习

12.1　join() 方法的连接方式只有 inner 和 outer。默认是哪种?

12.2　简述 Series 对象和 DataFrame 对象二者的区别和联系。

12.3　创建一个 DataFrame 结构数据,包括 10 行 5 列,数据为 [30,40] 之间的随机数,根据指定的列对其进行排序。

12.4　创建一个含有缺失值的 DataFrame 对象,将所有的缺失值填充为"未知"。

12.5　分组操作主要是根据某个或某些特征对原始数据进行分割,它主要是通过哪种方法进行操作的?

12.6　总结本章学到的几种合并数据的方法。

12.7　创建一个 DataFrame 对象,判断其中某一列的值是否包含另一列的值。

12.8　pandas 的 Series 和 Python 中的以下哪种数据结构最相似?

　　　A. 列表　　　　　B. 字典　　　　　C. 集合　　　　　D. 元组

12.9　判断题:DataFrame 是一维数组结构。

12.10　已知两个 Excel 表格:学生基本信息表、期末考试成绩表分别用于存放学生的基本信息(包括姓名、性别、班级)和学生的期末成绩(包括姓名、语文、数学、英语、总分),如图 12-2 所示。

学生基本信息表			期末考试成绩表				
姓名	性别	班级	姓名	语文	数学	英语	总分
Aa	男	2班	Aa	83	78	98	259
Bb	男	3班	Bb	67	93	56	216
Cc	女	3班	Cc	59	86	86	231
Dd	男	3班	Dd	75	60	59	194
Ee	女	3班	Ee	81	81	79	241
Ff	女	1班	Ff	68	67	95	230
Gg	女	1班	Gg	61	80	75	216
Hh	女	1班	Hh	89	70	96	255
Ii	女	3班	Ii	62	55	90	207
Jj	男	3班	Jj	68	91	94	253
Kk	女	2班	Kk	86	77	51	214
Ll	男	1班	Ll	88	72	78	238
Mm	男	2班	Mm	85	91	59	235
			Nn	80	65	76	221

图 12-2　学生基本信息表和期末考试成绩表

完成以下操作。

(1) 使用 pandas 读取两个表格数据,并将其根据姓名进行合并;
(2) 实现按总分或语文、数学、英语单科成绩从高到低排序的功能;
(3) 打印所有存在不及格科目(单科<60分)的学生记录;
(4) 获取指定科目的最高分、最低分以及平均分;
(5) 计算出3班女生语文成绩的平均分;
(6) 求出各班级数学的最高分、最低分以及平均分;
(7) 根据性别分组,获取男生所有科目的最高分、最低分以及平均分。

课后习题
讲解

数据可视化之 matplotlib

本章要点

- pyplot 绘图基础
- 绘制线形图
- 绘制直方图
- 绘制条形图
- 绘制饼图
- 绘制散点图
- 生成词云图

本章知识结构图

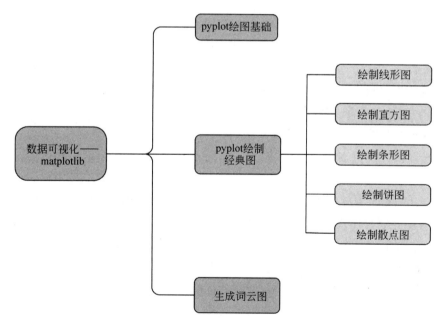

本章介绍第三方库 matplotlib，它和第 11 章、第 12 章介绍的 NumPy 以及 pandas 并列成为数据分析和处理中最为关键的三个库。

所谓的数据可视化指以图表的形式展示数据，从而能够更加直观清晰地发现数据与数据之间的关系，正所谓一图胜千言。matplotlib 库提供了绘制各种各样数据图的方法，通过这些方法的调用，可以快速方便地绘制各种各样的数据图。

本章主要包括以下三部分。第一部分介绍了 matplotlib 中最关键的一个子库 pyplot。主要介绍了 pyplot 绘图的一些基础知识，包括图的组成结构、pyplot 的一些常用的方法、如何创建图、如何构建子块等。第二部分介绍了 pyplot 中绘制经典图的一些方法，如线性图、条形图、直方图、饼图、散点图等。第三部分介绍了当前比较流行的词云图的生成，介绍了第三方库 wordcloud 的用法，但由于 wordcloud 是不支持中文分词的，所以还进一步介绍了比较常用的中文分词第三方库 jieba 库。

13.1 pyplot 绘图基础

视频讲解

matplotlib 是 Python 的一个 2D 绘图库，它提供了一套表示图、操作图以及图内部对象处理的一些函数，借助它可以绘制各种各样的数据图，如线性图、直方图、饼图等。

matplotlib 提供了两种绘图接口。

(1) 基于 MATLAB 的绘图接口。它可以自动创建和管理图以及坐标系，主要通过 pyplot 库中的函数实现；

(2) 基于面向对象的绘图接口。它需要用户显式创建图和坐标系，再调用相关对象的方法来进行图的绘制。

本章主要介绍基于 MATLAB 的绘图接口，即主要介绍 pyplot 库中的一些函数。pyplot 是一个有命令风格的函数集合，和 MATLAB 非常相似，通过调用相关函数不断完善绘图。pyplot 子库中的 figure() 用于创建图，subplot() 用于创建子图，所有的操作都是在子图上进行的，pyplot 表示当前子图，若没有就创建一个子图。需要注意的是，Python 标准库中默认是不包含 matplotlib 的，需要自己下载和安装。

matplotlib 中的对象又称为 artist，大致分为以下两类。

(1) 容器类：图(figure)、坐标系(axes)、坐标轴(axis)、刻度(tick)；

(2) 基础类：线(line)、点(marker)、文本(text)、图例(legend)、网格(grid)、标题(title)。

matplotlib 图的构成如图 13-1 所示。其构成可以分为主刻度(major tick)、分刻度(minor tick)、主刻度标签(major tick label)、分刻度标签(minor tick label)、Y 轴标签(Y axis label)、X 轴标签(X axis label)等。但并不是说每一个 matplotlib 图都必须要有这些构成要素，例如图例是可以不显示的，标题也可以不显示等。对于要显示的结构，需要调用相关的方法来显示。接下来介绍 pyplot 中的一些常用方法，如表 13-1 所示。

第 13 章 数据可视化之 matplotlib

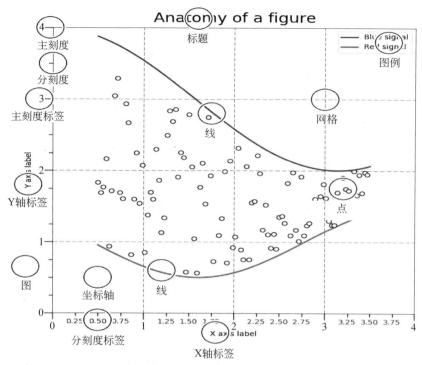

图 13-1 matplotlib 图的构成

表 13-1 matplotlib.pyplot 中的常用方法

方　　法	说　　明	方　　法	说　　明
figure()	创建一个新图	axis()	设置坐标轴取值范围
subplot()	在当前图中添加一个子块	xlim()、ylim()	分别设置 X 轴、Y 轴的取值范围
show()	显示图	arrow()	绘制一个箭头
savfig()	保存图	setp()	设置对象的一些属性
xlabel()	X 轴坐标标签	imshow()	显示图片
ylabel()	Y 轴坐标标签	subplots_adjust()	调整子块之间的距离
legend()	设置图例	plot()	绘制线形图
title()	设置子块的标题	bar()	绘制条形图
suptitle()	绘制整个图的标题	hist()	绘制直方图
text()	在图中添加文本	scatter()	绘制散点图
annotate()	添加标注	pie()	绘制饼图
grid()	显示网格	boxplot()	绘制箱形图

下面具体介绍 figure()方法,其语法格式为:

figure(num=None,figsize=None,dpi=100,facecolor=None,edgecolor=None,frameon=True,figureClass=Figure,clear=False,**kwargs)

figure()方法的各参数含义如表 13-2 所示。

表 13-2 figure()方法的参数含义

参数	说明
num	整数或字符串,可选。如果没有传值,则采用自增值,可通过 number 属性访问;如果传递整数,则会检查是否存在对应的图,存在则直接返回,否则创建新的图;如果传的是字符串,则设置为窗口的标题
figsize	浮点型元组,可选。图的宽、高值,单位为英寸,默认为[6.4,4,8]
dpi	整数,可选。分辨率,默认为 100
facecolor	背景颜色,默认为白色
edgecolor	边框颜色,默认为白色,默认看不出效果,需要将 linewidth 设置为一个比较大的值才能观察到
frameon	是否绘制边框颜色和背景,默认为 True
figureClass	图对应的类
clear	是否清空画布,默认为 False。当设置为 True,且图已存在时,会清空已有内容
kwargs	其他关键字参数

subplot()方法可以在当前图中添加一个子块,返回一个坐标系对象。subplot()方法语法格式为:subplot(*args,**kwargs)。

(1) subplot(nrows,ncols,index,**kwargs)

(2) subplot(pos,**kwargs)

其中,args 为可变参数,可传递 3 个整数,如(1)所示,分别表示行数、列数以及当前的位置。也可传递一个 3 位整数,如(2)所示,第 1 位表示行数、第 2 位表示列数、第 3 位表示当前位置,此时要求所有数字都小于 10。使用第 1 种方式是将当前图划分为 nrows×ncols 的网络,子块的位置左上角为 1,从左到右,从上到下不断增大。如果多次调用 subplot(),会在对应位置添加新内容,如果已有内容则覆盖。每次画图前需要指定位置,默认会执行 subplot(1,1,1)。

而 kwargs 表示其他关键字参数。例如可以通过 projection 指定坐标系类型、通过 polar 指定为极坐标、通过 sharex 或 sharey 指定共享 X 轴或 Y 轴坐标等。

【示例 13.1】 创建一个图。

```
1    import matplotlib.pyplot as plt         #导入库
2
3    fig_1 = plt.figure("sdd",facecolor="red",edgecolor="green"linewidth=5)
                                              #figure()方法
4    plt.show()                               #绘图
```

程序输出结果:

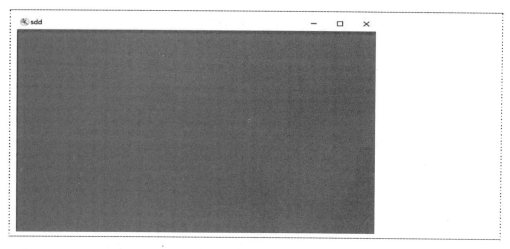

【示例 13.2】 在一个坐标系中绘制 4 个图。

```
1    import matplotlib.pyplot as plt
2
3    plt.subplot(2, 2, 1)                    #subplot()方法
4    plt.subplot(2, 2, 2, polar=True)        #绘制极坐标
5    plt.subplot(2, 2, 3)
6    plt.subplot(2, 2, 4)
7    plt.show()                              #绘图
```

程序输出结果:

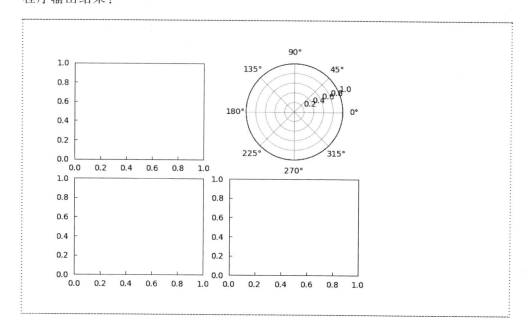

思考与练习

13.1 subplot()方法的作用是什么？
13.2 简述本节介绍的matplotlib库提供的两种绘图接口。
13.3 简要介绍matplotlib库。
13.4 matplotlib中图的主要组成部分有哪些？
13.5 编写代码，在一个坐标系中绘制3个图。

视频讲解

13.2 绘制线形图

13.1节中简单介绍了pyplot绘图的一些基础，包括图由哪些部分组成、pyplot中提供了哪些主要的方法、如何创建一个图、如何在图里面添加一个子块等。

下面来学习如何通过pyplot来绘制一些经典的图，首先要介绍的是线形图。

线形图主要是通过线条将序列中相邻的两个点进行连接绘制而成的，具有广泛的应用。线形图主要通过pyplot里面的plot()函数来绘制，在绘制时可以指定线条的样式、点的标记以及颜色等。

在绘制线形图时，一般首先会创建一个图，然后在图中添加一个子块，接着在子块里面进行绘图。值得注意的是，pyplot自身表示的就是当前子块，如果没有创建子块，它会自动进行创建，所以可直接通过pyplot调用相关的函数来绘图，而省略第一步创建图、第二步添加子块这两个步骤。如果对图有特殊的要求，例如大小、背景颜色等，那么就需要自己去创建图。

绘制折线图首先需要有一系列的点。点是由坐标构成的，要给定一系列点的X轴坐标和Y轴坐标，可以是一个列表，也可以是一维数组，但是一般推荐使用一维数组。

【示例13.3】 绘制简单折线图。

```
1   import matplotlib.pyplot as plt
2   import numpy as np
3
4   x = np.array([2, 5, 8, 10])              #X轴的坐标
5   y = np.array([1, 6, 12, 25])             #Y轴的坐标
6   plt.plot(x, y, "ro--")                   #根据坐标绘制线形图
7   plt.show()
```

程序输出结果:

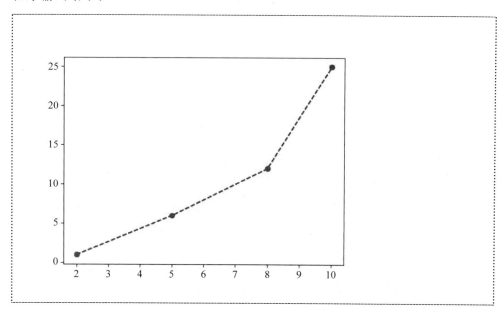

【示例 13.4】 在同一个图中绘制两条线。

```
1   import matplotlib.pyplot as plt
2   import numpy as np
3
4   x = np.array([2, 5, 8, 10])
5   y = np.array([1, 6, 12, 25])
6   plt.plot(x,y," ro--", x, 8 * x-12, "bo-")
7   plt.show()
```

程序输出结果:

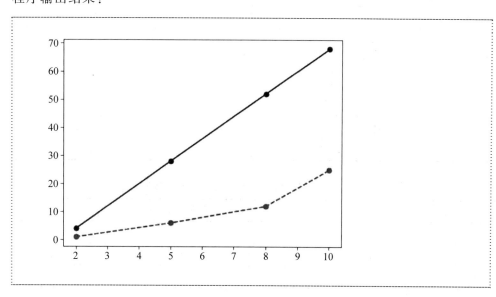

plot()函数可以用来绘制点,这时需要指定所有点的坐标,也可以同时绘制多条线。如果没有指定线的样式,那么只会画出相应的点,并不会把它连接起来。plot()函数的语法格式如下。

```
plot(*args,scalex=True,scaley=True,data=None,**kwargs)
(1) plot([x],y,[fmt],data=None,**kwargs)
(2) plot([x],y,[fmt],[x2],y2,[fmt2],…,**kwargs)
```

接下来介绍 plot()函数的参数,详细含义如表 13-3 所示。

表 13-3　plot()函数的参数含义

参　数	说　　明
x	X 轴坐标,可选,当没有传值时,采用默认值,值的个数和 Y 轴坐标个数相同,然后从 0 开始不断增大
y	Y 轴坐标,不可省略,通常是一个数或一维数组
data	通常为可检索对象,例如字典,DataFrame 等
fmt	定义基本样式,由颜色、点的标记、线条样式三部分字符组成,也可通过关键字参数设置
kwargs	关键字参数,例如:color(颜色)、marker(标记)、linestyle(线条样式)、linewidth(线条宽度)、markersize(标记大小)、label(标签,用于图例)等

表 13-4、表 13-5、表 13-6 分别表达了常见的样式含义。

表 13-4　常用样式字符参数及其含义

标记字符	说　　明	标记字符	说　　明
S	实心方形	v	下三角形
P	实心五角	^	上三角形
O	实心圆	<	左三角形
X	X 字	>	右三角形
+	+字	1	下三角
*	星形	2	上三角
h	六角形(边朝上)	3	左三角
H	六角形(角朝上)	4	右三角
|	竖线(|)	_	横线(_)
D	菱形	d	瘦菱形

表 13-5　常用线条样式字符参数及其含义

线条样式字符	说　　明	线条样式字符	说　　明
-	实线	:	虚线
--	破折线	空格	无线条
-.	点画线		

表 13-6　常用颜色字符参数及其含义

颜色字符	说明	颜色字符	说明
b	蓝色	m	洋红色
g	绿色	y	黄色
r	红色	k	黑色
c	青绿色	w	白色

通过 color 关键字参数设置颜色,可使用颜色单词全称(如 green)、单词缩写(如 g)或十六进制字符串(如 #aabbcc)。

注意:三种字符顺序可打乱,也可省略部分。线条样式未指定时,将不显示线条,若未指定标记则不显示点。

13.2.1　线形图示例

图 13-2 所示是一个具体的线形图例子,这里演示了一个一周的气温变化趋势图。从图中可以看到,横坐标表示周一到周日这 7 天,纵坐标表示气温,其中还包含图例、最高气温和最低气温等。

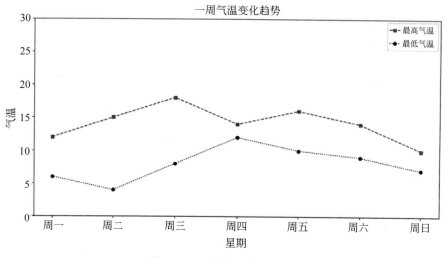

图 13-2　一周气温变化趋势

【示例 13.5】 绘制气温变化趋势图。

```
1   plt.rcParams["font.family"] = "FangSong"        #便于中文显示
2
3   x = ["周一", "周二", "周三", "周四", "周五", "周六", "周日"]
4   highest = [12, 15, 18, 14, 16, 14, 10]          #最高气温
5   lowest = [6, 4, 8, 12, 10, 9, 7]                #最低气温
6   plt.ylim(0, 30)                                 #设置 Y 轴的取值范围
7   plt.plot(x, highest, "rs--", label="最高气温")
```

```
8    plt.plot(x, lowest, "bo:", label="最低气温")
9    plt.title("一周气温变化趋势")                    #标题
10   plt.xlabel("星期")
11   plt.ylabel(("气温"))
12   plt.legend()
13   plt.show()                                    #绘制线形图
```

注意：pyplot 默认不支持中文显示，示例的第一行程序可以使图中的中文显示出来。中文显示问题有两种解决方案。一是使用 rcParams['font.family']属性修改字体，此时，整个图中的字体都会改变；二是在需要显示中文的地方增加一个 fontproperties 属性，此时只修饰部分地方，其他地方的字体不会跟着改变。

13.2.2　绘制正弦曲线、余弦曲线示例

绘制正余弦曲线，首先要一系列的 X 轴坐标，可通过 NumPy 中的 arrange()函数生成。例如从 0 到 4，步长为 0.02；然后借助 NumPy 中的正弦、余弦函数对每个 X 坐标分别求值；最后根据 X 坐标和对应的 Y 坐标画图。

【示例 13.6】　绘制常见的三角函数图。

```
1    import matplotlib.pyplot as plt
2    import numpy as np
3
4    x = np.arange(0, 4, 0.02)
5    plt.plot(x, np.sin(x*np.pi)+2, "r--", label="正弦曲线")    #正弦曲线
6    plt.plot(x,np.cos(x*np.pi), "b-", label="余弦曲线")         #余弦曲线
7    plt.legend()
8    plt.show()
```

程序输出结果：

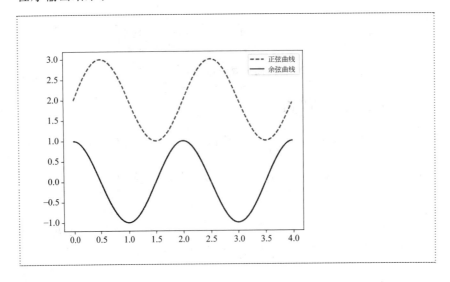

思考与练习

13.6 简要介绍线形图的概念。

13.7 说明 plot() 函数的作用。它包含哪些主要参数？

13.8 pyplot 默认不支持中文显示，为了解决这个问题，有哪两种方案？

13.9 使用 tushare 模块提供的股票数据绘制一个基本的线形图。

13.10 绘制一个线形图，在该图中用不同颜色绘制三条折线。

13.3 绘制直方图

视频讲解

直方图用一系列不等高的长方形来表示数据，宽度表示数据范围的间隔，高度表示在给定间隔内数据出现的频数。长方形的高度跟落在间隔内的数据数量成正比，变化的高度形态反映了数据的分布情况。

pyplot 使用 hist() 函数绘制直方图，并以元组形式返回直方图的计算结果，包括各区间中元素的数量、区间的取值范围，以及具体的每个区间对象。hist() 函数的语法格式如下。

```
hist(x,bins=None,range=None,density=False,weights=None,cumulative=False,
bottom=None,histtype='bar',align='mid',orientation='vertical',**kwargs)
```

下面对 hist() 函数进行详解，各参数含义如表 13-7 所示。

表 13-7 hist() 函数的参数含义

参 数	说 明
x	数组或者数组序列(不要求每个数组长度相同)，用于存放数据
bins	整数、序列或字符串。整数表示等宽区间的个数，自动计算区间范围；序列则表示区间的范围，范围为左闭右开；字符串则表示对应的策略，默认为 hist.bins
range	元组，指定最小值和最大值，默认为数据中的最小值和最大值，如果 bins 是一个序列，则 range 没什么影响
density	布尔值，可选，如果为 True，则返回的是归一化的概率密度，所有区间的概率之和为 1
weights	类似于数组的值，可选，形状和 x 相同，表示每个值对应的权重，默认情况下所有数据的权重相同
cumulative	布尔值或 -1，用于累积求和，表示小于某个数的所有元素个数之和；如果为 -1，则表示大于某个数的所有元素个数之和
bottom	为直方图的每个条形添加基准线，默认为 0
histtype	直方图类型，可选值有 bar(多个并列摆放)、barstacked(多个堆叠摆放)、step(生成对应的折线)、stepfilled(填充相关区域)
align	设置条形边界值的对齐方式，默认为 mid，除此之外还可设为 left 和 right
orientation	直方图的方向，默认为垂直

现在要绘制一个直方图,要求随机生成 1000 个以 10 为中心的正态分布的数,和 1000 个以 12 为中心的正态分布的数,然后将结果取值范围划分为 30 个等距离的区间,统计各个区间上数出现的个数,最终绘制出直方图。

【示例 13.7】 绘制直方图。

```
1   import matplotlib.pyplot as plt
2   import numpy as np
3
4   plt.rcParams["font.family"] = "FangSong"
5   x = np.random.randn(1000)+10           #随机生成1000个数
6   plt.hist(x, bins=30, label="以10为中心的正态分布")
7   plt.hist(x+2, bins=30, alpha=0.4, label="以12为中心的正态分布")
8   plt.xlabel("区间")
9   plt.ylabel("频数")
10  plt.title("直方图")
11  plt.legend(loc="upper right")
12  plt.show()
```

程序输出结果:

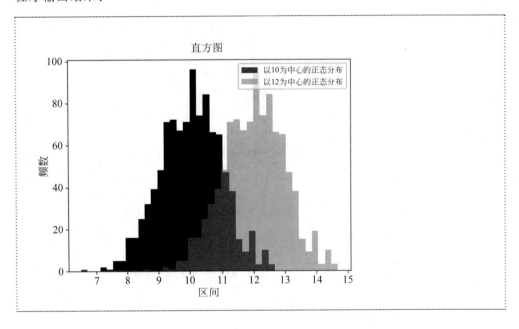

思考与练习

13.11 简要介绍直方图的概念。

13.12 简单说明 hist() 函数的作用。它包含哪些主要参数?

13.13 随机生成 20 个以整数 5 为中心的正态分布的数,绘制其累计频率直方图。

13.14 在 pyplot 中使用 hist()绘制直方图,它将以(　　)形式返回直方图的计算结果。
　　　A. 列表　　　　　　B. 元组　　　　　　C. 字典

13.15 hist()函数中包含 orientation 参数,它的默认方向是什么?

13.4　绘制条形图

视频讲解

条形图与直方图类似,不过 X 轴表示的不是数值而是类别。直方图中各长方形是连续排列的,而条形图中的条形可以是分开的。通过使用 pyplot 的 bar()函数可以绘制条形图。bar()函数的语法格式如下。

```
bar(x,height,width=0.8,bottom=None,*,align='center',data=None,**kwargs)
```

下面对 bar()函数进行详解,各参数含义如表 13-8 所示。

表 13-8　bar()函数的参数含义

参　　数	说　　明
x	X 轴的位置序列,即条形的起始位置
height	Y 轴的数值序列,即条形图的高度,需展示的数据
width	每个条形的宽度,可选,默认为 0.8
bottom	Y 轴坐标的基线,默认为 0
align	对齐方式,可选,有 center 和 edge 两种,默认为 center
color	条形图的填充颜色
edgecolor	条形图边框的颜色

注意:如果需要在一个图上显示多种条形图,可调整位置和宽度让多个条形图并列摆放,也可以堆叠摆放。

下面绘制出近年来我国硕士研究生特定一年报考情况的条形图,来加深对 bar()函数的理解。

【示例 13.8】　绘制条形图。

```
1    import matplotlib.pyplot as plt
2    import numpy as np
3    plt.rcParams["font.family"] = "FangSong"
4    
5    nums = [172, 164.9, 177, 201, 238, 290]
6    x = range(0, len(nums))
7    x_ticks = ["2014", "2015", "2016", "2017", "2018", "2019"]
8    plt.xticks(x, x_ticks)            #行坐标对应位置显示的内容
9    plt.bar(x, nums)
```

```
10  plt.title("硕士研究生历年报考人数")
11  plt.xlabel("年份")
12  plt.ylabel("人数/万人")
13  plt.show()
```

程序输出结果：

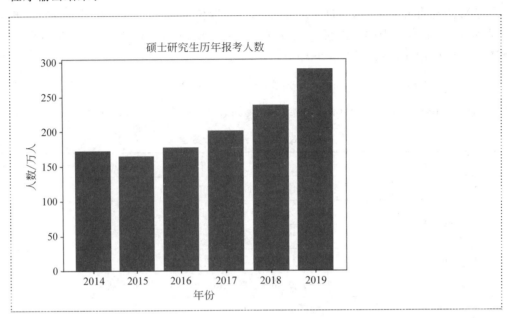

【示例 13.9】 存在多组情况的操作方法。

```
1   import matplotlib.pyplot as plt
2   import numpy as np
3   plt.rcParams["font.family"] = "FangSong"
4
5   nums = [172, 164.9, 177, 201, 238, 290]
6   luqu_nums = [54.87, 57.06, 58.98, 72.22, 76.25, 79.3]
7   x = range(0, len(nums))
8   x_ticks = ["2014", "2015", "2016", "2017", "2018", "2019"]
9   plt.xticks(x, x_ticks)
10  plt.bar(x,nums, width=0.4, label = "硕士研究生报考人数")
11  plt.bar([i+0.4 for i in x], luqu_nums,width=0.4, label = "硕士研究生录取人数")
12  plt.title("硕士研究生历年报考人数")
13  plt.xlabel("年份")
14  plt.ylabel("人数/万人")
15  plt.legend()
16  plt.show()
```

程序输出结果:

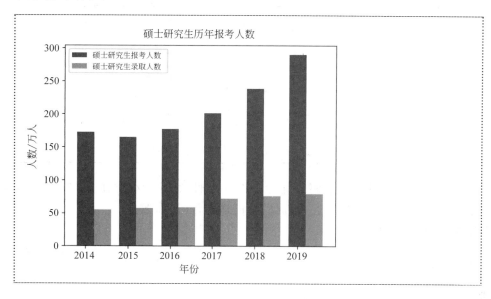

思考与练习

13.16 简要说明条形图的概念。
13.17 简要说明 bar()函数的作用。它主要包含哪些参数?
13.18 如果需要在一个图上显示多种条形图,采取哪些操作方法可以更好地显示结果?
13.19 bar()函数的 align 参数可以操作条形图的对齐方式,该参数包含哪两个值,其作用是什么?
13.20 查找数据资料,绘制一个近五年来参加高考人数变化趋势的条形图。

13.5 绘制饼图

饼图显示一个数据系列中各项的大小与各项总和的比例。pyplot 中绘制饼图的函数为 pie(),其主要参数的含义如表 13-9 所示。

表 13-9 pie()函数主要参数的含义

参 数	说 明
x	饼图中每一块的比例,通常是一个数组。如果 sum(x)>1 则使用归一化后的比例,即每一块除以 sum(x),如果 sum(x)<1,则按照实际比例,此时有一部分为空白;explode:指定饼图中每块离开中心的距离,通常是一个数组,默认为 0
labels	标签列表,为饼图添加标签说明,类似于图例说明
colors	颜色列表,指定饼图的填充色

续表

参　　数	说　　明
autopct	设置饼图内每块百分比显示样式，可以使用format字符串或者格式化函数
'％width. Precision f％％'	指定饼图内百分比的数字显示宽度和小数的位数
radius	设置饼图的半径
shadow	是否有阴影效果，默认为False
labeldistance	每块旁边的文本标签到饼的中心点的距离

已知一个员工一天的活动时间分配为工作8小时、睡觉7小时、吃饭3小时、玩乐6小时，根据这些信息绘制该员工的一天时间分配饼图，演示如下。

【示例13.10】 绘制饼图。

```
1    import matplotlib.pyplot as plt
2    import numpy as np
3    plt.rcParams["font.family"] = "FangSong"
4
5    labels = ["工作", "睡觉", "吃饭", "玩乐"]           #活动标签
6    hours = [8, 7, 3, 6]                              #时间分配
7    colors = ["c", "m", "r", "y"]                     #各部分颜色
8    plt.pie(hours, labels=labels, colors=colors, shadow=True,
         explode=(0,0.1,0,0), autopct="%.1f%%", labeldistance=1.2)
9    plt.title("一天时间分配饼图")
10   plt.show()
```

程序输出结果：

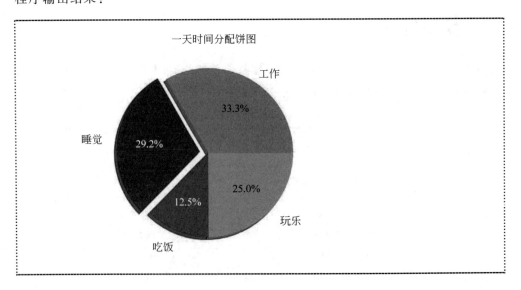

思考与练习

13.21　简要介绍饼图的概念。
13.22　简要说明 pie() 函数的作用。它包含哪些主要参数?
13.23　简要说明饼图的优点。
13.24　pie() 函数中用于设置阴影效果的参数是哪个?
13.25　对自己一天的作息时间进行数据分析,将其绘制成饼图。

13.6　绘制散点图

视频讲解

散点图是以一个变量为横坐标,另一变量为纵坐标,利用散点的分布形态反映变量之间统计关系的一种图形,用不同颜色、不同大小的点表示数据之间的关系。pyplot 库使用 scatter() 函数来进行散点图的绘制。其语法格式如下。

scatter(x,y,s=None,c=None,marker=None,cmap=None,norm=None,vmin=None,vmax=None,alpha=None,**kwargs)

scatter() 函数的参数含义如表 13-10 所示。

表 13-10　scatter() 函数的参数含义

参　　数	说　　明
x	散点图中点的 X 轴坐标
y	散点图中点的 Y 轴坐标
s	散点图点的大小,默认为 20,标量或数组
c	散点图点的颜色,默认为蓝色,标量或数组
marker	指定散点图点的形状,默认为圆形
cmap	颜色映射,可选,将颜色映射到已有色系,例如 plt.cm.Blues
norm	将亮度数据归一化到 0~1 之间
vmin	亮度的最小值
vmax	亮度的最大值
alpha	设置散点的透明度

编写程序绘制散点图,要求图中的每个散点随机呈现不同的大小和颜色。效果如下图所示,随机生成 30 个点,X 轴坐标和 Y 轴坐标都在 1~10 之间,颜色取值在 0~30 之间,点大小在 30~300 之间。

【示例 13.11】　绘制散点图。

```
1  import matplotlib.pyplot as plt
```

```
 2    import numpy as np
 3    plt.rcParams["font.family"] = "FangSong"        #设置字体
 4
 5    num = 30
 6    x_scatter = np.random.randint(1, 10, num)
 7    y_scatter = np.random.randint(1, 10, num)
 8    colors = range(num)
 9    size = np.random.randint(30, 300, num)
10    plt.scatter(x_scatter, y_scatter, c=colors, s=size)
11    plt.title("散点图")
12    plt.savefig("figure")                            #保存图片
13    plt.show()
```

程序输出结果：

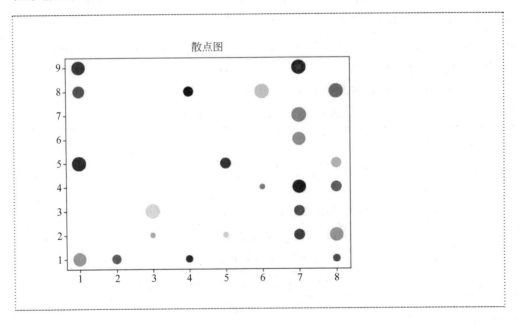

思考与练习

13.26 简要介绍散点图的概念。

13.27 简要说明 scatter() 函数的作用。它主要包含哪些参数？

13.28 简要说明什么情况下适宜使用散点图进行数据展示。

13.29 scatter() 函数中哪一个参数用于设置散点的透明度？

13.30 编写程序，将不同形状的点绘制在同一个散点图上。

13.7 生成词云图

前面几节内容介绍了如何通过 pyplot 库中的一些函数来绘制各种数据图,例如线形图、直方图、条形图、饼图、散点图等。实际上 pyplot 还可以绘制很多其他的图,可以查阅相关文档了解,然后动手实践。

接下来介绍在文章分析中经常会使用到的词云图。近几年的互联网和新媒体的一些行业报告中,经常可以看到一些比较美观的词云图。它的原理主要是对文章内容进行分词,统计各个词出现的次数,然后根据词语出现的次数设置显示样式,例如大小、颜色等,从而使读者快速领略文本的主旨。

Python 中提供的第三方库 wordcloud 库可以快速生成词云图,但主要是针对英文生成的。比较流行的中文分词库为 jieba,可将其与 wordcloud 库联合使用,从而实现对中文文章生成相应的词云图。

13.7.1 wordcloud 库

下面简要介绍 WordCloud() 函数的主要参数,其语法格式如下。

```
WordCloud(font_path=None,width=400,height=200,margin=2,mask=None,max_words=
200,min_font_size=4,stopwords=None,background_color='black',max_font_size=
None,font_step=1)
```

WordCloud() 函数的各参数含义如表 13-11 所示。

表 13-11 WordCloud() 函数的参数含义

参 数	说 明
font_path	文字路径,默认不支持中文,可通过该参数指定字体,支持 OTF 和 TTF 格式
width、height	画布的宽度和高度,单位为像素
margin	文字之间的边距
mask	指定图片的形状,忽略白色部分,通常为 ndarray
max_words	最多显示的词的数量,默认为 200
min_font_size、max_font_size	最小字号大小、最大字号大小
font_step	字号大小增加步长,默认为 1
background_color	词云图的背景颜色,默认为黑色
generate(text)	根据文本生成词云图,返回当前对象本身
to_image()	将词云对象转化为图片,并返回图片对象
to_file(文件名)	将词云对象转化为文件
to_array()	将词云对象转化为数组,并返回数组对象

生成词云图的步骤如下。
(1) 创建 wordcloud 对象,设定基本信息;
(2) 调用 generate()方法生成词云;
(3) 保存或显示词云图。

【示例 13.12】 绘制词云图。

```
1    import wordcloud as wc
2    import random
3
4    word_cloud = wc.WordCloud()
5    res = random.choices(["Python", "hello", "world", "php", "java", "first",
     "program"], k=100)
6    text = " ".join(res)
7    print(text)
8    word_cloud.generate(text)
9    word_cloud.to_file("abab2.png")
```

程序输出结果:

【示例 13.13】 为了使中文文本能够得到恰当显示,添加中文文本路径。

```
1    import wordcloud as wc
2    import random
3
4    word_cloud = wc.WordCloud(font_path="C:\Windows\Fonts\SIMHEI.ttf")
5    res = random.choices(["Python", "hello", "world", "php", "java",
     "program", "人民", "中国"], k=100)
6    text = " ".join(res)
7    print(text)
8    word_cloud.generate(text)
9    word_cloud.to_file("abab3.png")
```

程序输出结果:

13.7.2 jieba 库

由于 wordcloud 只支持英文分词,而不支持中文分词,因此如果希望对中文文章生成一个词云图,还需要借助于中文分词的一些库。接下来介绍中文分词的常用库 jieba 库。

jieba 库是 Python 中一个重要的第三方中文分词函数库。其原理是利用一个中文词库,将待分词的内容与分词词库进行比对,通过图结构和动态规划方法找到最大概率的词组。此外,jieba 库还提供了增加自定义中文单词的功能。

jieba 库支持 3 种分词模式:精确模式(将句子最精确地分开,适合于文本分析);全模式(把句子中所有可以成词的词语都扫描出来,但不能消除歧义);搜索引擎模式(在精确模式的基础上,对长词再次切分,提高召回率,适用于搜索引擎分词)。

以下为 jieba 库的常用方法。

(1) jieba.cut(sentence,cut_all=False,HMM=True):sentence 表示需要分词的句子,cut_all 表示是否采用全模式,HMM 表示是否使用 HMM(隐马尔可夫模型);

(2) jieba.cut_for_search(sentence, HMM=True):sentence 表示需要分词的句子,HMM 表示是否使用 HMM 模型,该方法适合用于搜索引擎构建倒排索引的分词,粒度比较细;

(3) jieba.cut()方法和 jieba.cut_for_search()方法返回的结果都是可迭代对象,可使用 for 循环获取分词后得到的每一个词语,此外,jieba.lcut()和 jieba.lcut_for_search()效果分别和 jieba.cut()和 jieba.cut_for_search()效果类似,直接返回列表;

(4) add_word(word, freq=None, tag=None)和 del_word(word)可在程序中动态修改词库。

下面通过一个具体示例学习生成中文词云的具体步骤。

(1) 读取文件内容;
(2) 借助 jieba 库对中文进行分词,然后将结果合并,并以空格隔开;
(3) 创建 wordcloud 对象,设置基本信息;
(4) 生成词云图,并保存或显示。

【示例 13.14】 绘制中文文本词云图。

```
1    import wordcloud as wc
2    import random
3
4    import matplotlib.pyplot as plt
5    import jieba
6
7    with open("19.txt", mode="r", encoding="utf-8") as fp:    #读取文件内容
8        content = fp.read()
9    res = jieba.lcut(content)
10   text = " ".join(res)
11   word_cloud = wc.WordCloud(font_path="C:\Windows\Fonts\SIMHEI.ttf")
12   word_cloud.generate(text)                                 #生成词云
13   plt.imshow(word_cloud)
14   plt.show()
```

程序输出结果：

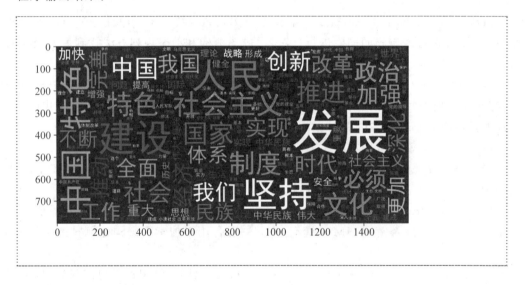

思考与练习

13.31　简要阐述词云图的概念。

13.32　简要说明 WordCloud() 函数的作用。它包含哪些主要参数？

13.33　简要说明什么情况下适宜使用词云图进行数据展示？

13.34　简要说明 jieba 库三种分词模式的作用。

13.35　在网上下载一本自己喜欢的小说的文本文件，生成相应词云图，观察其关键词大小是否符合自己的猜想。

13.8 本章小结

本章介绍了各种数据图的绘制,主要内容包括以下三部分。

首先介绍了 matplotlib 中重要的子库 pyplot,介绍了 pyplot 绘图的一些基础知识,包括图由哪些部分组成,例如坐标系、坐标轴、图例、刻度、标签、标题等,并通过一张图演示了各部分的位置及其含义。接着介绍了 pyplot 中一些常见的方法。

然后详细介绍 pyplot 中的一些函数,并用其绘制一些经典图例,例如线形图、散点图、条形图等。

最后介绍了在文章分析中经常会使用到的词云图,实际上就是将文章进行分词,然后统计出每一个词出现的次数,再根据次数来显示对应的单词,例如大小、颜色等,用户可以一眼就看出文章里面最中心的一些观点。词云图需要借助的第三方库称作 wordcloud,但是 wordcloud 默认支持英文,但不支持中文,也就是说它是通过空格进行分词的,而中文分词并不是以空格进行分词的,所以如果希望对中文文章生成一个词云图,还需要借助于中文分词库(如 jieba 库)进行中文分词。

课后练习

13.1 利用前面所学知识,在一张图中同时绘制线形图、饼图、条形图以及散点图,效果如图 13-3 所示(效果类似即可,不要求完全一样)。提示:在具体画图时,需通过 subplot()指定区域。如画第一个图时,需指定 plt.subplot(2,2,1)。

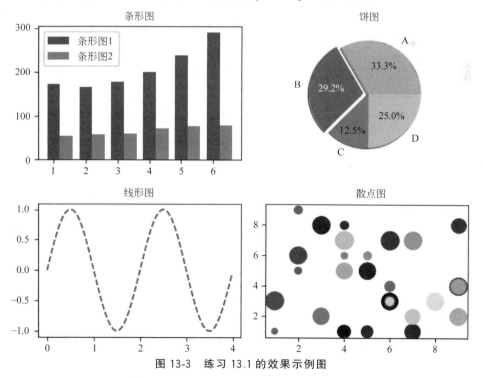

图 13-3 练习 13.1 的效果示例图

13.2 判断题：使用 matplotlib 库绘制图表时，默认支持中文。

13.3 判断题：可以使用 scatter()方法绘制三角函数的散点图。

13.4 subplot(a,b,c)方法中，c 位置参数所代表的含义是( )。

  A. 这是第几张图   B. 一共有几张图

  C. 水平方法上第几张图   D. 垂直方向上第几张图

13.5 要生成一张中文词云图，一般要经过哪些步骤？

13.6 说明 jieba 库分词中全模式的含义。

13.7 安装 seaborn 库，读取其中的鸢尾花数据，通过绘制散点图来展示花瓣与萼片的关系。

13.8 结合自己的经验，查阅相关资料，了解绘制的词云图有哪些常见的应用场景。

课后习题
讲解

人工智能之 scikit-learn 入门与实践

本章要点

- 机器学习基础
- 鸢尾花分类
- 波士顿房价预测
- 手写数字识别

本章知识结构图

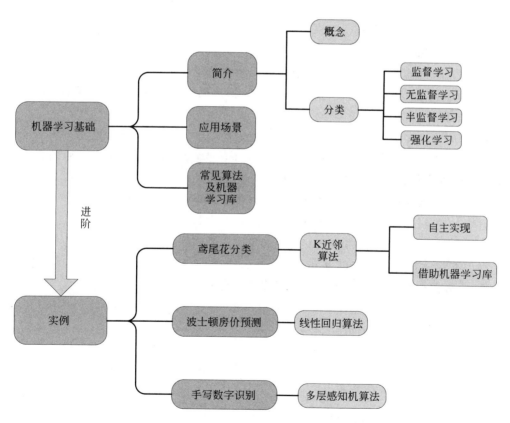

本章示例

近年来，深度学习突飞猛进，机器学习也开始再度火热起来。本章简单介绍了人工智能及模式识别领域的共同研究热点——机器学习。

机器学习是研究怎样使用计算机模拟或实现人类学习活动的科学。机器学习中涉及很多算法，如决策树、支持向量机、神经网络等，每一种算法又有很多改进的版本，较为复杂，即使单独使用一个章节都不一定能够把一个算法讲得清楚。

因此，本章并不会详细地介绍具体算法的实现细节以及算法的数学推导过程，而是主要介绍机器学习的基础知识，然后学习如何使用第三方机器学习库中提供的一些方法来完成具体的任务，进而熟悉并理解机器学习过程。Python 中提供了很多关于机器学习的第三方库，在这里重点介绍其中使用较为广泛的一个库——scikit-learn。

本章主要包括四个部分，其中第一部分为基础知识，后三个部分则是比较常见的具体案例。主要内容如下。

第一部分，机器学习基础。该部分简单介绍机器学习的基础知识，其中包括什么是机器学习，机器学习有哪些类别，主要的应用场景和常见的算法有哪些，机器学习的过程是怎么样的，以及一些常用的机器学习库的介绍。

第二部分，鸢尾花分类问题。这一案例主要使用的是 K 近邻算法。这一部分会给读者演示两种方式：一种是完全由自己编写程序，实现 K 近邻算法；另一种是直接调用 scikit-learn 库中提供的关于 K 近邻算法的实现方法。

第三部分，波士顿房价预测问题。这是一个较为典型的回归问题，这里主要使用了逻辑回归的一些算法，用各种因素作为参数预测出波士顿的房价。

第四部分，手写数字识别问题。这里主要使用了多层感知机的算法。

通过本章一些具体案例的演示，读者可以熟悉 scikit-learn 库中一些关键方法的使用，同时掌握使用机器学习库来解决问题的技巧和流程。

14.1 机器学习基础

要学习人工智能，不可避免地要了解机器学习，它是人工智能范畴内的一门学科，在人工智能中具有十分重要的地位。

14.1.1 机器学习概述

什么是机器学习？对于这个词并没有一个统一的定义，但是有着以下三种说法：

"机器学习是一门人工智能的科学，该领域的主要研究对象是人工智能，特别是如何在经验学习中改善具体算法的性能。"

"机器学习是对能通过经验自动改进的计算机算法的研究。"

"机器学习是利用数据或以往的经验,以优化计算机程序的性能。"

通过以上三种定义,可以提取其中几个关键词:经验、算法、性能。

综上可以简单地将机器学习理解为数据通过算法对数据进行处理,构建出学习模型,并对模型性能进行评估,如果达到要求就拿这个模型来测试其他的数据,如果达不到要求就调整算法重新建立模型,再次进行评估,如此循环迭代,直到最终获得满意的效果来处理其他的数据。

人工智能是一个很大的范畴,机器学习只是人工智能中的一部分,而深度学习又是机器学习的一个部分。三者的关系如图 14-1 所示。

图 14-1 人工智能、机器学习、深度学习关系图

14.1.2 机器学习分类及其应用场景

机器学习中有很多种算法,这些算法可分为四类:监督学习、无监督学习、半监督学习以及强化学习。

(1) 监督学习:从给定的训练数据集中学习一个模型,当新的数据到来时,可以根据这个模型预测结果。每组训练数据都有明确的标注,在建立模型时,将预测结果与实际结果进行比较,不断调整该模型,直到模型的预测结果达到预期的准确率。

(2) 无监督学习:学习模型是为了推断出数据的一些内在结构,训练数据没有被特别标注,常见的应用场景包括关联规则的学习、聚类等。

(3) 半监督学习:介于监督学习与无监督学习之间的一种机器学习方式,主要考虑如何利用少量的标注样本和大量的未标注样本进行训练和分类的问题,首先试图对未标注数据进行建模,在此基础上再对标注的数据进行预测。

(4) 强化学习:通过观察来学习动作的完成,每个动作都会对环境有所影响,根据观察到的周围环境的反馈来做出判断。以一种"试错"的方式进行学习,找到最优策略,常见的应用场景包括动态系统以及机器人控制等。

机器学习已被广泛应用于数据挖掘、计算机视觉、自然语言处理、统计学习、生物特征识别、搜索引擎、医学诊断、检测信用卡欺诈、证券市场分析、DNA 序列测序、语音识别、模式识别、战略游戏和机器人等各个领域。

机器学习的四类主要算法的应用领域如下。

- 在企业数据应用的场景下,最常用的是监督式学习和无监督式学习的模型;
- 在图像识别等领域,由于存在大量的未标注数据和少量的标注数据,目前半监督式学习是一个研究的热点;
- 强化学习更多地被应用在机器人控制及其他需要进行系统控制的领域。

14.1.3 机器学习常见算法

机器学习中常见算法有回归算法、决策树算法、贝叶斯算法、随机森林、神经网络、支持向量机、聚类算法等。由于篇幅所限,本章不对这些算法进行详细介绍。感兴趣的读者可以阅读相关书籍进行了解学习。

14.1.4 机器学习流程

机器学习是通过一系列流程实现的,在这里通过一个新闻分类的例子来讲解这个流程。

假设有一个任务需要从大量未分类的新闻中把与体育相关的新闻筛选出来,那么该怎么做呢?

如图14-2所示,详细步骤如下:

(1) 首先,需要抽取一部分新闻作为训练样本,将其中的体育类与非体育类新闻进行人工筛选;

(2) 然后将这些筛选过后的样本进行特征抽取;

(3) 之后通过函数使用这些抽取出来的特征数据进行学习;

(4) 最后,学习模型建立后,就可以对还未筛选过的新闻进行计算预测,判断一篇新闻是否为体育类新闻。

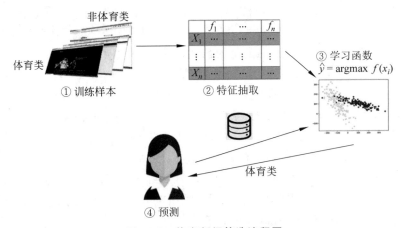

图 14-2　体育新闻筛选流程图

通过以上例子,可以将机器学习的步骤大致概括为以下几点:①数据收集和预处理;②特征抽取;③模型选择和训练;④评估和预测。

14.1.5 常见的机器学习库

Python中有许多第三方机器学习库,常见的机器学习库有 TensorFlow、Caffe、Keras、Spark MLlib、scikit-learn 等,其图标如图 14-3 所示。

scikit-learn库涵盖了几乎所有主流的机器学习算法,并采用了统一的调用接口,相对较易使用。另外,scikit-learn 还提供了基于 NumPy 和 SciPy 等的数值计算库,这些数

第 14 章　人工智能之 scikit-learn 入门与实践

图 14-3　常见的 Python 机器学习库

值计算库都使用了高效的算法实现。本章将重点介绍 scikit-learn 机器学习库的使用方法。

由于 Python 标准库中默认不包含 scikit-learn 库，所以在使用 scikit-learn 库前，需要对该库进行下载安装，可使用以下两种方式。

（1）命令行安装 pip install scikit-learn，安装成功后，会出现 Successfully installed joblib-0.14.1 scikit-learn-0.22.2.post1 scipy-1.4.1 字样，如图 14-4 所示。

```
C:\Users\Administrator>pip install scikit-learn
Collecting scikit-learn
  Downloading https://files.pythonhosted.org/packages/f9/04/1f6644aeecec1a05c565cb730c3ede0f
518cdb5f9b4978e2a1819f531d43/scikit_learn-0.22.2.post1-cp38-cp38-win_amd64.whl (6.6MB)
                                                                            | 6.6MB 56kB/s
Collecting scipy>=0.17.0 (from scikit-learn)
  Downloading https://files.pythonhosted.org/packages/f8/b9/98a75846fdda3756ce75705b518dde4c
599ba419d11415ce3fe1ebc4a885/scipy-1.4.1-cp38-cp38-win_amd64.whl (31.0MB)
                                                                            | 31.0MB 24kB/s
Collecting joblib>=0.11 (from scikit-learn)
  Using cached https://files.pythonhosted.org/packages/28/5c/cf6a2b65a321c4a209efcdf64c2689e
fae2cb62661f8f6f4bb28547cf1bf/joblib-0.14.1-py2.py3-none-any.whl
Requirement already satisfied: numpy>=1.11.0 in d:\python\python38\lib\site-packages (from s
cikit-learn) (1.18.2)
Installing collected packages: scipy, joblib, scikit-learn
Successfully installed joblib-0.14.1 scikit-learn-0.22.2.post1 scipy-1.4.1
```

图 14-4　命令行安装 scikit-learn

（2）通过 Anaconda 集成开发环境使用 scikit-learn。Anaconda 集成开发环境默认安装有 scikit-learn 库，使用很方便。

scikit-learn 库支持很多种机器学习算法功能，本章中不作详细介绍，读者可以通过访问 scikit-learn 官方网站对该库进行了解和学习。官网中有算法相应的帮助文档、算法比较、流程图、算法例子等。

scikit-learn 的官方网址为：https：//scikit-learn.org/stable/

思考与练习

14.1　简单描述机器学习过程的步骤。它的算法分为哪几类？

14.2　机器学习、人工智能、深度学习三者的关系为（　　）。

　　A. 机器学习 ⊊ 人工智能 ⊊ 深度学习

B. 人工智能 ⊋ 深度学习 ⊋ 机器学习
C. 人工智能 ⊋ 机器学习 ⊋ 深度学习
D. 深度学习 ⊋ 机器学习 ⊋ 人工智能

14.2 鸢尾花分类

14.2.1 案例概述

一名植物学爱好者对发现的鸢尾花品种很感兴趣。他收集了每朵鸢尾花的一些测量数据——花瓣的长度和宽度，以及萼片的长度和宽度。他还有一些鸢尾花分类的测量数据，之前这些花已经被植物学专家鉴定属于 *setosa*、*versicolor* 或 *virginica* 三个品种之一。根据这些测量数据，他可以确定每朵鸢尾花所属的品种。

而我们的目标是构建一个机器学习模型，可以从这些已知品种的鸢尾花测量数据中进行学习，从而能够预测新鸢尾花的品种。

鸢尾花数据集介绍：

（1）数据量：150 条测试数据，每种 50 个样本；

（2）每条数据包含 5 项基本信息：花瓣的长度、花瓣的宽度、花萼的长度、花萼的宽度以及鸢尾花的品种。

鸢尾花数据集部分展示详见图 14-5。

	萼片长度	萼片宽度	花瓣长度	花瓣宽度	品种
0	5.1	3.5	1.4	0.2	*Irissetosa*
1	4.9	3.0	1.4	0.2	*Irissetosa*
2	4.7	3.2	1.3	0.2	*Irissetosa*
3	4.6	3.1	1.5	0.2	*Irissetosa*
4	5.0	3.6	1.4	0.2	*Irissetosa*

图 14-5　鸢尾花数据集（前 5 行）

14.2.2 数据提取与预处理

首先对这 150 条测试数据进行读取，鸢尾花数据集可以从网上进行下载，一般都是 TXT 或者 CSV 的文件形式。这里使用 open() 函数来打开文件，再使用 readlines() 方法按行读取数据。

之后再对这些数据进行预处理，将数据存储在两个数组中，一个存储鸢尾花品种，另一个存储鸢尾花花瓣的长度、花瓣的宽度、萼片的长度、萼片的宽度四个参数。此处使用 NumPy ndarray 数组对象存储数据，所以需要导入 NumPy 库。

【示例 14.1】 定义提取文件中数据的函数 read_data() 和预处理文件中数据的函数 init_data()。

```python
1   import numpy as np
2   
3   def read_data(file_name):                              #从文件中读取数据
4       flowers_datas = []
5       try:
6           with open(file_name, "r") as fp:
7               lines = fp.readlines()
8               for i in range(1, len(lines)):             #从第二行开始读
9                   flowers_datas.append(lines[i].replace
10                      ("\n", "").strip().split())
11      except:
12          print("抛出异常!")
13      finally:
14          return flowers_datas
15  
16  def init_data(file_name):                              #初始化数据
17      temp_datas = read_data(file_name)
18      if len(temp_datas) <=0:
19          print("数据初始化失败!")
20      else:
21          flower_datas = np.array(temp_datas)            #创建数组
22          labels = flower_datas[:, -1]                   #最后一列为类别标签
23          nums = flower_datas[:, 1:-1]                   #第一列为序号,不需要
24          nums = nums.astype(np.float)                   #转换成浮点数
25          return nums, labels
26  
27  nums, labels = init_data("iris.txt")
28  print(nums)
```

程序运行结果(部分):

```
[[5.1 3.5 1.4 0.2]
 [4.9 3.  1.4 0.2]
 [4.7 3.2 1.3 0.2]
 [4.6 3.1 1.5 0.2]
 [5.  3.6 1.4 0.2]
 ... ...
 [6.7 3.  5.2 2.3]
 [6.3 2.5 5.  1.9]
 [6.5 3.  5.2 2. ]
 [6.2 3.4 5.4 2.3]
 [5.9 3.  5.1 1.8]]
```

14.2.3 简单数据可视化

14.2.2 节中已将数据存入两个数组中,下面通过使用 matplotlib 库中的 pyplot 子库绘制 2D 图,分别展示出花瓣的长度和宽度、花萼的长度和宽度与鸢尾花品种的关系。

首先统计每一个品种所对应的样本,这里可以使用字典,其中字典的键是花的品种,值为该品种鸢尾花的参数。这里使用 defaultdict() 方法,先定义一个字典,指定数据类型为列表(每一朵鸢尾花的参数是具有 4 个元素的列表),通过循环将所有样本的品种作为键,将每个品种对应的参数导入至字典中。

【示例 14.2】 定义 dict(),将数据按品种存入字典,便于后续画图时遍历数据。

```
1   from collections import defaultdict    #将数据统计入字典中
2   from ch14_1_iris import init_data       #导入示例 14.1 中的预处理函数
3
4   def dict():
5       nums, labels = init_data("iris.txt")
6       cc = defaultdict(list)              #定义字典数据类型
7       for i, d in enumerate(nums):        #循环遍历每一条记录
8           cc[labels[i]].append(d)         #将数据根据品种进行分类
9       return cc
10
11  cc = dict()
12  print(cc.keys())                        #输出字典的键
```

程序运行结果:

```
[[5.1 3.5 1.4 0.2]
 [4.9 3.  1.4 0.2]
 [4.7 3.2 1.3 0.2]
 [4.6 3.1 1.5 0.2]
 [5.  3.6 1.4 0.2]
 ... ...
 [6.7 3.  5.2 2.3]
 [6.3 2.5 5.  1.9]
 [6.5 3.  5.2 2. ]
 [6.2 3.4 5.4 2.3]
 [5.9 3.  5.1 1.8]]
dict_keys(['"setosa"', '"versicolor"', '"virginica"'])
```

可以看到这里只有三个键,因为鸢尾花数据集中只有三个品种。

然后开始绘图,先定义三个品种在图中所展示的样式:styles = ["ro", "c+", "m*"]。

这里定义了三个样式:"ro"代表红色的圆圈、"c+"代表天蓝色的"+"号、"m*"代表

深紫色的"*"号。

再通过循环遍历字典获取键值对,由于字典中只有三个键,所以只经历了三次循环,每一次循环都将该品种的所有数据绘制在图中。第一步需要将一个品种的所有数据从列表转换成 NumPy ndarray 数组,以便后续绘图时调用数据。第二步需要使用 pyplot 中的 plot()方法绘制图形,此处绘制的图有两个,一个是花瓣与品种的关系,一个是萼片与品种的关系,所以使用 plot()方法调用数据绘图时需调用与该图对应的数据(花瓣还是萼片)。

【示例 14.3】 将数据可视化,用图表表现出数据特征。

```
1   import numpy as np
2   import matplotlib.pyplot as plt
3
4   def draw():                                          #根据数据绘图
5       cc = dict()
6       plt.rcParams['font.family'] = 'STSong'           #指定中文字体
7       styles = ["ro", "c+", "m*"]                      #设计三种类型样式
8       plt.figure(dpi=300)
9       plt.subplot(1, 2, 1)
10      plt.title("萼片分布图")                            #数据图标题
11      plt.xlabel("萼片长度")                             #定义 X 轴名称
12      plt.ylabel("萼片宽度")                             #定义 Y 轴名称
13      for i, (key, value) in enumerate(cc.items()):
14          draw_data = np.array(value)                  #转换成 NumPy 数组
15          plt.plot(draw_data[:, 0], draw_data[:, 1],   #使用数组中的 1、2 列
16              styles[i], label=key)                     数据,定义样式
17      plt.legend()
18      plt.subplot(1, 2, 2)
19      plt.title("花瓣分布图")
20      plt.xlabel("花瓣长度")
21      plt.ylabel("花瓣宽度")
22      for i, (key, value) in enumerate(cc.items()):
23          draw_data = np.array(value)
24          plt.plot(draw_data[:, 2], draw_data[:, 3],
25              styles[i], label=key)
26      plt.legend()
27      plt.savefig("abc")
28      plt.show()
29
30  draw()
```

程序运行结果：

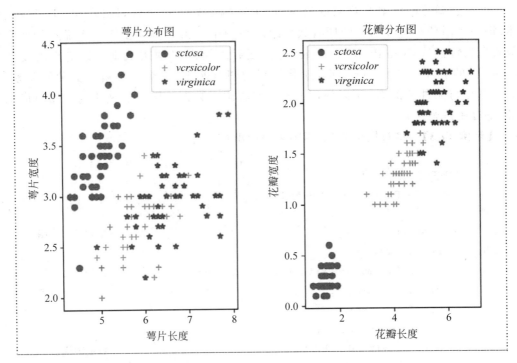

通过绘制出的数据图，可以清晰地观察出数据与特征的关系。可以看到，鸢尾花的品种与萼片以及花瓣都有联系，但相对于萼片，花瓣的长宽与鸢尾花的品种相关性更强。

14.2.4 K 近邻算法

视频讲解

前面简单介绍了鸢尾花的品种问题，先读取数据集，然后进行简单的数据处理，最后通过可视化技术观察数据的特征。下面介绍如何构建模型来进行鸢尾花品种的预测。

本案例中主要使用 K 近邻（KNN）算法。K 近邻算法是数据挖掘分类技术中最简单的方法之一，思想是每个样本都可以用它最接近的 k 个邻居来代表。如果一个样本在特征空间中的 k 个最邻近样本中的大多数属于某一个类别，则该样本也会被划分为这个类别。KNN 算法中，所选择的邻居都是已经被正确分类的对象。该方法只依据最邻近的一个或者几个样本的类别来决定待分类样本所属的类别。

以图 14-6 为例，图中中间位置的圆圈代表待分类样本，正方形和三角形代表已知种类的样本。假若在 K 近邻算法中范围 k 取 3，则取距离圆圈最近的三个样本，这三个样本中有两个是三角形，一个是正方形，最终预测未知样本结果为三角形种类。假若 k 取 5，则最近的五个样本中最多的是三个正方形样本，这时未知样本的预测结果是正方形样本。显而易见，k 取值不同，会影响最终的结果。

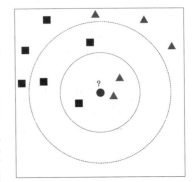

图 14-6 K 近邻算法示例

对于 K 近邻算法来说,最关键的是求出测试点与已知样本之间的距离,取距离最短的 k 个样本进行预测。在这里求距离可以使用两点间距离的求法,如式 14-1 所示:

$$d = \sqrt{(x_1 - x_2)^2 + (y_1 - y_2)^2}$$
式(14-1)

下面先学习如何编写 K 近邻算法,而不是直接使用机器学习库中自带的算法,这样有利于我们深刻理解 K 近邻算法。编写这个方法需要四个已有参数:测试样本数据、训练样本数据集、训练样本种类、最近样本个数 k,分别命名为 input_data、train_data、labels 和 k。

首先需要获取训练样本数据的数量,然后将测试样本数据复制,使测试样本数据个数与训练样本数据个数相等,这里使用的是 NumPy 库中的 tile() 函数,此步骤是为了方便后续计算距离时将测试样本数据与训练样本数据相减。相减后将得到的数据平方,再将数据数组中的每一行数据求和,最后进行开平方运算,这样就得到了所有训练样本与测试样本的距离数据集。

接下来将得到的数据集进行排序,统计出最近的前 k 个样本数据的种类个数,返回其中个数最多的品种,这个品种就是未知样本的预测结果。

【示例 14.4】 定义分类函数 classify(),预测鸢尾花的品种。

```
1   from collections import Counter
2   import numpy as np
3   import random
4   from ch14_1_iris import init_data            #导入示例 14.1 中的预处理函数
5
6   def classify(input_data, train_data, labels, k):    #分类
7       data_size = train_data.shape[0]         #获取训练数据集中数据个数
8       diff = np.tile(input_data, (data_size, 1)) - train_data
                                                #将输入的数据复制多份
9       diff_2 = diff ** 2                      #将每个数进行平方
10      diff_3 = diff_2.sum(axis=1)             #每行求和
11      distance = np.sqrt(diff_3)              #开平方,得到距离
12      sort_distance = distance.argsort()      #对距离进行从小到大排序
13      class_count = Counter(labels[sort_distance[:k]])
                                                #统计前 k 个样本中各类型的个数
14      print(class_count)
15      return class_count.most_common()[0][0]  #返回个数最多的那一个品种
```

下面就可以对编写的 K 近邻算法进行测试,这里首先使用 init_data(file_name) 方法,将鸢尾花数据集初始化,然后生成一个数据集的索引数组,再使用 random.shuffle() 方法打乱这个索引,以确保测试的科学性。这里可使用索引的最后一条数据作为测试样本数据,直接获取该条数据的种类进行校验,测试是否成功。

【示例 14.5】 使用示例 14.4 中的分类函数后,再定义一个 try_once() 函数进行测试,来判断预测是否成功。

```python
1    def try_once():                                         #测试
2        flower_datas, labels = init_data("iris.txt")        #初始化数据
3        index = np.arange(len(flower_datas))                #生成索引数组数据行数相同
4        random.shuffle(index)                               #打乱索引
5        input_data = flower_datas[index[-1]]                #最后一条数据做测试
6        train_datas = flower_datas[index[:-1]]              #训练数据
7        truth_label = labels[index[-1]]                     #实际标签
8        train_labels = labels[index[:-1]]                   #训练数据标签
9        print("input_index:", index[-1])
10       print("实际结果:", truth_label)
11       predict_label = classify(input_data, train_datas,
12           train_labels, 8)
13       print("预测结果:", predict_label)
14       if predict_label ==truth_label:                     #判断测试是否成功
15           print(" * " * 10, " 预测正确!", " * " * 10)
16       else:
17           print("-" * 10, " 预测失败!", "-" * 10)
18       print("=" * 20)
19
20   for i in range(100):                                    #循环测试
21       try_once()
```

程序运行结果(部分):

```
... ...
input_index: 39
实际结果: "setosa"
Counter({'"setosa"': 8})
预测结果: "setosa"
**********  预测正确! **********
====================
input_index: 115
实际结果: "virginica"
Counter({'"virginica"': 8})
预测结果: "virginica"
**********  预测正确! **********
====================
input_index: 80
实际结果: "versicolor"
Counter({'"versicolor"': 8})
预测结果: "versicolor"
```

```
**********  预测正确！**********
====================
......
```

最后循环运行,进行多次测试,可以看到得到的结果大部分是预测成功的。

学习过如何编写 K 近邻算法后,下面开始学习如何直接使用第三方机器学习库 scikit-learn 里面的相关函数实现鸢尾花品种预测。

主要步骤如下:

① 加载数据；② 划分训练集和测试集；③ 创建 K 近邻分类器；④ 拟合训练数据；⑤ 预测结果；⑥ 比较测试结果和真实结果。

首先加载鸢尾花数据集。由于鸢尾花分类问题较为经典,并且数据集文件不大,所以 scikit-learn 库中已经包含了鸢尾花数据集,只需要直接调用 datasets.load_iris()方法就可以加载。由于 datasets.load_iris()方法中已经划分好了数据与品种,可以直接使用 datasets.load_iris().data、datasets.load_iris().target。鸢尾花数据集中的 target 代表鸢尾花品种,这里的品种数据集中使用的数字 1、2、3,分别代表 *setosa*、*versicolor*、*virginica* 三个品种。

【示例 14.6】 调用 scikit-learn 库中的鸢尾花数据集,并进行展示。

```
1    from sklearn import datasets
2    iris_datas = datasets.load_iris()
3    print(iris_datas)
```

程序运行结果:

```
... ...
    [6.5, 3. , 5.2, 2. ],
    [6.2, 3.4, 5.4, 2.3],
    [5.9, 3. , 5.1, 1.8]]), 'target': array([0, 0, 0, 0, 0, 0, 0, 0, 0, 0, 0,
0, 0, 0, 0, 0, 0, 0, 0, 0, 0, 0,
0, 0, 0, 0, 0, 0, 0, 0, 0, 0, 0, 0, 0, 0, 0, 0, 0, 0, 0, 0, 0, 0, 0, 0,
0, 0, 0, 0, 0, 0, 1, 1, 1, 1, 1, 1, 1, 1, 1, 1, 1, 1, 1, 1, 1, 1, 1, 1,
1, 1, 1, 1, 1, 1, 1, 1, 1, 1, 1, 1, 1, 1, 1, 1, 1, 1, 1, 1, 1, 1, 1, 1,
1, 1, 1, 1, 1, 1, 1, 1, 1, 1, 1, 2, 2, 2, 2, 2, 2, 2, 2, 2, 2, 2, 2,
2, 2, 2, 2, 2, 2, 2, 2, 2, 2, 2, 2, 2, 2, 2, 2, 2, 2, 2, 2, 2, 2, 2,
2, 2, 2, 2, 2, 2, 2, 2, 2, 2, 2, 2, 2, 2, 2, 2, 2]), 'frame': None,
    'target_names': array(['setosa', 'versicolor', 'virginica'],
    dtype='<U10'),
    'DESCR': 
... ...
```

由于此处并不需要真的去预测未知的鸢尾花品种,而是直接使用已知的鸢尾花数据集进行预测，方便后续测试完成后进行结果对比，所以可以直接将整个数据集划分为训练集和测试集。

此处可以直接使用库中的 train_test_split() 方法进行划分，这里划分数据集的方式是随机划分，需要在一开始定义 train_size 参数，确定出需将数据集划分出多少训练数据。这里的 train_size 参数有多种类型：①float 型，作为百分比进行划分数据，假设需要将 90% 的数据划分为训练数据，剩下的作为测试数据，可以将 train_size 赋值为 0.9；②int 型，直接定义个数进行划分，假设需要将 100 个数据划分为数据集，直接赋值 train_size 为 100。还需要传递的参数是数据集，由于是划分数据，假设传入的参数是一个数据集，这个方法就会返回划分好的两个数据集，同理，传入两个数据集，就会返回四个数据集。

接着创建 K 近邻分类器，这里直接使用 sklearn.neighbors 库中的 KNeighborsClassifier 类。这里需要传递的数据是 n_neighbors 值，就是前文中提到的 k 值，最近的 k 个样本。如果不赋值，则会将 n_neighbors 默认为 5。

之后使用 KNeighborsClassifier.fit() 方法拟合训练数据集，最后使用 KNeighborsClassifier.predict() 方法传递测试数据集进行预测。

比较测试结果和实际结果，即使用之前 train_test_split() 方法划分出来的实际结果与 KNeighborsClassifier.predict() 方法获得的测试结果进行输出比较。由于前面讲到的库中的鸢尾花数据集使用的是用数字 1、2、3 代替种类的方式，这里可以直接将测试结果与实际结果两个数组相减获得一个结果数组。这个数组中 0 代表预测成功，非零则代表预测失败。最后使用 numpy.nonzero() 方法统计出预测失败的个数。

【示例 14.7】 通过数组简单展示出分类结果，并计算出失败个数。

```python
from sklearn import datasets
import numpy as np
from sklearn.neighbors import KNeighborsClassifier
from sklearn.model_selection import train_test_split

iris_datas = datasets.load_iris()                              #加载鸢尾花数据集
feature_datas = iris_datas.data                                #特征数据
labels = iris_datas.target                                     #品种数据
train_datas, test_datas, train_labels, test_labels = \
        train_test_split(feature_datas, labels, train_size=140) #划分数据集
k_neigh = KNeighborsClassifier(n_neighbors=8)                  #创建K近邻分类器
k_neigh.fit(train_datas, train_labels)                         #拟合数据
predict_labels = k_neigh.predict(test_datas)                   #预测结果
error_index = np.nonzero(predict_labels-test_labels)           #计算预测失败个数
print(predict_labels)
print(test_labels)
print("错误分类数为:", len(error_index[0]))
```

程序运行结果:

```
[0 2 1 0 1 0 0 0 1 1]
[0 2 1 0 1 0 0 0 1 1]
错误分类数为:0
```

到这里,本章的第一个案例鸢尾花分类问题已经结束了,本节中需要重点掌握的是机器学习的过程:数据的加载,训练集和测试集的划分,模型的构建,拟合训练数据,学习模型的参数,利用训练好的模型来预测测试数据的结果,最后对预测结果进行评估。

思考与练习

14.3 练习可视化库 matplotlib 的使用,对示例 14.3 的程序进行修改,对换所绘图形的 X 轴和 Y 轴的数据,同时更换展示的样式。

14.4 在 14.2.4 节的 K 近邻算法中,其使用的距离公式只适合于二维图中求两点距离。三维图中,每个点有三个坐标参数,这时该如何求两点间的距离?四维图、n 维图呢?

14.5 在 14.2.4 节所使用的 K 近邻算法中,k 是一个关键参数。请根据本节的例子,尝试使用其他 k 值获得程序运行的结果,观察其准确率在 k 值过高与过低时会有什么影响,思考其原因。

14.3 波士顿房价预测

视频讲解

14.2 节中讲解了鸢尾花分类问题,本节开始学习新的案例——波士顿房价预测问题,希望读者可以在本节中进一步加深对机器学习的理解。

14.3.1 案例概述

波士顿房价数据集统计的是 20 世纪 70 年代中期波士顿郊区房价的中位数,包括了城镇人均犯罪率、不动产税等共计 13 个指标,试图找到这 13 个指标与房价的关系。数据集中一共有 506 个样本,每个样本包含 13 个特征信息和实际房价。波士顿房价预测问题目标是给定某地区的特征信息,预测该地区房价,是典型的回归问题。

与鸢尾花分类问题相同,由于案例较为经典,可以直接在 scikit-learn 库中进行加载。

表 14-1 中介绍了波士顿房价问题中影响房价的 13 个指标(特征)。

表 14-1 波士顿房价问题中影响房价的 13 个指标及其含义

指标	含义	指标	含义	指标	含义
CRIM	城镇人均犯罪率	RM	平均房间数	PTRATIO	城镇中师生比例
ZN	住宅用地比例	AGE	1940 年前建成的自有单位比例	B	城镇中黑人比例

续表

指标	含义	指标	含义	指标	含义
INDUS	城镇非商业用地所占比例	DIS	到5个波士顿就业中心的加权距离	TAX	不动产税
CHAS	Charles River 虚拟变量	RAD	距离高速公路的便利指数		
NOX	一氧化氮浓度	LSTAT	地位较低的人所占百分比		

直接打印波士顿房价数据集，可以得到一个506×13的二维数组的特征数据信息，以及一个含有506个实数的房价信息数组，此外还有一些特征名称等描述信息。

【示例14.8】 调用 scikit-learn 库中的波士顿房价数据集，并打印特征数据。

```
1   from sklearn import datasets          #导入数据包
2   house = datasets.load_boston()        #读取数据
3   print(house.data)                     #打印特征数据
```

程序运行结果：

```
[[6.3200e-03 1.8000e+01 2.3100e+00 ... 1.5300e+01 3.9690e+02 4.9800e+00]
 [2.7310e-02 0.0000e+00 7.0700e+00 ... 1.7800e+01 3.9690e+02 9.1400e+00]
 [2.7290e-02 0.0000e+00 7.0700e+00 ... 1.7800e+01 3.9283e+02 4.0300e+00]
 ...
 [6.0760e-02 0.0000e+00 1.1930e+01 ... 2.1000e+01 3.9690e+02 5.6400e+00]
 [1.0959e-01 0.0000e+00 1.1930e+01 ... 2.1000e+01 3.9345e+02 6.4800e+00]
 [4.7410e-02 0.0000e+00 1.1930e+01 ... 2.1000e+01 3.9690e+02 7.8800e+00]]
```

【示例14.9】 调用 scikit-learn 库中的波士顿房价数据集，并打印房价数据。

```
1   from sklearn import datasets          #导入数据包
2   house = datasets.load_boston()        #读取数据
3   print(house.target)                   #打印房价数据
```

程序运行结果：

```
[24.  21.6 34.7 33.4 36.2 28.7 22.9 27.1 16.5 18.9 15.  18.9 21.7 20.4
 18.2 19.9 23.1 17.5 20.2 18.2 13.6 19.6 15.2 14.5 15.6 13.9 16.6 14.8
 18.4 21.  12.7 14.5 13.2 13.1 13.5 18.9 20.  21.  24.7 30.8 34.9 26.6
 25.3 24.7 21.2 19.3 20.  16.6 14.4 19.4 19.7 20.5 25.  23.4 18.9 35.4
 24.7 31.6 23.3 19.6 18.7 16.  22.2 25.  33.  23.5 19.4 22.  17.4 20.9
 ......
 11.9 27.9 17.2 27.5 15.  17.2 17.9 16.3 7.  7.2 7.5 10.4 8.8 8.4
```

```
16.7 14.2 20.8 13.4 11.7  8.3 10.2 10.9 11.   9.5 14.5 14.1 16.1 14.3
11.7 13.4  9.6  8.7  8.4 12.8 10.5 17.1 18.4 15.4 10.8 11.8 14.9 12.6
14.1 13.  13.4 15.2 16.1 17.8 14.9 14.1 12.7 13.5 14.9 20.  16.4 17.7
19.5 20.2 21.4 19.9 19.  19.1 19.1 20.1 19.9 19.6 23.2 29.8 13.8 13.3
16.7 12.  14.6 21.4 23.  23.7 25.  21.8 20.6 21.2 19.1 20.6 15.2  7.
 8.1 13.6 20.1 21.8 24.5 23.1 19.7 18.3 21.2 17.5 16.8 22.4 20.6 23.9
22.  11.9]
```

14.3.2 线性回归算法

本案例中,需要使用到的模型是线性回归算法,线性回归是利用数理统计中的回归分析,来确定两种或两种以上变量间相互依赖的定量关系的一种统计分析方法,是通过属性的线性组合进行预测的线性模型,其目的是找到一条直线或者一个平面或者更高维的超平面,使预测值与真实值之间的误差最小化。

线性回归分析中,如果只包括一个自变量和一个因变量,且二者的关系可用一条直线近似表示,这种回归分析称为一元线性回归分析。如果包括两个或两个以上的自变量,且因变量和自变量之间是线性关系,则称为多元线性回归分析。

线性回归算法中会用到一个线性公式,如式(14-2)所示。

$$f(\boldsymbol{x}_i) = \boldsymbol{w}^\mathrm{T} \boldsymbol{x}_i + b \qquad 式(14\text{-}2)$$

其中,$\boldsymbol{x}_i = (x_{i1}, x_{i2}, \cdots, x_{in})$,$\boldsymbol{x}$ 可能不仅只有一个,可能是多维的变量。$\boldsymbol{w}$ 是一个矩阵,代表着每一个维度变量的关系系数,一般称为权重。b 为偏移量。

了解线性回归算法后,下面开始尝试进行简单的预测,这里使用的是 scikit-learn 库提供的相关方法。

与鸢尾花分类问题中的步骤类似,本案例的关键步骤是:

① 加载数据;② 划分训练集和测试集;③ 创建线性回归模型;④ 拟合训练数据;⑤ 得到预测结果;⑥ 计算相应的评测特征加载数据。

【示例 14.10】 使用库中模型进行房价预测,并计算出误差。

```
1   from sklearn import datasets                                    #导入数据库
2   from sklearn.model_selection import train_test_split            #导入数据集划分模块
3   from sklearn.linear_model import LinearRegression               #导入线性模型
4   from sklearn.metrics import mean_squared_error                  #导入评测特征均方差
5
6   house = datasets.load_boston()                                  #加载房价信息
7   x = house.data                                                  #特征数据
8   y = house.target                                                #目标房价信息
9   x_train, x_test, y_train, y_test = train_test_split(x, y, test_size=0.3)
                                                                    #划分训练集和测试集
10  lr = LinearRegression()                                         #创建线性回归模型
11  lr.fit(x_train, y_train)                                        #训练模型,拟合数据
```

```
12   y_test_predict = lr.predict(x_test)                          #预测结果
13   y_train_predict = lr.predict(x_train)                        #计算预测失败个数
14   error_1 = mean_squared_error(y_test, y_test_predict)
15   print("测试集的误差为:", error_1)
16   error_2 = mean_squared_error(y_train, y_train_predict)
17   print("训练集的误差为:", error_2)
```

程序运行结果:

```
测试集的误差为: 23.221395932555055
训练集的误差为: 21.552341132365463
```

本案例的预测过程与鸢尾花分类问题过程几乎一致,但在本案例中,对结果的处理加上了一个误差计算,这里使用的是 scikit-learn 库中提供的方差误差计算,直接导入 sklearn.metrics 子库中的 mean_squared_error() 方法使用,这里只需传入实际数据与预测数据,即可计算出方差来分析数据。

14.3.3 数据分析

14.3.2 节中通过调用机器学习库中相关的函数简单地实现了波士顿房价预测,增加读者对机器学习的理解,但是并没有做过多的数据分析,本节中会采用数据可视化技术,通过图表来观察各项特征与房价之间的相关性,然后筛选出其中相关性较大的特征来对房价进行预测。

这个数据分析过程分为以下 7 个步骤:

①加载数据;②通过图表分析各特征与房价间的相关性;③进行标准化处理并选取合适特征;④创建线性回归模型;⑤拟合训练数据;⑥得到预测结果;⑦计算相应的评测特征。

首先,先将各个特征与房价相关性进行可视化处理。这里使用的依旧是 matplotlib.pyplot 子库中的 plot() 方法,使用循环语句将 13 项特征逐个进行可视化。

【示例 14.11】 分析特征与房价的相关性,用图表展示。

```
1    from sklearn import datasets                              #导入数据库
2    import matplotlib.pyplot as plt
3
4    house = datasets.load_boston()                            #加载房价信息
5    x = house.data                                            #特征数据
6    y = house.target                                          #目标房价信息
7    num = len(house.feature_names)                            #特征种类个数
8    columns = 3                                               #一行几个图
9    rows = num // columns if num % columns ==0                #一共有多少行
10            else num // columns +1
```

```
11    for i in range(num):                              #循环获取每项特征数据
12        plt.subplot(rows, columns, i+1)
13        plt.plot(x[:, i], y, "b+")
14        plt.title(house.feature_names[i])             #给各个图表署名
15    plt.savefig("house")                              #保存图片
16    plt.show()
```

程序运行结果：

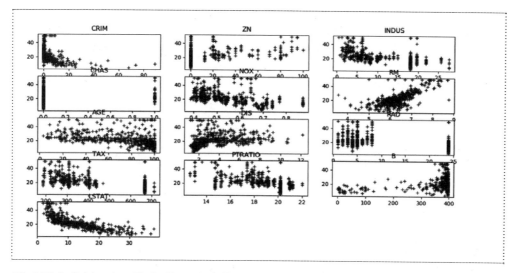

通过图表分析，可以较为明显地分辨出一些相关性较高的特征，例如 RM、LSTAT 等，但值得注意的是不同特征的取值有较大差异，为了消除不同量纲的影响，可对数据进行标准化处理。一般方法是将数据减去数据组的平均数再除以标准差，如式(14-3)所示。

$$z = (x - u)/s \quad \text{式(14-3)}$$

其中，u 表示均值，s 表示标准差。可直接使用 sklearn.preprocessing 库中 StandardScaler() 对象的 fit_transform() 方法进行标准化。

得出标准化后的数据后，就可以筛选出相关性较高的几个特征。调用 sklearn.feature_selection() 库中的 SelectKBest() 对象，这是一个专门用于特征选择的方法。此处需要传递的参数有值函数和 k 值，其中 k 值代表着需要选择出来的特征个数，值函数是该类中用于确定选择最优项的标准。

值函数的选择有很多，这里使用的是一般回归问题中常用的 f_regression() 方法。

接着可以将抽取出来的特征进行查看，使用 get_support() 方法来获得抽取出来特征的索引，这个方法会返回一个只有 True 和 False 元素的一维数组，其中 True 所对应的特征就是抽取出来的数据。

【示例 14.12】 先标准化，再筛选出 3 个相关性最强的特征。

```
1    from sklearn import datasets                        #导入数据库
2    from sklearn.preprocessing import StandardScaler
```

```
3    from sklearn.feature_selection import SelectKBest
4    from sklearn.feature_selection import f_regression
5
6    house = datasets.load_boston()                      #加载房价信息
7    x = house.data                                      #特征数据
8    y = house.target                                    #目标房价信息
9    stand = StandardScaler()
10   stand_x = stand.fit_transform(x)                    #标准化
11   best = SelectKBest(f_regression, k=3)               #选取规则
12   best.fit_transform(stand_x, y)                      #拟合数据
13   best_index = best.get_support()                     #获取结果
14   print(best_index)
15   best_features = house.feature_names[best_index]     #获取选取后的特征
16   print(best_features)
17   x_best = x[:, best_index]                           #获取选取特征的数据
```

程序运行结果:

```
[False False False False False  True False False False False  True False  True]
['RM' 'PTRATIO' 'LSTAT']
```

这里定义的选择数量为三个,通过计算结果,可以得到选取出来最相关的三个特征:RM、LSTAT 和 PTRATIO,与前面图表中所观察的大致相同。

【示例 14.13】 基于这些选取出来的特征,进一步使用这些特征的数据,划分训练集和测试集,然后创建模型,最后运行测试,观察是否这种方法预测出来的房价误差更低。也可以使用更为直观的图表对预测结果和实际结果进行比较。

```
1    from sklearn.model_selection import train_test_split
2    from sklearn.linear_model import LinearRegression
3    from sklearn.metrics import mean_squared_error
4    from ch14_7_boston import x_best, y
5    from test_3 import x_best, y                        #导入选取的特征数据
6
7    x_train, x_test, y_train, y_test = train_test_split(x_best, y, test_size=0.2)
8
9    lr = LinearRegression()                             #创建线性回归模型
10   lr.fit(x_train, y_train)                            #拟合数据,训练模型
11   y_test_predict = lr.predict(x_test)                 #测试集预测结果
12   y_train_predict = lr.predict(x_train)               #训练集预测结果
13   error_1 = mean_squared_error(y_train, y_train_predict)  #选取训练数据方差
14   error_2 = mean_squared_error(y_test, y_test_predict)    #获取测试数据方差
15   print("训练误差:", error_1, "测试误差:", error_2)
```

```
16  plt.plot(y_test_predict, "r-", label="predict_value")
17  plt.plot(y_test, "b-", label="true_value")
18  plt.legend()
19  plt.show()
```

程序运行结果：

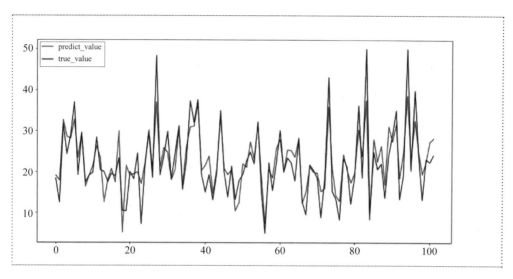

通过图表，可以看到房价预测的误差并不是很大，但是图表中存在一些房价很高与房价很低的点，这几个点附近所预测的房价与实际房价差距较大，可以把它们称为异常点。如果可以把这些异常点去除，则通常可以获得更加准确的预测结果。

思考与练习

14.6　回顾本节中的线性回归算法和 14.2 节的 K 近邻算法，比较它们的异同，阐述这两个算法各适用于解决哪类问题。

14.7　思考如何去除房价数据中的异常点。

14.4　手写数字识别

14.3 节中介绍了波士顿房价预测问题，主要使用的模型是线性回归，不仅演示了机器学习的过程，同时做了一些数据分析。本节将详细介绍手写数字问题，继续加深读者对机器学习过程的理解。

14.4.1　案例概述

手写数字识别是给定一系列的手写数字图片以及对应的数字标签构建模型进行学习，目标是对于一张新的手写数字图片能够自动识别出对应的数字。图像识别是利用计

视频讲解

算机对图像进行处理、分析和理解，以识别各种不同模式的目标和对象的技术。机器学习领域一般将此类识别问题转化为分类问题。

手写数字的数据集在网络中有很多不同的版本，各个版本间的差异比较大，scikit-learn 库中自带一个手写数字数据集，这个数据集中包含 1797 个手写数字样本图，每个样本图都是 8×8 的位图，所以每个样本都是使用 8×8 的二维数组表示，每个数组元素为 0~16 之间的整数。每个样本都有对应的标签，标签为 0~9 之间的整数。可以把手写数字识别看成是十分类问题。

【示例 14.14】 提取并用图表展示出手写数字的数据集。

```
1   from sklearn import datasets
2   import matplotlib.pyplot as plt
3
4   def draw():
5       for i in range(64):                    #循环 64 次
6           plt.subplot(8, 8, i+1)             #设定展示规格
7           plt.imshow(digits.images[i])       #展示第 i 个图片
8       plt.show()
9       pass
10
11  digits = datasets.load_digits()            #提取数据集
12  draw()
```

程序运行结果：

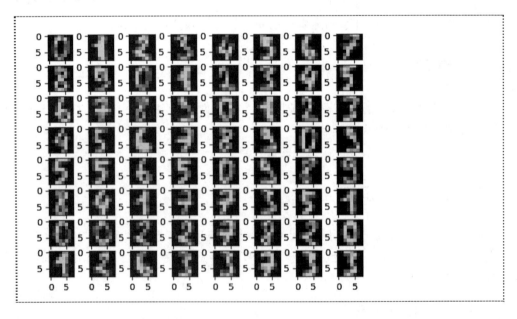

14.4.2　多层感知机算法

多层感知机(人工神经网络)是含有至少一个隐藏层的由全连接层组成的神经网络，

其中每一个隐藏层的输出都会通过激活函数进行变换。多层感知机的层数、隐藏层的大小、激活函数都是超参数,可以自行设定。

图 14-7 展示了最简单的多层感知机,左侧为输入层(Input Layer),通常即为特征;中间为隐藏层(Hidden Layer);右侧为输出层(Output Layer)。此图展示的是二分类问题,所以只有两个输出神经元。本案例是十分类问题,所以会有 10 个神经元在输出层中。

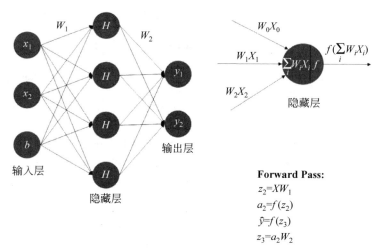

图 14-7 多层感知机图解

从图中可以看到,多层感知机之前是全连接的,即上一层的神经元到下一层的神经元之间都有连接。从输入层到隐藏层,每一个连接中都有相关的权重(w),即指隐藏层中的每个神经元都是通过输入层的所有相关神经元线性组合($z_2 = xw_1$)而来的。然后隐藏层再进行一个激活函数的变换($a_2 = f(z_2)$)进行输出,再将这个输出进行线性组合($z_3 = a_2 w_2$),最后再通过一个线性变换($y = f(z_3)$)得到最终的结果。

机器学习的算法大部分都需要参数来进行训练并运算,以达到算法的目的。本章中的手写数字识别功能所用的多层感知机算法也不例外,它需要训练参数,然后进行计算和预测。在训练过程中,通过计算输出层的错误结果,渐渐修改参数的方式,使得整个神经网络可以往最后的结果拟合,最后找到可以预测结果的参数,以达到目的。这里将对多层感知机需要的参数、算法需要达到的目标、常用的方法,以及多层感知机算法的过程进行一个简单的作用说明。

(1) 参数:各个层之间的连接权重以及偏置;
(2) 目标:使得误差最小,是一个最优化问题;
(3) 方法:梯度下降法等;
(4) 过程:首先随机初始化所有参数,然后迭代训练,不断地计算梯度和更新参数,直到满足某个条件为止(例如误差足够小、迭代次数足够多)。这个过程涉及代价函数、规则化、学习速率、梯度计算等。

为什么需要激活函数?如果不用激活函数,无论神经网络有多少层,输出都是输入的线性组合,这样网络的逼近能力十分有限。引入非线性函数作为激励函数,这样深层神经网络表达能力更强,几乎可以逼近任意函数。激活函数的种类有很多,常用的三个激活函数如图14-8所示。

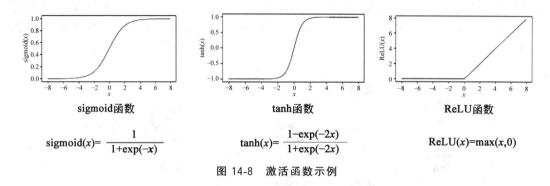

图 14-8 激活函数示例

本章的主要内容是简单了解多层感知机,并学习调用库中相关的类。如果读者对多层感知机中的一些公式或其他激活函数感兴趣,可查阅相关资料,这里不进行过多的描述。

14.4.3 案例实现

手写数字识别问题主要使用的是 scikit-learn 库中 MLPClassifier 分类器:默认隐藏层神经元为 100 个,激活函数为 ReLU。可通过改变这两个参数,观察执行结果。

这里的机器学习过程与前两节大致相同,首先提取数据,使用 train_test_split() 方法划分训练集和测试集,然后创建分类器,进而拟合数据,接下来就开始进行预测,最后对比预测结果,计算准确率。

这里计算准确率的方法不仅将预测结果与实际结果相减,通过 NumPy 类中的 nonzero() 方法获取非零值个数得到预测失败的个数,进而算出准确率;还使用了 sklearn.metrics 子库中的 precision_score() 函数来计算准确率。通过传递预测结果和实际结果,再定义一个 average 参数,如果定义为 None,则可以获得每个标签的准确率;如果定义为 "micro",则获得全部数据的准确率。

【示例 14.15】 划分数据集,对多元感知机分类器分类出的结果进行测试,并计算准确率。

```
1   from sklearn import datasets
2   from sklearn.model_selection import train_test_split
3   from sklearn.neural_network import MLPClassifier
4   from sklearn.metrics import precision_score
5   import numpy as np
6
7   digits = datasets.load_digits()
8   x = digits.data
9   y = digits.target
```

```
10   x_train, x_test, y_train, y_test = train_test_split(x, y, test_size=0.2)
                                    #划分测试集和训练集
11   mlp = MLPClassifier()          #多元感知机分类器
12   mlp.fit(x_train, y_train)
13   y_test_predict = mlp.predict(x_test)
14   errors = np.nonzero(y_test - y_test_predict)
15   precision = precision_score(y_test, y_test_predict, average=None)
                                    #获取每个标签准确率
16   print("准确率:", 1-len(errors[0])/len(y_test))
17   print("准确率:", precision)
```

程序运行结果：

```
[7 0 6 1 2 7 6 5 9 5 4 1 6 9 1 2 4 2 5 7 7 4 0 7 6 4 8 0 6 7 2 1 2 6 4 8 5
 1 3 2 9 8 9 3 4 3 5 5 8 7 0 6 6 1 0 9 8 4 4 0 3 6 9 0 1 1 1 5 0 4 1 0 2 5
 9 0 2 2 4 8 5 0 9 2 1 1 6 6 5 1 5 7 6 1 0 0 0 3 5 0 2 5 1 6 2 1 8 6 9 5 3
 1 0 1 9 2 4 6 1 2 2 8 6 3 2 7 1 3 2 5 4 8 5 8 3 4 5 9 8 6 9 7 7 5 5 0 9 7
 8 4 8 7 0 7 4 3 6 0 4 0 9 0 9 3 7 2 4 9 5 7 9 1 5 3 7 2 7 3 6 4 8 8 8 5 6
 7 6 2 0 1 8 9 3 9 8 9 6 3 5 9 8 1 4 8 1 0 6 2 7 2 8 3 8 3 9 3 3 2 2 2 4 3
 4 2 7 7 0 6 5 4 5 6 7 9 1 4 6 8 3 8 8 8 2 1 9 4 0 0 2 0 6 8 7 2 2 7 2 4 5
 1 3 7 7 1 8 2 3 1 9 2 7 3 3 8 3 3 1 4 4 3 1 6 7 7 1 2 4 4 0 1 9 3 8 7 0 0
 3 5 0 6 1 6 0 7 6 4 5 8 5 3 1 1 0 9 9 6 3 0 6 6 8 4 2 4 1 2 8 7 6 0 1 4 2
 2 6 1 3 1 4 3 5 6 9 0 6 2 3 1 3 3 1 6 6 1 3 6 1 3 3 7]
[7 0 6 1 2 7 6 5 9 5 4 1 6 9 1 2 4 2 5 7 7 4 0 7 6 4 8 0 6 7 2 1 2 6 4 8 5
 1 7 2 9 8 9 3 4 3 5 5 8 7 3 6 6 1 0 9 8 4 4 0 3 6 9 0 1 1 1 5 0 4 1 0 2 5
 9 0 2 2 4 8 5 0 9 2 1 1 6 6 5 1 5 7 6 1 0 0 0 3 5 0 2 5 1 6 2 1 8 6 9 5 3
 8 0 1 9 2 4 6 1 2 2 8 6 3 2 7 1 3 2 5 4 8 5 8 4 5 9 8 6 9 7 7 5 5 0 9 7
 8 4 8 7 0 7 4 3 6 0 4 0 9 0 9 3 7 2 4 9 5 7 9 1 5 3 7 2 7 3 6 4 8 8 1 5 6
 7 6 2 0 1 8 9 3 9 8 9 6 3 5 9 8 1 4 8 1 0 6 2 7 2 8 3 8 3 9 3 3 2 2 2 4 3
 4 2 7 7 0 6 5 4 5 6 7 9 1 4 6 8 3 8 1 8 2 1 9 4 0 0 2 0 6 8 7 2 2 7 2 4 5
 1 3 2 7 1 8 2 3 1 9 2 7 3 3 8 3 3 1 4 4 3 1 6 7 7 1 2 4 4 0 1 9 3 8 7 0 0
 3 5 0 6 1 6 0 7 6 4 5 8 5 3 1 1 0 9 9 6 3 0 6 8 8 4 2 4 1 2 8 7 6 0 1 4 2
 2 6 1 3 1 4 3 5 6 9 0 6 2 3 1 3 3 1 6 6 1 3 6 1 3 3 7]
准确率: 0.9777777777777777
准确率: [1.         0.95555556 0.975      0.97435897 1.         0.96774194
 1.         0.97058824 0.93939394 1.        ]
```

思考与练习

14.8 由 14.4.1 节中提取出的手写数字样本可以看到，这里使用的样本都是 8×8 的位图，思考如果使用更高或者更低像素的样本，会不会对计算结果的准确率有所影响。

14.9 思考在平时生活中的哪些地方会运用到类似手写数字识别相关的技术。举例说明。

14.5 本章小结

本章主要介绍了人工智能的基础内容。首先介绍了机器学习的基础知识,然后通过三个具体案例演示了如何调用机器学习库中相关的函数实现具体的任务,来加深读者对机器学习过程的理解。

在机器学习库的介绍中,重点讲述了 scikit-learn,这个库中包含了大部分的机器学习算法的实现,提供了统一的接口。

接着本章讲述了三个比较经典的案例——鸢尾花分类、波士顿房价预测、手写数字识别。对这些案例的学习可以加深读者对机器学习过程的理解。本章只是对 Python 在人工智能学科方面的应用进行了简单的介绍,如果读者想要深入学习人工智能的相关知识,还需要在课后查阅更多的文档资料。

课后练习

14.1 熟练掌握数据提取方法,编写一个导入波士顿房价预测数据集的方法(波士顿房价预测的 CSV 数据集文件可在 scikit-learn 库文件中找到,读者也可以自己创建一个 CSV 格式的数据表进行导入)。

14.2 参考鸢尾花数据集分类的例子,使用 scikit-learn 库中的红酒数据集(wine_data.csv),编写一个红酒分类程序。

14.3 使用 scikit-learn 库中的糖尿病患者数据集(diabetes_data.csv.gz、diabetes_target.csv.gz),编写一个糖尿病预测程序。

图书资源支持

感谢您一直以来对清华版图书的支持和爱护。为了配合本书的使用,本书提供配套的资源,有需求的读者请扫描下方的"书圈"微信公众号二维码,在图书专区下载,也可以拨打电话或发送电子邮件咨询。

如果您在使用本书的过程中遇到了什么问题,或者有相关图书出版计划,也请您发邮件告诉我们,以便我们更好地为您服务。

我们的联系方式:

地　　址:北京市海淀区双清路学研大厦 A 座 714

邮　　编:100084

电　　话:010-83470236　010-83470237

客服邮箱:2301891038@qq.com

QQ:2301891038(请写明您的单位和姓名)

资源下载: 关注公众号"书圈"下载配套资源。

资源下载、样书申请

书圈

获取最新书目

观看课程直播